高等学校碳中和城市与低碳建筑设计系列教材
高等学校土建类专业课程教材与教学资源专家委员会规划教材

丛书主编　刘加平

低碳公共建筑设计原理

The Principles of Low-Carbon Public Architecture Design

李岳岩　陈静　著

中国建筑工业出版社

图书在版编目（CIP）数据

低碳公共建筑设计原理 = The Principles of Low-Carbon Public Architecture Design / 李岳岩，陈静著. 北京：中国建筑工业出版社，2024.12. —（高等学校碳中和城市与低碳建筑设计系列教材 / 刘加平主编）（高等学校土建类专业课程教材与教学资源专家委员会规划教材）. —ISBN 978-7-112-30800-2

Ⅰ.TU242

中国国家版本馆CIP数据核字第2024X7V938号

为了更好地支持相应课程的教学，我们向采用本书作为教材的教师提供课件，有需要者可与出版社联系。
建工书院 https://edu.cabplink.com
邮箱：jckj@cabp.com.cn 电话：（010）58337285

策　　划：陈　桦　柏铭泽
责任编辑：杨　琪　陈　桦
责任校对：赵　菲

高等学校碳中和城市与低碳建筑设计系列教材
高等学校土建类专业课程教材与教学资源专家委员会规划教材
丛书主编　刘加平

低碳公共建筑设计原理
The Principles of Low-Carbon Public Architecture Design
李岳岩　陈静　著

*
中国建筑工业出版社出版、发行（北京海淀三里河路9号）
各地新华书店、建筑书店经销
北京锋尚制版有限公司制版
北京中科印刷有限公司印刷

*
开本：787毫米×1092毫米　1/16　印张：15¼　字数：457千字
2025年2月第一版　　2025年2月第一次印刷
定价：**59.00元**（赠教师课件）
ISBN 978-7-112-30800-2
（44520）

版权所有　翻印必究
如有内容及印装质量问题，请与本社读者服务中心联系
电话：（010）58337283　QQ：2885381756
（地址：北京海淀三里河路9号中国建筑工业出版社604室　邮政编码：100037）

《高等学校碳中和城市与低碳建筑设计系列教材》
编审委员会

编审委员会主任： 刘加平

编审委员会副主任： 胡永旭　雷振东　叶　飞

编审委员会委员（按姓氏拼音排序）：

陈　桦　陈景衡　崔艳秋　何　泉　何文芳　侯全华

匡晓明　李岳岩　李志民　梁　斌　刘东卫　刘艳峰

刘　煜　覃　琳　沈中伟　王　怡　杨　虹　杨　柳

杨　雯　于　洋　袁　烽　运迎霞　张　倩　郑　曦

《高等学校碳中和城市与低碳建筑设计系列教材》
总序

党的二十大报告中指出要"积极稳妥推进碳达峰碳中和,推进工业、建筑、交通等领域清洁低碳转型",同时要"实施城市更新行动,加强城市基础设施建设,打造宜居、韧性、智慧城市",并且要"统筹乡村基础设施和公共服务布局,建设宜居宜业和美乡村"。中国建筑节能协会的统计数据表明,我国2020年建材生产与施工过程碳排放量已占全国总排放量的29%,建筑运行碳排放量占22%。提高城镇建筑宜居品质、提升乡村人居环境质量,还将会提高能源等资源消耗,直接和间接增加碳排放。在这一背景下,碳中和城市与低碳建筑设计作为实现碳中和的重要路径,成为摆在我们面前的重要课题,具有重要的现实意义和深远的战略价值。

建筑学(类)学科基础与应用研究是培养城乡建设专业人才的关键环节。建筑学的演进,无论是对建筑设计专业的要求,还是建筑学学科内容的更新与提高,主要受以下三个因素的影响:建筑设计外部约束条件的变化、建筑自身品质的提升、国家和社会的期望。近年来,随着绿色建筑、低能耗建筑等理念的兴起,建筑学(类)学科教育在课程体系、教学内容、实践环节等方面进行了深刻的变革,但仍存在较大的优化和提升空间,以顺应新时代发展要求。

为响应国家"3060"双碳目标,面向城乡建设"碳中和"新兴产业领域的人才培养需求,教育部进一步推进战略性新兴领域高等教育教材体系建设工作。旨在系统建设涵盖碳中和基础理论、低碳城市规划、低碳建筑设计、低碳专项技术四大模块的核心教材,优化升级建筑学专业课程,建立健全校内外实践项目体系,并组建一支高水平师资队伍,以实现建筑学(类)学科人才培养体系的全面优化和升级。

"高等学校碳中和城市与低碳建筑设计系列教材"正是在这一建设背景下完成的,共包括18本教材,其中,《低碳国土空间规划概论》《低碳城市规划原理》《建筑碳中和概论》《低碳工业建筑设计原理》《低碳公共建筑设计原理》这5本教材属于碳中和基础理论模块;《低碳城乡规划设计》《低碳城市规划工程技术》《低碳增汇景观规划设计》这3本教材属于低碳城市规划模块;《低碳教育建筑设计》《低碳办公建筑设计》《低碳文体建筑设计》《低碳交通建筑设计》《低碳居住建筑设计》《低碳智慧建筑设计》这6本教材属于低碳建筑设计模块;《装配式建筑设计概论》《低碳建筑材料与构造》《低碳建筑设备工程》《低碳建筑性能模拟》这4本教材属于低碳专项技术模块。

本系列丛书作为碳中和在城市规划和建筑设计领域的重要研究成果，涵盖了从基础理论到具体应用的各个方面，以期为建筑学（类）学科师生提供全面的知识体系和实践指导，推动绿色低碳城市和建筑的可持续发展，培养高水平专业人才。希望本系列教材能够为广大建筑学子带来启示和帮助，共同推进实现碳中和城市与低碳建筑的美好未来！

丛书主编、西安建筑科技大学建筑学院教授、中国工程院院士

前言

工业革命之后，人类飞速的建设发展已经对环境和气候造成巨大的影响，应对气候变化、降低温室气体排放、走可持续发展之路已成为全球各行业的共识。自20世纪90年代开始，国际上陆续颁发应对气候变化的一系列公约和议定书，逐步将全球碳减排提上日程，随着《巴黎协定》的签署，世界各主要国家均作出了控制温室气体排放的国家承诺。习近平主席在第75届联合国大会上提出的2030年"碳达峰"与2060年"碳中和"，彰显了我国应对全球气候变化的大国责任和担当。建筑行业的温室气体排放约占全球温室气体排放总量的42%，建筑行业在全球的节能减碳中扮演着极其重要的角色。在观念的变革和建筑行业在"绿色""节能""低碳"等方面持续不断探索的过程中，传统的建筑设计范式也正在产生转移。随着我国"适用、经济、绿色、美观"的建设方针的确立，绿色低碳已成为了建筑设计的基本原则之一。

公共建筑是人们进行日常公共交往和社会生活必不可少的场所，在城市建设发展中占据举足轻重的地位。其虽然不及住宅的建设面积庞大，但对于全社会起到极其重要的引领和示范作用。根据2021年建筑碳排放数据统计中显示：建筑全过程的碳排放占碳排放总量的47.1%，其中公共建筑以仅21%的面积（150亿m^2）贡献了41%的碳排放（9.5亿tCO_2），是建筑运行阶段碳排放的主要来源。从48类节能建筑指标中可以看出29类与碳排放密切相关。面对我国明确提出的"双碳"目标，公共建筑走向低碳设计是建筑行业顺应时代潮流的必然趋势。

建筑设计在建筑全寿命期的碳排放中占比微乎其微，但建筑设计所涵盖的因素都是影响建筑全寿命期隐含碳的决定性因素。设计一旦确定，建筑全寿命期的碳排放也就基本确定了。因此建筑设计是控制建筑全寿命期碳排放的核心，对于建筑全寿命期的碳排放起到了方向性的控制作用。在这个过程中位于建筑行业最前端的建筑师起到了把控全局的关键作用。如何在建筑师的基础教育阶段就培养绿色低碳意识，掌握绿色低碳的基本策略，了解低碳建筑设计的技术方法，树立起绿色低碳的可持续建筑观，是本教材编写的初衷。

本书在内容上参考了现行的《公共建筑设计原理》等相关教材、国内外绿色建筑、低碳建筑设计等著作的内容。本书从公共建筑全寿命期碳排放构成和低碳建筑的基本策略入手，依据建筑设计的规律和创作过程中涉及的关键要素，从"场地环境""空间设计""建筑技术""建筑营造""建筑美学"五大方面展开，着重分析在公共建筑的创作过程中，如何将设计与绿色低碳相结合，通过合理选择适宜的设计策略和技术手段以达到降低公共建筑全寿命期碳排放的目的，并建立低碳发展的建筑艺术观和建筑文化观。

本书将低碳公共建筑设计的基本原理归纳为知识点，在基本原理讲解的基础上，采用了大量的实际案例进行佐证分析，并通过建筑师的图解语言进行表述和阐释，力求达到简明扼要和通俗易懂。由于内容特点和篇幅限制，本书更多是建筑设计层面的基本原理和共性规律，因此对具体的建筑类型不作区分和专门讲述，对低碳建筑的很多具体技术细节也没有深入展开，这些内容会在本系列教材的其他专题教材中详细讲述。

截至2024年11月，本教材已建成配套核心课程5节并上传至虚拟教研室，建成配套建设项目10项，教材配套课件7个，很好地完成了纸数融合的课程体系建设。希望本教材的出版能够与对应的数字教学资源相辅相成，更好地诠释低碳设计的基本原理，加深读者的理解，并通过数字教学资源起到更广泛的知识传播作用。

本书首次将低碳理念纳入公共建筑设计原理的教育教学体系中，引导建筑教育强化低碳观念意识，可作为全日制高等学校的建筑学、城乡规划、风景园林等相关专业的教材使用，也可为建筑师、规划师和相关从业者的低碳建筑设计提供参考。

本书由西安建筑科技大学建筑学院"建筑教育团队Ⅴ"成员共同完成，全书由李岳岩、陈静负责整体架构和统稿，各章节的编写分工如下：

第1章：李岳岩、田一辛　　　　第2章：李岳岩、李　涛、田一辛
第3章：李建红、陈　静　　　　第4章：孙自然、李岳岩
第5章：师晓静、陈　静　　　　第6章：李　涛、李岳岩
第7章：陈　静、李岳岩、吴冠宇

在写作过程中，团队成员求真务实、反复推敲。博士研究生李世萍，硕士研究生孙启薇、刘竞男、宋蓝青、李明珠、张心雨、王琦、赵天意、马琳珠、张洋溢、武洋禾、孟钰晨、李双羽、仲雨晨、宁开来、崔世雯、杨涵、杜柯成、李世坤、王潇如、刘蓓、樊博通、武长乐、薛嘉玮、张焰文、曹馨怡、梁思瑶、杨晨越等参加了本书部分研究工作和插图绘制工作，博士研究生陈慧祯参加了知识图谱架构工作，在此表示感谢。

本教材在编写过程中得到了诸多专家学者的指点，东南大学建筑学院仲德崑教授作为主审，详细阅读了本教材，在提出指导性的修改意见基础上，更逐句批注。仲德崑教授以其高屋建瓴的学识和从教四十余载的经验为本教材给予了极大的帮助。本教材是系列教材中的一本，整个系列教材的统筹指导和多次研讨给予了本教材极大的支持和推动，出版社编辑们的敬业付出也为本教材的完成起到了积极的推动作用。此外，本书在写作过程中对前人的相关研究成果和大量设计案例进行了引用，在此一并致谢。

由于成书时间较短，本书难免存在不足之处，期待读者批评指正。

第1章 绪论

1.1 地球环境与建筑碳排放
- 人类活动碳排放与气候变化
- 人类对气候变化的觉醒与应对
- 《巴黎协定》与我国的双碳战略
- 当前我国碳排放形势与减碳压力
- 我国建筑行业的碳排放现状

1.2 什么是低碳建筑
- 民居是朴素的低碳建筑
- 现代低碳建筑发展历程概述
- 现代低碳建筑的概念

1.3 建筑碳排放相关概念
- 碳排放相关术语
- 建筑碳排放相关术语
- 低碳建筑相关概念
- 建筑全寿命期

1.4 建筑全寿命期各阶段
- 建筑全寿命期的碳足迹构成
- 建筑全寿命期的各阶段

1.5 建筑碳排放计算
- 建筑全寿命期碳源
- 建筑全寿命期各阶段碳排放计算模型
- 公共建筑全寿命期的碳排放构成分析

第2章 低碳公共建筑全寿命期减碳的整体策划原则与策略

2.1 公共建筑的全寿命期整体策划设计原则
- 前期策划是核心
- 建筑设计是关键
- 使用后评估促改进

2.2 公共建筑的全寿命期减碳策略
- "节流"——从建筑全寿命期推进减碳
- "开源"——建筑产能迈向碳中和
- "延寿"——建筑延寿降低环境冲击
- "增汇"——碳捕集促进碳中和

第3章 低碳公共建筑的场地设计原理

3.1 低碳场地设计基本原理
- 场地设计的基本概念
- 场地设计的环境观念和系统效应
- 从传统到低碳场地设计观念的转变
- 场地设计的减碳路径
- 低碳场地设计的总体原则

3.2 场地选址的低碳原理
- 场地选址的基本原则
- 场地选址的基本要求

3.3 建筑总体布局的低碳设计原理
- 建筑总体布局的低碳设计原则
- 适应气候的建筑总体布局策略
- 适应地形的建筑总体布局策略

3.4 场地景观的低碳设计原理
- 场地景观的低碳设计原则
- 绿化景观的低碳设计策略
- 水体景观的低碳设计策略
- 铺地的低碳设计策略

3.5 工程技术的低碳设计原理
- 交通组织的低碳策略
- 竖向设计的低碳策略
- 管线综合的低碳策略

第4章 低碳公共建筑的空间设计原理

4.1 建筑的功能空间与性能空间
- 建筑的功能空间
- 建筑的性能空间

4.2 建筑单一空间的低碳优化设计
- 单一空间"量""形""质"的低碳设计原则
- 单一空间风环境的基本原理及设计策略
- 单一空间光环境的基本原理及设计策略
- 单一空间热环境的基本原理及设计策略

4.3 建筑性能空间的低碳组织设计方法
- 依据性能空间属性的分区组织
- 利用气候缓冲空间的介入组织
- 应对气候多变性和功能动态性的灵活组织

第5章 低碳公共建筑的技术设计原理

5.1 低碳建筑技术观
- 工业时代建筑技术观
- 低碳建筑技术观

5.2 低碳公共建筑的结构体系设计
- 砌体结构的低碳设计策略
- 钢筋混凝土结构的低碳设计策略
- 钢结构的低碳设计策略
- 木结构的低碳设计策略

5.3 低碳公共建筑的外围护结构体系设计
- 外墙的保温隔热
- 屋面的保温隔热
- 外窗和玻璃幕墙的保温隔热
- 提升外围护结构的整体热工性能
- 外围护结构材料的选取原则

5.4 低碳公共建筑的设备体系设计
- 暖通空调设计
- 电气设计
- 给水排水设计
- 建筑设备与结构空间、建筑表皮的集成

5.5 低碳公共建筑的可再生能源利用
- 太阳能利用
- 风能利用
- 地热能利用
- 生物质能利用

第6章 低碳公共建筑的建造原理

6.1 低碳建造的基本原理概述
- 从传统建造到低碳建造
- 低碳建造的总体原则

6.2 面向低碳建造的设计策略
- 新型工业化建造方式
- 面向未来的低碳建造方式
- 地域性低碳建造技艺

6.3 面向低碳运维的设计策略
- 智慧化的运维管理
- 结合低碳生活方式的建筑设计

6.4 面向低碳拆解的设计策略
- 延长建筑的使用寿命
- 优化建筑的拆除方式
- 鼓励建筑资源的回收再利用
- 引入"为拆解而设计"的理念

第7章 低碳公共建筑的美学原理

7.1 低碳建筑美学的基本原理
- 建筑美的基本概念
- 从传统到低碳建筑美学观念的转变

7.2 低碳公共建筑的环境美
- 节约土地与能源——与大地共构的和谐之美
- 增加碳汇——延续自然的生态之美
- 增加城市韧性——与自然同呼吸的变化之美
- 循环城市——延续历史的更新之美

7.3 低碳公共建筑的形式美
- 形式追随气候
- 形式追随能量

7.4 低碳公共建筑的建构美
- 诗意建造
- 结构的形式美
- 材料的质朴美

7.5 低碳公共建筑的技术美

7.6 低碳公共建筑的文化美
- 中国传统文化中的低碳环境观念
- 诗意乐居的建筑审美

目录

第1章
绪 论 1

1.1 地球环境与建筑碳排放 2
1.2 什么是低碳建筑 8
1.3 建筑碳排放相关概念 12
1.4 建筑全寿命期各阶段 18
1.5 建筑碳排放计算 20
1.6 本章小结 27

第2章
低碳公共建筑全寿命期减碳的整体策划原则与策略 28

2.1 公共建筑的全寿命期整体策划设计原则 29
2.2 公共建筑的全寿命期减碳策略 34
2.3 本章小结 44

第3章
低碳公共建筑的场地设计原理 45

3.1 低碳场地设计基本原理 46
3.2 场地选址的低碳原理 52
3.3 建筑总体布局的低碳设计原理 54
3.4 场地景观的低碳设计原理 71
3.5 工程技术的低碳设计原理 83
3.6 本章小结 86

第 4 章
低碳公共建筑的空间设计原理............87

- 4.1 建筑的功能空间与性能空间............88
- 4.2 建筑单一空间的低碳优化设计..........94
- 4.3 建筑性能空间的低碳组织设计方法............118
- 4.4 本章小结............134

第 5 章
低碳公共建筑的技术设计原理..........135

- 5.1 低碳建筑技术观............136
- 5.2 低碳公共建筑的结构体系设计........138
- 5.3 低碳公共建筑的外围护结构体系设计............148
- 5.4 低碳公共建筑的设备体系设计........159
- 5.5 低碳公共建筑的可再生能源利用....166
- 5.6 本章小结............175

第 6 章
低碳公共建筑的建造原理................176

- 6.1 低碳建造的基本原理概述............177
- 6.2 面向低碳建造的设计策略............180
- 6.3 面向低碳运维的设计策略............186
- 6.4 面向低碳拆解的设计策略............193
- 6.5 本章小结............204

第 7 章
低碳公共建筑的美学原理................205

- 7.1 低碳建筑美学的基本原理............206
- 7.2 低碳公共建筑的环境美............208
- 7.3 低碳公共建筑的形式美............213
- 7.4 低碳公共建筑的建构美............219
- 7.5 低碳公共建筑的技术美............223
- 7.6 低碳公共建筑的文化美............224
- 7.7 本章小结............227

附录　建筑全寿命期的减碳策略........228

参考文献............................229

第1章 绪论

- ▶ 我们国家为什么要展开"双碳战略",为什么要推广低碳建筑设计?
- ▶ 绿色建筑、生态建筑、节能建筑、低碳建筑几个概念有何异同?
- ▶ 建筑的全寿命期包含几个阶段?为什么说前期阶段基本决定了建筑全寿命期碳排放?
- ▶ 建筑碳排放的计算原理是什么?建筑碳排放计算的重要参数指标有哪些?

应对气候变化、降低温室气体排放以及走可持续发展之路已成为全球各行业的共识。建筑行业在全球节能减碳中扮演着极其重要的角色。随着建筑业在"绿色""节能""低碳"等方面不断地探索，传统的建筑设计范式也正在逐渐发生变化，绿色低碳已成为建筑设计的基本原则之一。

1.1 地球环境与建筑碳排放

1.1.1 人类活动碳排放与气候变化

地球距今已有46亿年左右的历史，地质考古在35亿年前就发现了生命，而人类文明的出现距今不过1万年，工业革命距今也仅200余年。

根据冰芯记录测定和直接观测的CO_2浓度对比图可以看出，工业革命前的40亿年中CO_2浓度都在300ppm以下（图1-1）。工业革命以来，由于人类大量使用化石燃料，造成CO_2、CH_4、N_2O、CFCs、SF_6、PFCs和HFCs等温室气体（吸收长波辐射的气体）大幅增加，形成地球暖化现象，即"温室效应"。化石燃料燃烧产生的CO_2所占据的温室气体比例最大，约为82.9%。CO_2浓度在1950年开始激增，2013年人类首次观测到了大气中日均CO_2浓度突破400ppm。根据世界气象组织（World Meteorological Organization，WMO）发布的《2022年全球温室气体公报》，2022年大气中的CO_2浓度上升至（417.9±0.2）ppm，达到全球大气平均CO_2浓度在过去200万年以来的新高。

气候变暖对人类生存的影响是显而易见的，诸如海平面上升和生态系统破坏等都会威胁到人类的生存。而近年来人为活动造成的温室气体排放达到了历史最高值，气候变化已经对所有大陆和海洋中的自然系统和人类系统产生了广泛的影响。

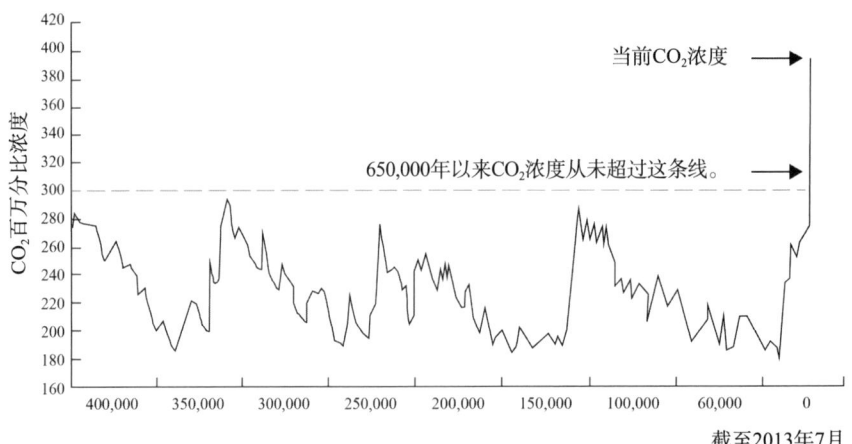

截至2013年7月

图1-1 冰芯记录测定和直接观测的CO_2浓度对比图
（来源：《建筑全生命周期的碳足迹》）

1）海平面上升，人类可聚居的土地减少

根据联合国政府间气候变化专门委员会（Intergovernmental Panel on Climate Change，IPCC）在1996年的评估报告，如果21世纪CO_2排放不受限制地增长下去，到2100年时，地表温度相比1990年将平均增加2℃左右，这将导致北极地区的冰川大面积融化，海冰面积急剧减少，预计海平面还将上升21～105cm。但若采取能源供应转向低碳燃烧的措施，用可再生能源和核能代替矿物燃料，则2050年CO_2排放量将降到1985年的一半，预测到2050年全球海平面将上升20～31cm（图1-2）。

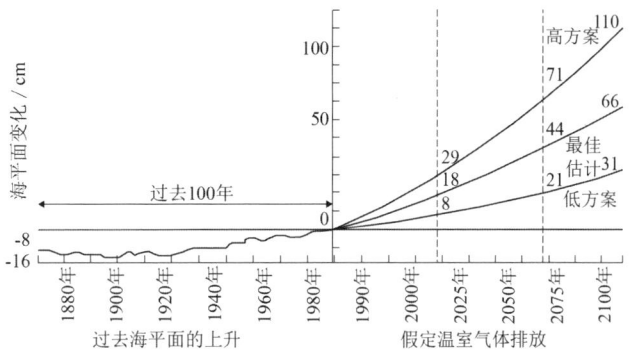

图1-2　IPCC1990年的21世纪海平面上升量估算
（来源：《建筑全生命周期的碳足迹》）

据统计，全球约有1/3的人口居住在距海岸60km的海岸地区，海平面上升可能使沿海地区（包括农田、港口、城市等）产生海水入侵、土地恶化及原住居民流离失所等问题，对社会、环境及经济造成严重的影响。一些沿海低海拔的国家，如孟加拉和荷兰正在受到海平面上升的严重威胁。除了面临巨额的财产损失外，地形低洼的岛国甚至有消失的危机。

2）对全球生态系统的影响

全球变暖对许多地区的生态系统已经产生了影响。当前气候系统变化的速度远超过物种的适应能力，导致自然界的动植物可能因无法适应全球变暖的速度而面临生存危机。相关研究指出，随着全球气温的进一步上升，南美亚马孙雨林（Amazon Rain Forest）、加拉巴戈斯群岛（Colón Island）、澳大利亚西南部和马达加斯加（The Republic of Madagascar）等30多个野生动物丰富的地区将因为巨变的气候而受到重创，大量动植物或将在未来数十年内绝种。按照科学家的预测，如果人类对于温室气体的排放不作任何限制，导致地球气温快速升高4.5℃，则亚马逊河流域地区约69%的植物物种将面临局部灭绝的风险。

尽管部分动植物可能会因温度升高而加速繁殖，但如果食物链中的上层和顶层生物不能做出相应改变，则将对整个种群的繁殖和发展构成严重威胁，进而影响整个生物多样性，导致许多物种加速灭绝。

3）极端天气与气候极端事件加剧

气候变暖对人类的生存造成了显著的威胁，全球气候变暖使大陆中高纬度地区降水增加，非洲地区的降水减少，同时极端天气气候事件（厄尔尼诺及其造成的干旱、洪涝、雷暴、冰雹、风暴、高温天气和沙尘暴等）出现的频率与强度增加。这不仅严重影响着陆地上和海洋中的自然生态系统，更对人类社会的各个层面产生了深远的影响。从农业生产的减产，到极端天气事件的频发，再到水资源的短缺，气候变化正在以各种方式挑战着人类的生存能力。

1.1.2 人类对气候变化的觉醒与应对

20世纪早期，随着工业革命浪潮席卷全球，人类在享受科技带来的便捷与高效的同时，也逐渐意识到，工业时代追求利润和金钱积累的生产方式引发了资源浪费、环境污染和全球性气候变化等一系列问题。全球气候变化导致极端天气和气候事件频发，大气和海洋温度上升，海平面上升等现象日益明显。这些变化表明气候变化问题的严重性，并预示着它将对自然系统和人类系统造成广泛影响。许多发达国家在工业化初期都经历了严重的生态环境污染，并爆发了一系列灾难性环境污染事件，例如1930年的比利时马斯河谷烟雾事件和20世纪40年代前后美国洛杉矶光化学烟雾污染事件。因此，人们必须正视这些挑战，并采取有效措施来应对环境污染和气候变化，确保可持续发展。

1962年，美国著名科普作家蕾切尔·卡逊在她所著的《寂静的春天》一书中极力呼吁保护生态平衡和拯救地球，激起了全世界环境保护的意识。蕾切尔关于农药危害人类环境的预言，强烈震撼了社会广大民众，她所坚持的思想也为人类环境保护意识的启蒙点燃了一盏明灯。1972年，罗马俱乐部[①]在《增长的极限》中提出，要解决世界资源、能源和环境等问题，就要实现可持续性的发展，并提出了"生态足迹"的概念，从而给人类社会的传统发展模式敲响了第一声警钟，进而掀起了世界性的环境保护热潮。

20世纪70年代末，在西方轰轰烈烈的现代环保主义运动的推动下，有关气候变化的研究开始走出实验室并成为国际环保事业的议题之一。在1972年的联合国人类环境会议上，国际科学界发起了对气候变化问题进行联合研究的诸多倡议，这直接推动了1979年第一届世界气候大会的召开。在大会上，科学家提出空气中温室气体浓度升高会导致全球气候变暖的警告。此后，人

---

① 罗马俱乐部成立于1968年，总部设在罗马，是一个旨在揭示未来人类社会所面临发展境况的非官方、非盈利国际智库组织。

们对全球气候变化的认知从单纯的科学问题转变为涉及各国经济、能源、外交及安全利益的重大政治问题。随着对气候问题的深入认识，全球气候治理也开始兴起。从气候变化的科学探讨，到国际社会应对气候变化政治共识的初步形成，再到可持续发展框架下解决气候变化问题的政策选择，气候治理成为涉及人类可持续发展的全球性议题。

1.1.3 《巴黎协定》与我国双碳战略

自20世纪80年代末气候变化议题进入国际政治议程后，联合国框架下的全球气候治理体系经过30多年的演变，到2016年全球各国相继签署《巴黎协定》并作出减排承诺，前后大致经历了四个发展阶段（图1-3）。

第一阶段（1988—1994年）：1988年联合国政府间气候变化专门委员会（The Intergovernmental Panel on Climate Change，IPCC）成立，气候变化议题正式纳入国际政治议程。1991年联合国正式开始关于《联合国气候变化框架公约》（以下简称《公约》）的谈判，并于1992年5月9日通过。之后，经过了两年时间的开放签署，截至1994年3月，166个国家在这项公约上签字生效，它成为人类社会第一个应对气候变化的国际公约。

第二阶段（1995—2009年）：为使《公约》确立的基本治理原则具体化，形成了以《京都议定书》为核心的治理模式。《京都议定书》经历了艰难的生效谈判，历时近8年，于2005年才正式生效。2007年《公约》第十三次缔约方大会于2007年12月在印度尼西亚巴厘岛举行，通过了备受瞩目的"巴厘岛路线图"。

第三阶段（2009—2015年）：从《京都议定书》向《巴黎协定》的过渡

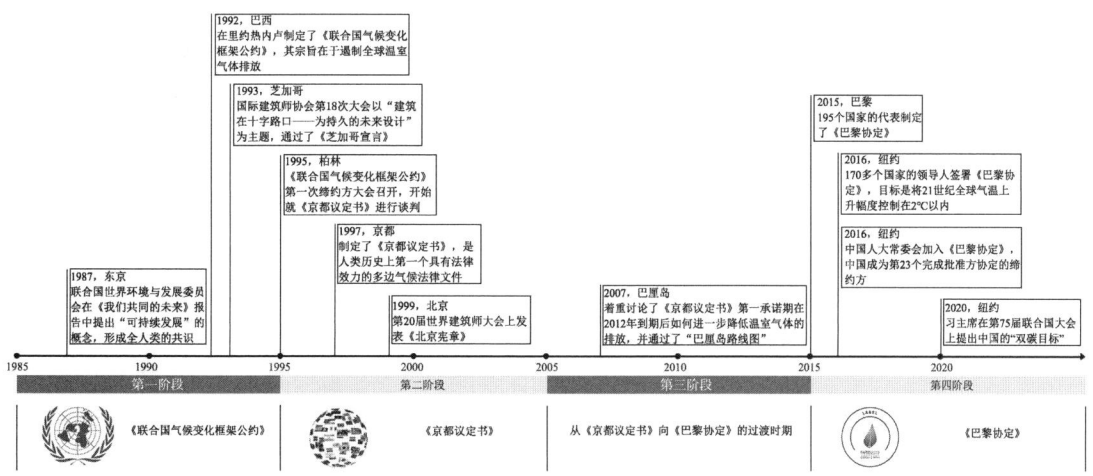

图1-3 应对气候变化的重大事项进程
（来源：李世萍自绘）

时期，主要是将《京都议定书》中"共同但有区别的责任"原则逐渐弱化，使"自上而下"的量化减排模式逐渐过渡到自愿减排模式。

第四阶段（2015年—）：《巴黎协定》确立了以"自下而上"和"国家自主贡献"为核心特征的全球气候治理新体系。《公约》第二十一次缔约方大会，即巴黎气候大会于2015年11月30日在巴黎召开，这次大会的目的是为2020年以后国际社会应对气候变化的行动规划新道路。《巴黎协定》是在巴黎气候大会上通过的具有里程碑意义的文件，它在遵循《公约》所确立的基本原则的基础之上，对所有国家在减缓、适应、资金、技术及能力建设等方面作了新的规定，为2020年之后国际社会应对气候变化的行动指明了方向，可以说是全球应对气候变化的新起点。在此基础之上，2016年，170多个国家领导人齐聚纽约联合国总部，共同签署《巴黎协定》，承诺将全球气温升高幅度控制在2℃的范围之内。

在《巴黎协定》的制定过程中，中国起到了至关重要的作用。作为当前世界上碳排放量最大的国家，如何执行好《巴黎协定》中所规定的中国国家自主贡献方案，是中国当今的压力所在。中国全国人大常委会于2016年9月3日批准中国加入《巴黎气候变化协定》，成为第23个完成批准协定的缔约方。2020年9月，习近平总书记在第75届联合国大会一般性辩论上宣布："中国将提高国家自主贡献力度，采取更加有力的政策和措施，CO_2排放力争于2030年前达到峰值，努力争取2060年前实现碳中和。"2021年3月在全国两会上，"碳达峰"和"碳中和"被首次写入政府工作报告。

在《巴黎协定》的框架下，我国提出四大承诺：①到2030年中国单位GDP的CO_2排放，要比2005下降60%~65%；②到2030年非化石能源在总的能源当中的比例，要提升到20%左右；③到2030年左右，中国的CO_2排放要达到峰值，并且争取尽早地达到峰值；④增加森林蓄积量和增加碳汇，到2030年中国的森林蓄积量要比2005年增加45亿m^3。

1.1.4 当前我国碳排放形势与减碳压力

据"二氧化碳信息分析中心"（Carbon Dioxide Information Analysis Center，CDIAC）报告，世界各国碳排放情况虽不尽相同，但总的态势都是呈现持续增长。中国工业化和城市化起步较晚，2006年之前中国的碳排放量明显低于美国，但快速发展的城镇化进程产生了大量的能源需求，导致碳排放量急剧上升。根据CDIAC和美国能源信息署新一期的数据，2022年中国碳排放总量达1,139,700万t（图1-4）。

根据中国能源研究会发布的《中国能源展望2030》报告预测，虽然未来我国能源需求总量的增速将有所放缓，但总量仍将保持增长态势。此外，随

单位（MtCO₂） 2022年全球碳排放统计数据

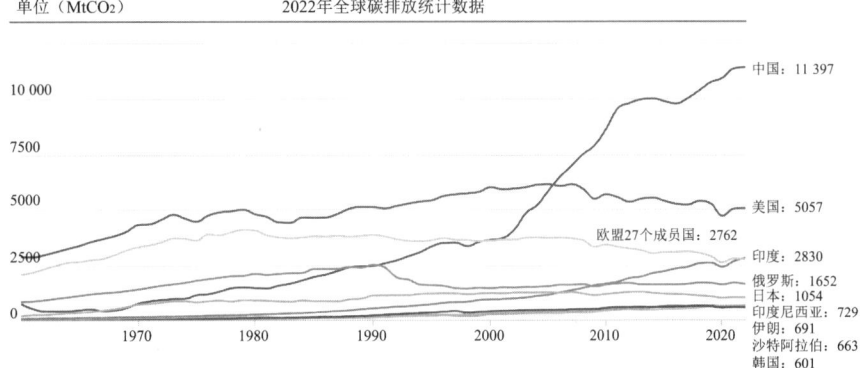

图1-4 2022年全球碳排放统计数据
（来源：李世萍改绘）

着中国经济的发展，人民生活水平的提升，未来中国人均碳排放量还会大幅持续增加；同时由于人口基数大，中国的碳排放总量显著。这无疑给我国的节能减排工作带来了巨大的挑战。

1.1.5 我国建筑行业的碳排放现状

建筑、工业和交通是温室气体排放的三大重点领域。根据联合国环境规划署（United Nations Environment Programme，UNEP）计算，建筑行业消耗了全球大约50%的能源，并排放了几乎占全球42%的温室气体；如果不提高建筑能效，降低建筑用能和碳排放，到2050年建筑行业温室气体排放将占总排放量的50%以上。我国建筑业在快速城镇化推动下规模持续扩大，2007—2020年建筑建造速度迅速增长，城乡建筑面积显著增加（图1-5）。逐年增长的竣工面积推动我国建筑面积存量持续高速增长。这一庞大的建筑规模一方面反映了我国建筑业的繁荣，另一方面也能体现出当前的碳排放现状。

建筑行业是中国最大的能源消耗与碳排放大户。根据《中国建筑能耗与

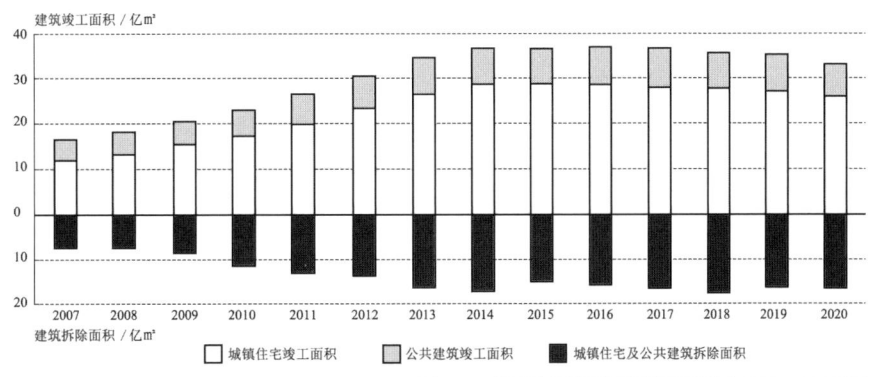

图1-5 我国城镇建筑竣工量和拆除量（2007—2020年）
（来源：李世萍根据"中国建筑节能年度发展报告"改绘）

碳排放研究报告（2023年）》，2021年全国建筑全过程能耗总量为19.1亿tce，占全国能源消耗总量比重为36.3%；2021年全国建筑全过程碳排放总量（含房屋建筑与基础设施）为50.1亿tCO$_2$，占全国能源相关碳排放的比重为47.1%。因此，建筑业的减碳不仅是我国"双碳战略"顺利实施的重要支撑，也将对全球温室气体排放产生巨大而深远的影响。

1.2 什么是低碳建筑

顾名思义，低碳建筑就是指在建筑全寿命期过程中向自然环境排放温室气体量少的建筑。在工业革命之前，建筑物的建造通常就地取材，并且建筑环境调节的技术手段有限，建筑更多地是通过自身的结构体系和围护结构来抵御自然的变化。工业革命后，随着建筑科技的发展，人们掌握了采暖、制冷、通风和照明等环境控制的人工手段，这些技术手段极大地改善了建筑的室内环境，为人们提供了更为舒适的空间生活环境。一方面，建筑物在越来越多地依靠人工手段进行建筑环境调节的同时，导致建筑物的碳排放量迅速上升；另一方面，现代化的工业生产和交通运输，让水泥、钢材及玻璃等现代建筑材料得以广泛应用。这些现代建筑材料和建造技术虽然让建筑变得更高、更大和更坚固，实现了人类以往难以实现的建筑梦想，但同时这些建筑材料的生产过程都伴随着巨大的碳排放。因此，在目前全球变暖和温室气体排放等环境问题已经严重威胁到人类生存和生态环境持续发展的情况下，在满足人们相对舒适的生活和生产环境的基础上，控制并尽量降低建筑全寿命期的碳排放，是建筑业顺应时代潮流发展的重要目标。

1.2.1 民居是朴素的低碳建筑

虽然直至近几十年来人们才逐步关注建筑碳排放并探索现代低碳建筑的设计方法，但是人类与自然环境共生的理念与营建技术却有着悠久的历史，其与现代低碳建筑的理念是不谋而合的。各地区的传统民居建筑依靠长时间的经验积累，在形体设计、营建技艺和材料选取等方面充分考虑了地域特色和气候适应性，可以说民居就是原始、朴素的低碳建筑。

民居建筑因地制宜，在建造选址和规划布局之初就充分考虑到地域气候和地形环境对建筑的影响。例如北方民居讲究坐北朝南，山地民居追求因山就势，建筑布局要求"藏风聚气"等。民居的建造通常挖掘当地的资源禀赋并就地取材，而当地材料的利用极大减少了材料加工和运输过程中的碳排放。

如图1-6（a）所示，窑洞民居利用原始的地形，通过简单的挖掘形成了

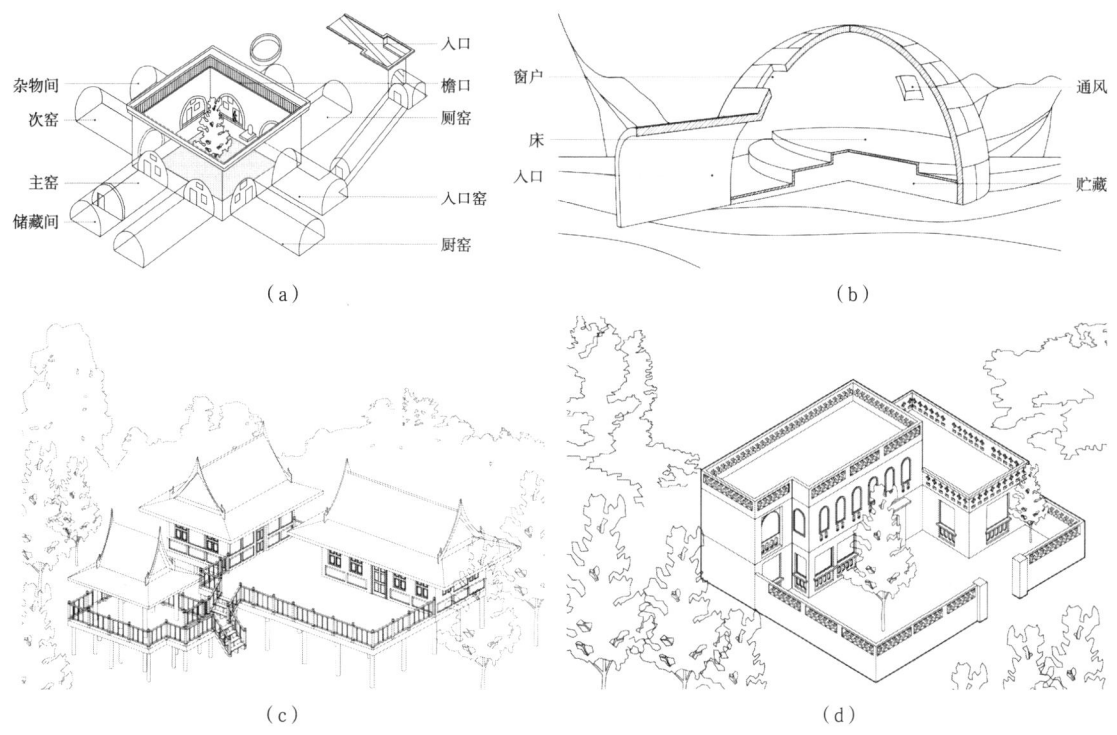

图1-6 民居建筑
（a）陕西柏社村地坑窑居；（b）因纽特人雪屋；（c）云南傣族竹楼；（d）新疆生土民居
来源：（a）赵天意改绘；（b）赵天意改绘；（c）刘竞男改绘；（d）刘竞男改绘

居住生活空间。在窑洞的建造中大量使用现有的自然土石，基本不使用额外的建筑材料。蓄热性良好的土层为窑洞的"冬暖夏凉"提供了有力的保障。此类窑洞民居在中国的黄土高原地区和西班牙的格拉纳达等地都普遍存在。

在北极圈生活的因纽特人建造的雪屋，如图1-6（b）所示，也是因地制宜的原始低碳建筑的典型案例。北极地区因冰雪覆盖，故没有木、石等常规的建筑材料。因纽特人将冰雪作为房屋的主结构和主要材料，室内使用兽皮以阻隔室外的低温，并巧妙利用迂回的入口隔绝户外寒冷的空气，同时架空的床铺使得人们的主要活动和休息区域被放在室内热空气聚集的较高处，因此获得了较为舒适的室内环境。这样因地制宜适应地域环境的案例在不同地域的民居中都有体现，例如云南地区的傣族竹楼，如图1-6（c），新疆地区的生土民居，如图1-6（d），及严寒地区的井干式木屋等。

1.2.2 现代低碳建筑发展历程概述

工业革命与现代建筑运动虽然在很大程度上解决了人类居住问题，改善了人类的居住条件，并极大地推动了建筑行业的发展，然而其代价也是高昂的。吴良镛先生在1999年的UIA①《北京宪章》中引用了下面这幅漫画（图1-7），形象地展示出建筑的"大发展与大破坏"，也让建筑师们深刻反思我们在创造美好生活空间的同时也在肆意毁灭着我们赖以生存的自然环境。正所谓"皮之不存，毛将焉附"，地球环境的毁灭也意味着人类的终结。在人类赖以生存的地球环境可持续发展的同时，建设人们的居住生活空间，做到人与自然环境的和谐发展，是我们建设的终极目标。

建筑师就像一个吞噬土地的恶魔，一手拿着丁字尺，一手拿着规划图。
美国建筑师韦尔斯（Malcolm Wells）绘制。

图1-7 饥饿的"建筑师"
（来源：Green Architecture:Design for Sustainable Futeure）

20世纪后半叶，人们逐渐认识到生存与发展所面临的矛盾，开始主动通过多种方式约束人类的建设活动，限制无节制的建设，并提倡绿色可持续发展的建设思想。

自20世纪60年代起，建筑界开始逐步融入环境与人体的考量。1963年，美国学者维克多·奥戈雅（Victor Olgyay）在其著作《设计结合气候：建筑地方主义的生物气候研究》中，开创性地将设计、气候、地域及人体舒适度感受融为一体，提出了"生物气候地方主义"的设计理念，强调设计应以人体生物舒适感为核心，深入探索气候、地域与人体感受之间的关联。随后在1969年，美国建筑师伊安·麦克哈格通过《设计结合自然》一书，进一步推动了建筑与自然和谐共生的理念，明确提出建筑、自然与社会的协调发展目标，并初步探索了生态建筑的建造与设计路径，标志着生态建筑学的诞生。

进入20世纪80年代，随着能源危机的加剧，建筑节能成为重要议题。中国原城乡建设环境保护部于1986年颁布了《民用建筑节能设计标准（采暖居住建筑部分）》，通过提升墙体保温性能实现节能30%的目标。这一举措标志着我国建筑节能标准的零突破。

20世纪90年代初期，绿色建筑概念开始在全球范围内获得认可。1990年，英国率先发布了（Building Research Establishment Environmental Assessment Method，BREEAM）绿色建筑评估体系，标志着科学的绿色建筑设计和评价体系正式建立，并迅速获得国际社会的广泛认可。同年，在里约热内卢的联合国环境与发展会议上，"绿色建筑"这一概念被首次明确提出，并得到了全球的公认。为了推动绿色建筑的发展，1995年美国绿色建筑协会（U.S Green Building Council，USGBC）推出了（Leadership in Energy and Environmental Design，LEED）绿色建筑评级体系，并通过商业化运作将其推广至全球，迅速成为最具影响力的绿色建筑评价标准。

---

① 国际建筑师协会（Union of Architects，UIA）。

相较于国际，中国在绿色建筑领域的研究起步虽然较晚，但发展迅速。2006年，中国正式颁布了《绿色建筑评价标准》GB/T 50378—2006。该标准借鉴国际先进经验，结合中国国情，构建了以"四节一环保"为核心的绿色建筑评价指标体系，为我国绿色建筑的发展奠定了坚实基础。

近年来，中国对绿色建筑的发展提出了更高的要求。2016年，《中共中央国务院关于进一步加强城市规划建设管理工作的若干意见》明确提出将"绿色"纳入建筑方针，形成了"适用、经济、绿色、美观"的八字方针，进一步推动了绿色建筑在中国的普及与发展。为了应对气候变化和推动建筑行业的低碳转型，2019年中国住房和城乡建设部将《建筑碳排放计算标准》GB/T 51366—2019作为国家标准，从而为评估建筑碳排放和促进建筑节能减排提供了重要依据。

纵观低碳建筑的发展历程可以看到，后工业时代人们对建筑的关注逐渐由人类自身的适用、健康转向为社会的资源和经济发展，进而步入地球环境和生态的可持续；同时，建筑的低碳设计观经历了从环境保护到节能再到低碳的发展过程，低碳建筑也从最初的设计结合自然的生态建筑发展到强调节能、减排的节能建筑，直至今日的低碳乃至零碳建筑。

然而，我们也必须清醒地认识到，低碳建筑在我国的发展仍面临诸多挑战。例如，低碳建筑相关鼓励政策和监督体系尚不完善，建设成本偏高，利润空间有限，以及研发能力的滞后等问题。为了克服这些阻力，我们需要不断完善相关政策体系，加大技术研发力度，提高低碳建筑的经济效益和社会效益，以便进一步推动低碳建筑在我国的发展。

1.2.3　现代低碳建筑的概念

与传统民居为代表的朴素的低碳建筑不同，现代低碳建筑一方面必须满足人们对建筑功能的多方面需求，提供实用、便捷或者特定的建筑空间环境，并同时满足人们在生活和生产等过程中对空间环境的舒适性或特殊性（如恒温、恒湿、采光及通风等）的要求；另一方面还要减少对环境的扰动与破坏，维持地球环境和人类的可持续发展。现代低碳建筑设计需要在遵从传统建筑设计的基础上更进一步考虑建筑与人类生存环境的关系，这就对建筑设计提出了更高的要求。首先，建筑设计需要结合当地的自然环境，通过建筑自身的结构体系、空间形态等要素，采用被动式的方式减少建筑的碳排放；挖掘当地的资源禀赋，充分利用当地的建筑材料减少建筑运输；通过选择低碳或负碳建材、景观绿化等方式增加碳汇。其次，建筑设计应发挥现代科技的高效能，通过建筑设备与技术手段等主动式的方式（如光电和光热转化、热交换、热回收）降低建筑对能耗的需求，通过碳封存和碳捕集技术规模化移除CO_2，利用可再生能源等多种方式促进建筑碳中和。再次，建筑设计应通过工业化平台建造、为拆解而设计等全寿命期的减碳策划，提高建筑材料循环利用的可能性，延长建筑使用寿命，减少因新建建筑所造成的碳排放量。最后，建筑设计还应建立低碳美学理念，摒弃铺张浪费、贪大求异、盲目形式主义的建筑审美，树立"环境美、结构美、建构美、形式美、文化美"的建筑艺术观。

1.3 建筑碳排放相关概念

1.3.1 碳排放相关术语

1）碳排放（Carbon Emission）

碳排放是关于温室气体排放的一个总称或简称，是指人类活动过程中向大气中排放的温室气体，其主要来源包括燃烧化石燃料（如煤、天然气、石油等）、工业生产过程中的排放，以及农业活动、土地利用变化过程中的温室气体释放。温室气体中最主要的组成部分是CO_2，因此人们将温室气体排放简称为"碳排放"。

2）温室效应（Greenhouse Effect）

温室效应又称"花房效应"，是大气效应的俗称，指大气层对大气下层和地表的保温作用。大气能使太阳短波辐射到达地面，但地表受热后向外放出的大量长波热辐射线却被大气吸收，从而使地表与低层大气温度增高。因其作用类似于栽培农作物的温室，故名"温室效应"。

3）温室气体（Greenhouse Gas，GHG）

温室气体是指大气中能吸收地面反射的长波辐射，并重新发射辐射的一些气体。温室气体可以截留太阳的短波辐射转化的长波辐射，并加热地球表面空气使地球表面变暖。地球的大气中重要的温室气体主要包括CO_2，O_3，N_2O，CH_4、CFCs、HFCs、HCFCs、PFCs及SF_6等。

4）二氧化碳当量（Carbon Dioxide Equivalent）

二氧化碳当量指在辐射强度上与某种温室气体质量相当的CO_2的量，是用于比较不同温室气体对温室效应影响的度量单位。二氧化碳当量的单位为CO_2e，其数值等于温室气体的质量乘以其全球变暖潜能值。

5）碳足迹（Carbon Footprint）

碳足迹是指某一产品或服务系统在其全寿命期内的碳排放总量，或活动主体（包括个人、组织、部门等）通过交通运输、食品生产和消费及各类生产过程等引起的温室气体（GHG）排放的集合，以二氧化碳当量表示。世界碳排放组织将碳足迹定义为"一种用来测度人类活动对环境（尤其是气候变化）影响的度量手段"。

6）全寿命期（Full Life Cycle）

全寿命期也称为全寿命期，是指产品从规划、设计开始，到生产、经销、运行、使用、维修保养，直到回收再利用处置的全寿命周期过程。其也是指在设计阶段就考虑到产品寿命历程的所有环节，并使所有相关因素在产品设计分阶段得到综合规划和优化的一种设计理论。

7）全寿命期评价（Life Cycle Assessment）

全寿命期评价是评价一种产品或一类设施从"摇篮到坟墓"全过程总体环境影响的手段，是从区域、国家乃至全球的广度及其可持续发展的高度来观察问题。

8）碳中和（Carbon Neutrality）

碳中和一般是指国家、企业、团体、个人或者产品、活动在一定时间内直接或间接产生的CO_2或温室气体排放总量，通过植树造林、节能减排等形式来抵消自身产生的CO_2或温室气体排放量，实现正负抵消，达到相对"零排放"。

9）碳源（Carbon Source）

碳源是指产生温室气体之源，是自然界中向大气释放温室气体的母体。它既来自自然界，也来自人类生产和生活过程。自然界中主要的碳源是土壤、岩石、海洋与生物体。此外，人类工业生产活动、生活中也都会产生大量温室气体。

10）碳汇（Carbon Sink）

碳汇是指以植树造林、植被恢复、土地或海洋利用等方式从大气中清除CO_2等温室气体，从而减少温室气体在大气中浓度的过程、活动或机制。

1.3.2 建筑碳排放相关术语

1）建筑碳排放（Building Carbon Emission）

建筑碳排放是指建筑全寿命期内与其有关的建材生产及运输、建造及拆除、运行阶段产生的温室气体排放的总和，以CO_2当量表示。

2）建筑全寿命期（Full Life Cycle of Building）

建筑全寿命期指建筑物从规划与设计、材料生产、构件加工、建材运输、施工建造、运行维护直到拆解处理（废弃、再循环和再利用等）的全过程。

3）计算边界（Accounting Boundary）

计算边界是指与建筑物建材生产与运输、建造与拆除、建筑物运行维护等活动相关的温室气体排放的计算范围。

4）碳排放因子（Carbon Emission Factor）

碳排放因子是将能源与材料消耗量与CO_2排放相对应的系数，用于量化建筑物不同阶段相关活动的碳排放。

5）建筑运行碳（Building Operational Carbon）

建筑运行碳指的是建筑在运行过程中为供电、照明、供暖及制冷等而产生的碳排放。

6）建筑隐含碳（Building Embodied Carbon）

建筑隐含碳是指建筑在施工、拆除过程中所产生的碳排放量，以及建筑材料在制造、运输、组装、更换等过程中产生的碳排放。由于这些碳排放在建筑物建成后就固化在建筑之中，且在建筑漫长的使用过程中不再有额外的碳排放，碳被隐藏在建筑之中，故称为隐含碳。

1.3.3 低碳建筑相关概念

随着全球范围内环境和能源问题的不断恶化，人类开始探索新的建筑理念去适应自然。20世纪生态建筑理念被提出后，低碳建筑、生态建筑、低能耗建筑、可持续建筑和绿色建筑等概念也逐渐出现。虽然这些概念的侧重点有所不同，但其目的都是人与环境的和谐共生。

1）生态建筑（Ecological Architecture）

生态建筑是指根据当地的自然生态环境，运用生态学、建筑技术科学的基本原理和现代科学技术手段等，合理安排并组织建筑与其他相关因素之间的关系，使建筑和环境之间成为一个有机的结合体；同时具有良好的室内气候条件和较强的生物气候调节能力，以满足人们居住生活所需的舒适环境，使人、建筑与自然生态环境之间形成一个良性循环系统。生态建筑没有明确的评价标准，但建筑师强调其设计、建造、维护与管理必须以强化内外生态服务功能为宗旨，达到经济、自然和人文三大生态目标。

2）可持续建筑（Sustainable Building）

可持续建筑的理念就是追求降低环境负荷，与环境相结合，并且有利于居住者健康。其目的在于减少能耗、节约用水、减少污染、保护环境、保护生态、保护健康、提高生产力，以及有利于子孙后代。

经济合作与发展组织（Organization for Economic Co-operation and Development，OECD）给出了可持续建筑的四个原则和一个评定因素。四个原则为：一是资源的应用效率原则；二是能源的使用效率原则；三是污染的防止原则（室内空气质量，CO_2的排放量）；四是环境的和谐原则。评定因素是对以上四个原则方面内容进行研究评定，并以评定结果来判断建筑是否为可持续建筑。

3）绿色建筑（Green Building）

我国在《绿色建筑评价标准》GB/T 50378—2019（2024年版）中将绿色建筑进行了界定，指明它是"在全寿命期内，最大限度地节约资源（节能、节地、节水、节材）、保护环境、减少污染，为人们提供健康、适用、高效的使用空间，与自然和谐共生的建筑"。

4）零能耗建筑体系

（1）超低能耗建筑（Ultra Low Energy Building）

超低能耗建筑是近零能耗建筑的初级表现形式，其室内环境参数与近零能耗建筑相同，能效指标略低于近零能耗建筑。超低能耗建筑的建筑能耗水平应较国家标准《公共建筑节能设计标准》GB 50189—2015和行业标准《严寒和寒冷地区居住建筑节能设计标准》JGJ 26—2018、《夏热冬冷地区居住建筑节能设计标准》JGJ 134—2010、《夏热冬暖地区居住建筑节能设计标准》JGJ 75—2012降低50%以上。

（2）近零能耗建筑（Nearly Zero Energy Building）

近零能耗建筑是指适应气候特征和场地条件，通过被动式建筑设计最大幅度降低建筑供暖、空调、照明需求，通过主动技术措施最大幅度提高能源设备与系统效率，充分利用可再生能源，以最少的能源消耗提供舒适室内环境，且其室内环境参数和能效指标符合标准规定的建筑。近零能耗建筑的建筑能耗水平应较国家标准《公共建筑节能设计标准》GB 50189—2015和行业标准《严寒和寒冷地区居住建筑节能设计标准》JGJ 26—2018、《夏热冬冷地区居住建筑节能设计标准》JGJ 134—2010、《夏热冬暖地区居住建筑节能设计标准》JGJ 75—2012降低60%~75%以上。

（3）零能耗建筑（Zero Energy Building）

零能耗建筑是近零能耗建筑的高级表现形式，其室内环境参数与近零能耗建筑相同，指充分利用建筑本体和周边的可再生能源资源，使可再生能源年产能大于或等于建筑全年全部用能的建筑。

5）零碳建筑体系

（1）低碳建筑（Low-Carbon Building）

低碳，意指较低的温室气体（CO_2为主）排放。"低碳"一词首先出现在英国白皮书《我们未来的能源——创建低碳经济》中的"低碳经济"概念中。低碳经济的核心思想是以更少的能源消耗获得更多的经济产出。"低碳建筑"最早是在2006年由于英国建筑项目为了应对低碳经济的要求而提出的。低碳建筑是指应气候特征与场地条件，在满足室内环境参数的基础上，通过优化建筑设计来降低建筑用能需求，提高能源设备与系统效率，充分利用建筑本体可再生能源和建筑蓄能，且碳排放指标符合《零碳建筑评价标准（征求意见稿）》第4.2.1、4.2.2条规定的建筑。

（2）近零碳建筑（Nearly Zero Carbon Building）

近零碳建筑是指在实现低碳建筑的基础上，进一步提升建筑本体降碳水平，充分利用建筑本体及周边可再生能源和建筑蓄能，且碳排放指标符合《零碳建筑评价标准（征求意见稿）》第4.2.3、4.2.4条或第7.1.6条规定的建筑。另外，近零碳建筑还需要达到不低于90%的电气化率，建筑的负荷具备不小于20%的柔性调节能力。

（3）零碳建筑（Zero Carbon Building）

零碳建筑是在实现近零碳建筑的基础上，进一步充分利用建筑本体及周边可再生能源和建筑蓄能，并通过采用可再生能源信用与碳信用对剩余碳排放进行抵消等非建筑降碳技术措施，且碳排放指标符合《零碳建筑评价标准（征求意见稿）》第4.2.5条或第7.1.7条规定的建筑。但是，零碳建筑采用碳信用抵消的建筑碳排放量不应超过基准建筑碳排放量的20%；另外，还需达到100%的电气化率水平和50%以上的调节电力负荷能力。

（4）全过程零碳建筑（Whole Process Zero Carbon Building）

全过程零碳建筑是指在满足零碳建筑技术指标的基础上，通过采用低碳建材、低碳结构形式和材料减量化设计，可通过采用可再生能源信用与碳信用对剩余碳排放进行抵消等非建筑降碳技术措施，建筑建材生产及运输、建筑建造及拆除和运行全过程的总碳排放量不大于零的建筑。全过程零碳建筑关注长期被忽略的建材生产运输、建造施工及拆除阶段的隐含碳，明确规定建筑隐含碳排放不应高于$500kgCO_2/m^2$。

从上述各个概念的具体定义可以看出，不同概念的侧重点存在一定的差异。生态建筑的侧重点是生态平衡，即协调好人与自然、发展与保护、建筑与环境等关系；可持续建筑的侧重点是资源能源的循环使用，人、环境与自然形成良性循环系统；绿色建筑的侧重点是绿色环保，强调节约能源和减少废弃物排放；低碳建筑的侧重点是降低温室气体的排放量；零能耗建筑体系的侧重点是减少能源的使用，提高资源的利用率，保护环境。不同概念之间也存在着一些共性，即它们都强调建筑在全寿命期内应降低资源能源的使用，强调建筑与环境和谐共生，并且最大限度地降低环境负荷（表1-1）。

相关概念侧重点及评价方式　　表1-1

概念名称	侧重点	评价方式
生态建筑	将建筑看成一个生态系统，运用生态学、建筑技术科学的基本原理和现代科学技术手段等，满足人们居住生活的环境舒适，使人、建筑与自然生态环境之间形成一个良性循环系统	无明确的评价标准
可持续建筑	着眼点比较宽泛，追求降低环境负荷，与环境相结合，强调建筑全寿命期的可持续性，有利于子孙后代	以四个原则方面内容进行研究评定
绿色建筑	在全寿命期内，最大限度地节约资源（节能、节地、节水、节材）、保护环境、减少污染，为人们提供健康、适用、高效的使用空间，与自然和谐共生的建筑	强调"四节一环保"，评价体系由7个指标组成，按总得分确定等级，分别为一星级、二星级、三星级
零耗建筑体系	采用性能化的设计方法，以建筑室内环境参数和能效指标为性能目标，利用模拟计算软件，对设计方案进行逐步优化，最终达到预定性能目标要求；而围护结构、能源设备和系统等参数及技术措施均为推荐性指标	以建筑物的能耗为评价指标
零碳建筑体系	对气候环境的应对，强调在建筑全寿命期内减少能源的消耗，最大限度地降低CO_2的排放量	以室内环境参数、建筑碳排放指标及建筑碳抵消指标为约束性评价指标

1.3.4　建筑全寿命期

建筑是一种寿命期很长的产品，从原材料的开采、产品制造到建筑拆除，整个过程都会对环境产生影响。对建筑而言，其全寿命期通常是指从项目论证、建材生产、建造运输、建筑运营直到废弃处理的全过程。

充分了解建筑物全寿命期各个阶段的主要目的在于，通过对建筑物全寿命期各个阶段影响因素的解析，对建筑物在各阶段对于环境影响的大小进行定量分析，找出有可能减排减能耗的环节，辅助各个阶段工作人员有针对性地改善建筑系统的环境性能。因此，从建筑的全寿命期出发，全面研究建筑

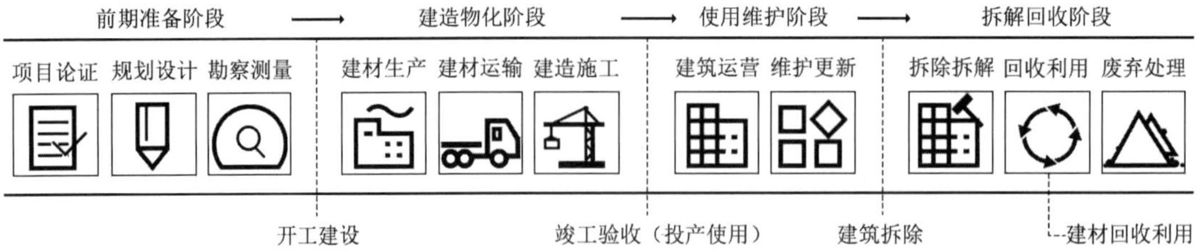

| 前期准备阶段 | → | 建造物化阶段 | → | 使用维护阶段 | → | 拆解回收阶段 |

| 项目论证 | 规划设计 | 勘察测量 | 建材生产 | 建材运输 | 建造施工 | 建筑运营 | 维护更新 | 拆除拆解 | 回收利用 | 废弃处理 |

开工建设　　　　　　竣工验收（投产使用）　　　建筑拆除　　　建材回收利用

图1-8　建筑全寿命期阶段划分示意图
（来源：李世萍自绘）

各阶段的能耗和排放，是极具重要意义的一项工作。

通常将建筑全寿命期划分为四个阶段：前期准备阶段、建造物化阶段、使用维护阶段及拆解回收阶段（图1-8）。

1.4 建筑全寿命期各阶段

1.4.1 建筑全寿命期的碳足迹构成

目前，基于全寿命期评价，建筑碳排放的计算可分为前期准备、建造物化、使用维护和拆解回收四个阶段。其按照碳排放的增减特征又可分为"碳源"（碳排放增量）和"碳汇"（碳回收减量）两大类。"碳源"通常包含建筑建造、运行及拆解回收等建筑活动带来的直接或间接碳排放。"碳汇"，即建筑物的碳回收减量，则包括四大类，分别是：①建造物化阶段的建筑材料固碳的碳减量；②使用维护阶段的景观生态系统碳汇的碳减量；③使用维护阶段使用可再生能源抵消常规能源的碳减量；④拆解回收阶段的建筑拆解过程中建筑构件、部品及材料回收利用的碳减量（图1-9）。

1.4.2 建筑全寿命期的各阶段

本书将建筑全寿命期分为四个阶段，分别为前期准备阶段、建造物化阶段、使用维护阶段及拆解回收阶段。

1）前期准备阶段

前期准备阶段是一个项目的最初阶段，是指在建设前对整个项目的设想和布局，一般包括项目论证、场地勘测及项目的规划设计等。该阶段中的人为因素起到关键的作用，决策者对项目的把控将会直接影响到建筑全寿命期的各个环节，包括建筑使用、建筑形象、环境影响，以及碳排放、能耗、寿命、经济社会效益等。因此，前期准备阶段是对能源的节约及碳排放量控制的最为重要的一个环节。对于建筑师来说，前期准备阶段中的建筑设计尤为

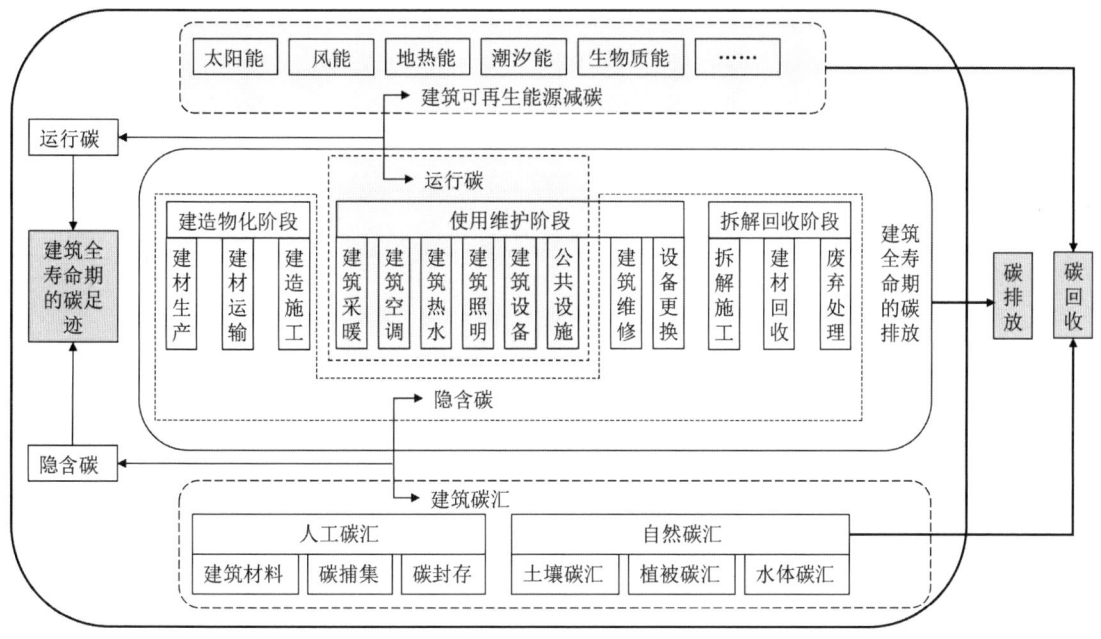

图1-9 建筑全寿命期的碳足迹构成
（来源：李世萍自绘）

重要。建筑师的决策与判断将会对建筑全寿命期的碳排放起到关键的作用。因此，低碳建筑的方案设计已不仅仅是功能布局、空间组织和建筑形象等基本问题，而是必须对建筑与气候的关系、建筑结构选型、建筑建造方式、建筑运行期间的能源使用、景观绿化的碳汇作用等进行认真的分析研究，做好建筑设计的总体策划。

2）建造物化阶段

建造物化阶段是指从项目开工建设开始到竣工验收结束，主要包含建筑材料的生产、建材及设备的运输、建筑的施工建造等。建材的选择、运输方式的选择、施工过程所使用的机械设备及现场照明等都会对该阶段的碳排放量产生很大的影响。

3）使用维护阶段

使用维护阶段是建筑全寿命期中最长的一个阶段，也是能源消耗最大的一个阶段。现代公共建筑大量使用采暖、制冷、通风、照明等设备去创造舒适的空间环境，在漫长的使用过程中消耗掉大量能源，并持续产生巨量碳排放。同时，在建筑的使用过程中，建筑的主体结构、围护结构、设备及室内外装修等因老化或变更使用需求等原因，需要维护、更换或翻新、改造，这些维护过程中也会产生除正常使用之外的额外碳排放。

4）拆解回收阶段

由于建筑自身老化或建筑结构性能等的改变，会使建筑达到其生命终点而被拆除。拆解回收阶段主要包含建筑物的拆除、拆解，废旧物的处理及回收利用。不同的拆除方式会对拆除时间、工人用量和能源消耗产生很大的影响，从而影响碳排放。同时，废旧物的运输方式的选择和处理方式的选择，以及废旧物的回收利用也会对建筑的碳排放量产生很大的影响。

1.5 建筑碳排放计算

建筑全寿命期的碳排放是指建筑在前期准备、建造物化、使用维护和拆解回收四个阶段的温室气体排放量总和，统一用二氧化碳当量（e）表示。建筑物全寿命期碳排放量的计算在建筑建造之前就基本明确了建筑碳排放的具体量化指标，并为建筑物全寿命期的减碳策略制定提供了精准的依据，是低碳建筑设计的重要分析手段。

目前，国际上对建筑物碳排放的计算方法可大致归纳为四种：实测法、投入产出法、生命周期清单分析法及排放系数法。表1-2对现有的四种方法从原理、计算公式、优缺点及应用五个方面进行了比较。这四种碳排放计算方法相辅相成，在建筑碳排放的计算中单一使用某种方法的研究比较少，通常情况下是多种方法的综合使用，以达到较为理想的研究效果。

四种碳排放计算方法比较　　　　　　　　　　　　　　　表1-2

方法	实测法	投入产出法	生命周期清单分析法	排放系数法
原理	连续进行实时测量	单纯以金额来计算能源与排放量，很容易以建筑业的统计金额来换算出能耗和排放量	借助统计数据，分别计算各个阶段的碳排放量，最终累加求和得到总碳排放量	把影响碳排放的活动数据与单位活动的排放系数相结合，得到总的碳排放量
计算方法	通过监测工具或国家认定的计量设施测量目标气体总排放量	通过构建投入产出表，利用投入产出的数学模型来计算	活动数据×排放因子	活动数据×排放系数
优点	最准确，收集到的数据最为可靠	数据获取方便、时效性强，碳排放量计算考虑了生产资料和间接成本	使用方便，其详细的计算过程能够反映整个过程各个阶段的碳排放量，从而对具体的阶段进行详细的分析	全面、具体地考虑了温室气体，几乎涵盖所有的温室气体排放源，并且提供了相应的计算方法
缺点	对实验条件要求高，限制性较大，不适合全寿命期计算	计算时对具体的过程不作深入的分析，以细节的缺失为代价，使用的数据是行业平均排放强度数据，计算结果存在较大的不确定性	排放系数差异性较大，需详细活动数据	只从产品生产角度进行碳足迹考虑，而从消费者角度来说，隐含的碳排放量无法计算，且不同国家、地区的排放系数差异较大
应用	只可应用于后期评价，适用于有可靠数据并采用高级技术的国家或研究部门	一种自上而下的方法，主要应用于后期评价及未来预测，适用于宏观层面的碳排放计算	一种自下而上的方法，主要应用于前期计算分析，适用于微观层面的碳排放计算	IPCC推荐的国际上通用的碳排放计算方法，可反映碳排放强度，作为参考标准

1.5.1 建筑全寿命期碳源

碳排放来源即所有产生碳排放的活动。运用全寿命期理论，通常采用分阶段的方法进行碳排放计算，按照建筑全寿命期划分的前期准备阶段、建造物化阶段、使用维护阶段和拆解回收阶段，分别列出各阶段相关要素的碳排放因子，然后根据碳排放因子进行后续的资源和能源消耗清单统计（图1-10）。

（1）前期准备阶段的碳排放来源主要是所用能源和物资的消耗。虽然该阶段的碳排放量较小，但此阶段作为建筑全寿命期的前期组成部分，对后续各阶段的碳排放影响较大，对建筑全寿命期的碳排放量有决定性的作用。

（2）建造物化阶段包含建材生产、建材运输和建造施工三个过程。建材生产过程中的碳排放来源包括建筑材料、构件、部品的生产及设备的使用；建材运输过程中的碳排放来源包括建筑材料、构件、部品及设备的运输；建造施工过程的碳排放来源主要包括施工机具在场地内移动、使用、维护的能耗，以及施工临时设施的建造与拆解。

（3）使用维护阶段的碳排放来源主要有：建筑设备系统的运营；建筑材料、构件及部品的维护与更替；更替的建筑材料、构件及部品的运输。有的碳排放计算中还包含了人们生活和生产的碳排放，例如家庭生活中的炊事和娱乐，生产过程中的设备运转和制造过程，办公过程中的办公设备运转等。

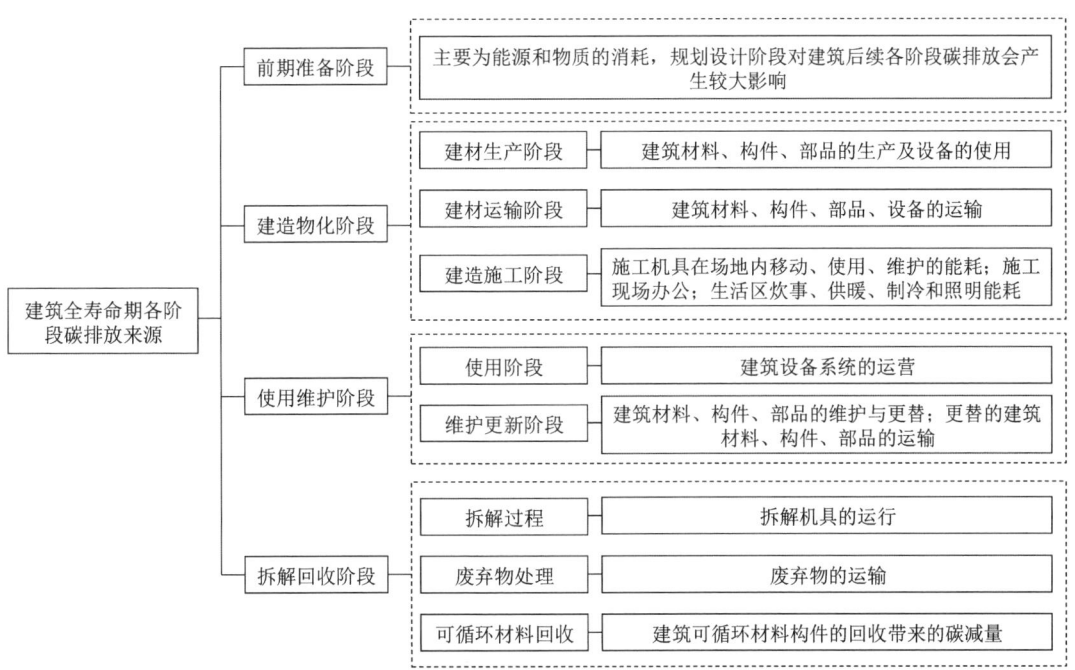

图1-10 建筑全寿命期各阶段碳排放来源
（来源：刘竞男根据《建筑全生命周期的碳足迹》改绘）

由于这些生产和生活的活动形式多样,与人们的生活方式、生产产品的内容以及办公的特点密切相关,并且这些碳排放往往在其他的行业中已经被统计计算,因此这部分碳源不应计算到建筑全寿命期的碳排放之中。

(4)拆解回收阶段的碳排放来源主要有:拆解机具的运行;废弃物的运输以及建筑可循环材料构件的回收带来的碳减量。

1.5.2 建筑全寿命期各阶段碳排放计算模型

由于前期准备阶段周期较短,且一般事务所在进行规划、设计时通常都是多方案同时进行,除了办公室用电等能源消耗外,动用的人力和时间无法准确计量,因此很难对单个建筑前期准备阶段的能源消耗及碳排放进行统计计算。并且一些研究表明,建筑前期准备阶段的碳排放量较少,故本书忽略此阶段的碳排放量,只计算建造物化、使用维护、拆解回收三个阶段的碳排放量(图1-11)。

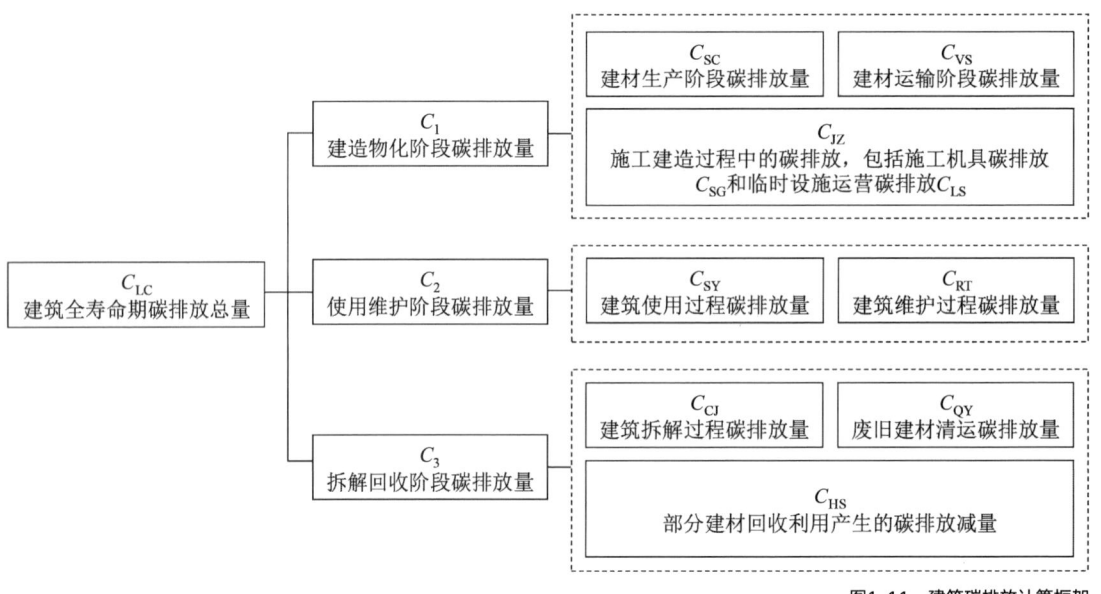

图1-11 建筑碳排放计算框架
(来源:刘竞男根据《建筑全生命周期的碳足迹》改绘)

一般来说,建筑全寿命期碳排放计算应包含以下参数指标:碳排放总量(C_{LC})、碳排放强度(C_a)和年均碳排放强度(C_A)。

1)碳排放总量

碳排放总量是建筑物全寿命期各个阶段的碳排放量之和,可参照公式(1-1)进行计算:

$$C_{LC}=C_1+C_2+C_3 \tag{1-1}$$

式中 C_{LC}——建筑全寿命期碳排放总量,单位为$kgCO_2e$;

C_1——建造物化阶段碳排放量,单位为$kgCO_2e$;

C_2——使用维护阶段碳排放量,单位为$kgCO_2e$;

C_3——拆解回收阶段碳排放量,单位为$kgCO_2e$。

2)碳排放强度

在核算建筑碳排放量时,不同规模与不同使用年限建筑的碳排放情况差异较大,不能进行统一比较。在计算碳排放总量的基础上,考虑建筑规模因素,将总量折合成碳排放强度,即单位建筑面积的碳排放量,这样有利于比较同类型建筑碳排放强度。碳排放强度可参照公式(1-2)计算:

$$C_a=C_{LC}/A \tag{1-2}$$

式中 C_a——建筑全寿命期单位建筑面积碳排放量,单位为$kgCO_2e/m^2$;

A——建筑面积,单位为m^2;

其他参数含义同前。

3)年均碳排放强度

在横向比较单位建筑面积碳排放量的同时,还应考虑纵向的时间因素,即建筑使用年限。因为一栋建筑建造物化阶段的周期及碳排放总量是固定不变的,如果建筑使用寿命不同,则其均摊到每年的碳排放量就会产生变化。而且建筑使用年限越长,平均到每年的碳排放量就会随之减少,其对气候环境的影响也会相对减弱。所以,本书采用的单位时间年(a)、单位建筑面积(m^2)的碳排放量作为建筑年均碳排放强度,即$kgCO_2e/(m^2 \cdot a)$。年均碳排放强度按照公式(1-3)进行计算:

$$C_A=C_{LC}/(A \times L) \tag{1-3}$$

式中 L——建筑使用年限,单位为a;

其他参数含义同前。

除以上三个重要参数指标外,碳排放计算数据通常还包括各个阶段的碳排放量及碳排放强度,使用维护阶段还常常包括年均碳排放强度。通过这些数据,可以让人们更加清晰地判断建筑的碳排放构成情况,以便选择针对性的减碳措施。

1.5.3 公共建筑全寿命期的碳排放构成分析

公共建筑的全寿命期碳排放构成根据公共建筑的类型不同会有很大的差异。要进行低碳建筑设计，就必须要了解建筑物的碳排放构成及特点，这样才能针对性地选择建筑减碳策略。

这里以一栋常见的钢筋混凝土框架结构办公楼为例分析其碳排放构成及特点。该办公楼位于我国北方寒冷地区，冬季需采暖（采暖期4个月），夏季需空调（制冷期3个月）。办公楼的总建筑面积为11 351m²，设计使用年限为50年。从这栋办公楼的总体碳排放构成（图1-12）来看，使用维护阶段的碳排放量最大，约为47,602,300.10kgCO_2e，占建筑全寿命期碳排放量的87.84%；其次是物化阶段，碳排放量约为6,581,057.35kgCO_2e，占建筑全寿命期碳排放量的112.14%；拆除清理阶段产生的碳排放量为8740.01kgCO_2e，仅占建筑全寿命期碳排放量的0.02%（图1-13）。

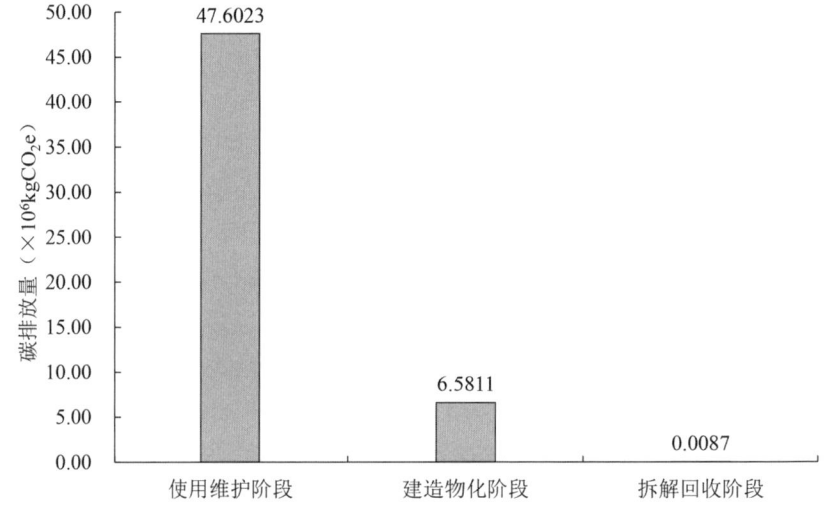

图1-12 整体碳排放量图
（来源：刘竞男根据《建筑全生命周期的碳足迹》改绘）

1）建造物化阶段碳排放分析

该建筑在建造物化阶段的碳排放强度为579.78kgCO_2e/m²。其中，建材生产阶段碳排放量最大，碳排放强度为543.52kgCO_2e/m²，占物化阶段的93.74%；施工机具阶段的碳排放强度为25.72kgCO_2e/m²，占物化阶段的4.44%；建材运输阶段的碳排放强度为6.67kgCO_2e/m²，占物化阶段的1.15%，影响较小（图1-14）。而临时设施阶段的碳排放强度为3.87kgCO_2e/m²，此子阶段产生的碳排放量占比不足1%，根据《PAS2050》中对实质性贡献的定义，该部分碳排放属于非实质性碳排，对建筑碳排放的影响可以忽略不计，

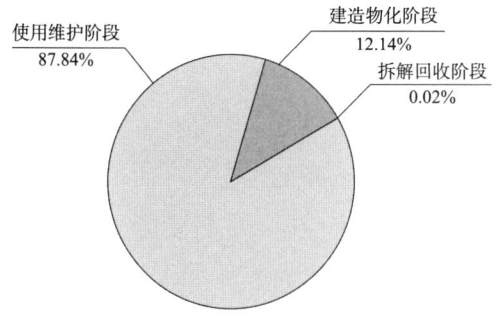

图1-13 各阶段碳排放量占比
（来源：刘竞男根据《建筑全生命周期的碳足迹》改绘）

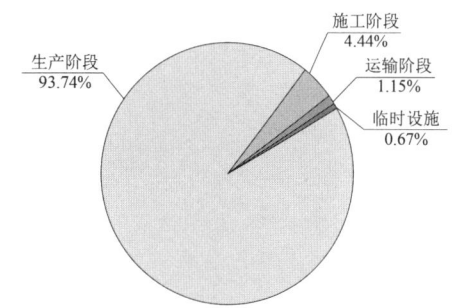

图1-14 建造物化阶段各子阶段碳排放百分比图
（来源：刘竞男根据《建筑全生命周期的碳足迹》改绘）

故可不将其纳入碳排放评价内。

建造物化阶段是将规划设计的图纸实现为建筑实体的过程，该阶段的资源和能源消耗量大，产生的温室气体较使用阶段表现为短时间内排放更集中、强度更大。下面根据前面对办公楼建造物化阶段碳排放量构成的分析研究，对建造物化阶段的碳排放量从建筑材料、能源及施工方式三方面进行分析。

（1）材料的消耗。建材生产阶段的碳排放约占到物化阶段碳排放的95%，其中住宅建筑材料的消耗量最大的是商品混凝土、砂石、水泥、钢、砌体材料、建筑陶瓷、门窗，以上7种建材的总重量约占到所耗建材总重量的98%。钢、商品混凝土、水泥、砂石、木材、建筑陶瓷、门窗、保温材料、铜芯导线电缆、建筑涂料、PVC管材、防水材料，以上12种建材的碳排放约占到建材生产阶段碳排放的99%，其中钢材、商品混凝土、水泥、保温材料四类建材的碳排放占比最大，合计约为85%。因此，在物化阶段建材的消耗量及绿色低碳建材的使用量对物化阶段的碳排放有很大的影响。

（2）能源的消耗。建筑建造过程中的能源消耗也是物化阶段碳排放不可忽略的影响因素，具体包括施工现场临时办公及住所的能源消耗，以及施工过程中一些大型施工机械的能源消耗，特别是焊机、螺旋孔转机、载重汽车、钢筋切断机、起重机，以上五类施工机具的碳排放约占施工阶段碳排放的85%。

（3）施工方式的消耗。目前，建筑施工方式主要为湿式工法。湿式工法现场产生的废弃物与污染较多，现场使用的施工机具种类多且能耗大，例如钢筋切割机、混凝土搅拌机、混凝土振动器、灰浆搅拌机、木工机具的碳排放量占施工机具碳排放量的16%。为了减少相对应的碳排放，可以进行相关工艺的提升，减少相关阶段的能源消耗。

2）使用维护阶段碳排放构成分析

案例办公楼使用阶段碳排放量为47,487,342.05kgCO$_2$e，维护阶段碳排放

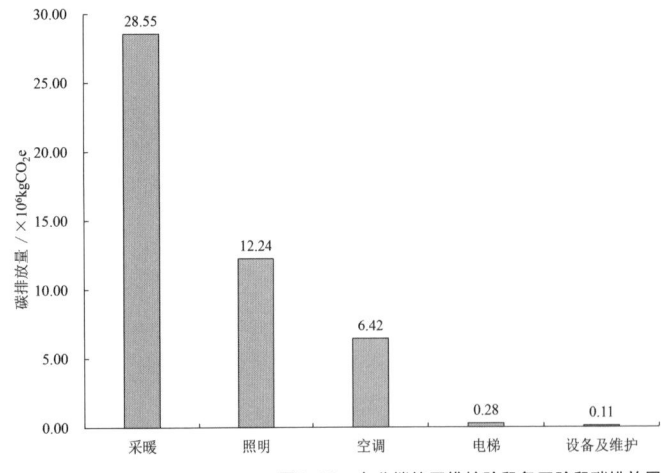
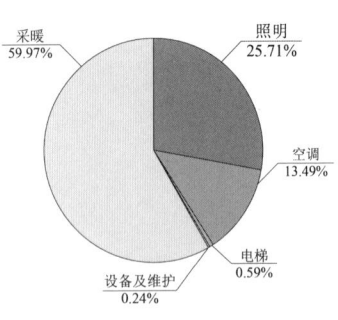

图1-15 办公楼使用维护阶段各子阶段碳排放量
（来源：刘竞男根据《建筑全生命周期的碳足迹》改绘）

图1-16 办公楼使用维护阶段各子阶段碳排放量占比图
（来源：刘竞男根据《建筑全寿命期的碳足迹》改绘）

量为114958.05kgCO$_2$e（图1-15，图1-16）。可以看出，在建筑的使用维护阶段中，使用阶段产生的碳排放量占大部分，维护阶段则相对较少，其中碳排放量按照采暖、照明、空调、电梯、设备及维护的顺序依次降低。根据本书研究结果，总结使用维护阶段碳排放有以下几个主要影响因素。

（1）采暖和制冷。根据建筑所处地区进行判断，若建筑处于寒冷地区，则采暖能耗是使用阶段占比最大的能耗。若建筑冬季采暖形式为散热器低温水采暖，为集中燃煤供热系统，而夏季制冷采用分体式空调，则该建筑在使用维护阶段的采暖引起的碳排放量占绝大部分，而制冷碳排放量很少，接近采暖碳排放量的1/6。寒冷地区采暖、空调碳排放多与室外温度线性相关。

（2）照明。建筑照明能耗是建筑能源消耗的重要组成部分。办公建筑各功能房间中，办公室的照明碳排放当量最大，其次是会议室，门厅照明设备开启时间最长，卫生间、走廊的碳排放量较少，设备用房可不设置人工照明。

（3）电梯及其他设备。建筑由电梯运行产生的碳排放量在使用维护阶段占比不足1%，几乎可以忽略。除电梯以外的其他设备在使用阶段中产生的碳排放量相对较少，故忽略不计。

（4）使用。不同类型公共建筑使用人员工作时间存在差异，但在本书计算中，设备运行按照平均工作时间计算。电脑、投影等办公设备由于办公性质不同，差异较大，因此产生的碳排放无法计算，不纳入本阶段研究中，在此不作分析。

3）拆解回收阶段碳排放构成分析

该办公楼在拆解回收阶段产生的碳排放量为8740.01kgCO$_2$e，仅占建筑全寿命期碳排放量的0.02%。拆解回收阶段是建筑全寿命期的最后一个环节，该阶段主要包括建筑的拆除、拆解，废旧物的处理及回收利用。建筑的拆除主要是指机械拆除与爆破拆除。建筑拆解则是指从建筑结构中以人工或机械方式回收旧材料的过程。

现有的很多建筑在全寿命期的最后一个阶段未考虑建筑拆解问题，这对于建筑行业节能减排有很大影响。拆解阶段产生的废旧建材通过回收再利用，以负碳排的形式可以很大程度地减少其建筑在全寿命期内的碳排放。建筑单体的结构类型、选用材料、连接方式等对拆解能否顺利完成及其拆解程度都会有重要影响。

建筑拆除使用的施工机械不仅消耗能源、排放CO_2，同时还产生大量的固体废弃物。我国建筑垃圾存量巨大，综合处理利用率还不到5%。既有研究显示，拆解回收阶段的碳排放主要包括以下几个影响因素。

（1）能源的消耗。建筑拆除阶段的耗能主要是指拆除过程中施工机具的能耗，其中内燃空气压缩机的碳排放量最大，其次为推土机、液压破碎机，以上三种机械的碳排放量占拆除施工机具的70%以上。

（2）拆除方式。建筑拆除方式一般有拆解和拆毁两种。不同拆除方式在技术、设备层面上大致相同，但在废旧建材的循环利用率上差别很大。拆解方式下的建材回收率远远大于拆毁方式。

（3）废弃物回收利用。建筑拆除后，有相当一部分材料、构件、部品及设备可以通过回收再利用进入新产品的生命周期循环中。对于可循环材料，虽然在建材生产过程中产生了碳排放，但在回收并进行循环利用后，减少了新产品原料开采、提纯环节的能耗。因此，废旧建材的回收利用率越高，新产品的原料开采、提纯环节的碳减量就越大。

（4）建筑废弃物运输及后期处理。运输距离、运输方式、建筑废弃物重量及处理方式等都会对运输碳排放产生很大影响。

1.6 本章小结

本章阐述了人类活动引起的碳排放已对地球环境造成了严重威胁，建筑行业作为全球碳排放的主要来源，建筑设计走向低碳是大势所趋；系统介绍了低碳建筑发展的缘起，建筑碳排放的相关术语，阐明了建筑碳排放的计算原理与方法；归纳了建筑全寿命期碳排放的碳足迹，即建筑碳排放的总体构成。这些建筑碳排放的基本知识是后面各章节的基础。

第 2 章
低碳公共建筑全寿命期减碳的整体策划原则与策略

▶ 公共建筑全寿命期各阶段碳排放的构成特点是什么？

▶ 建筑全寿命期的减碳重点集中在哪几个环节？

▶ 为什么说建筑设计是建筑全寿命期减碳的关键？

▶ 低碳公共建筑全寿命期低碳设计的整体策划要从哪几个方面进行考虑？

2.1 公共建筑的全寿命期整体策划设计原则

要进行低碳建筑设计，实现建筑全寿命期的减碳和碳中和，不能仅仅依靠增加低碳的技术手段和设施设备进行减碳，更不能在建筑设计方案完成后才去考虑建筑的减碳和碳中和措施，而是需要从建筑全寿命期的角度进行通盘的策划。首先，应从决定建筑功能的生活预测和生活生产方式入手，再到建筑前期规划的选址和布局，然后到建筑设计需要深入考虑的空间分区、空间组织、空间设计、技术措施及风格特征等；最后到建筑的施工建造、运维管理和拆解处理的全过程进行综合考虑，形成系统和完善的减碳策略与技术体系。其次，竣工后的建筑，应通过建筑的使用后评估对其建造、使用中的经验和问题进行反馈与总结，通过针对性的改进以提升建筑的品质和减碳效果，并为以后的建筑设计提供经验与借鉴。

2.1.1 前期策划是核心

"建筑策划"（Architectural Programming）特指在建筑学领域内，建筑师根据总体规划的目标设定，从建筑学的学科角度出发，不仅依赖于经验和规范，更以实态调查为基础，运用计算机等近现代科技手段对研究目标进行客观分析，最终定量地得出实现既定目标所应遵循的方法及程序的研究工作。建筑策划发生在项目总体规划阶段，应主要包括建筑的空间构想（平面布局、选址朝向、功能分区、风格特征、建筑密度和感观环境等）、技术构想（主体结构类型、材料选择、建造方式、用能结构、构造形式和设备标准等）和经济策划等（图2-1）。

从建筑全寿命期的碳排放构成来看，前期策划是控制建筑全寿命期碳排放的核心，对于建筑全寿命期的碳排放起到了方向性的控制作用。虽然建

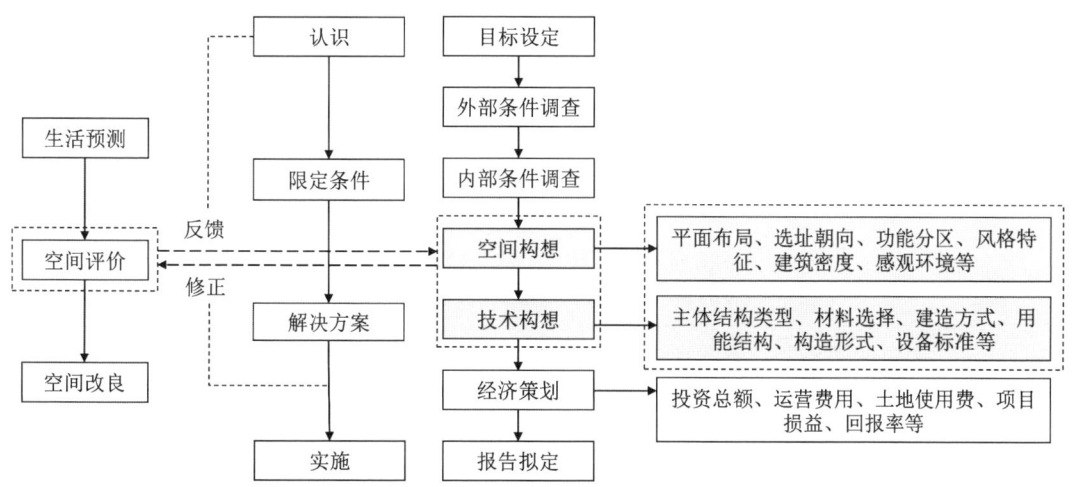

图2-1 建筑前期策划的步骤框架
（来源：李世萍自绘）

前期策划和设计阶段的碳排放微乎其微，但建筑前期策划所涵盖的因素都是影响建筑全寿命期隐含碳的决定性因素。

建筑设计一旦确定，建筑全寿命期的碳排放也就基本确定了。虽然建筑运行碳可以通过改变建筑用能结构（如使用太阳能）、改善建筑物的围护体系（如增加保温、遮阳）、提高建筑物的设备效能和增加碳汇（如使用节能的LED灯泡、其他能源之星认证的电器和设备）及增加绿化种植面积等措施进行弥补，但是建筑隐含碳随着建筑的建成，其减碳的可能很小。并且建成后的建筑再进行低碳改造，不仅减碳效果有限，而且需要进行二次施工，乃是亡羊补牢之举。因此，在建筑项目建设之前就要未雨绸缪，结合建筑使用功能、空间布局、建筑结构及设备技术等方案，展开建筑全寿命期的减碳与碳中和的策划与设计，这才是低碳建筑设计的正确之路（图2-2）。

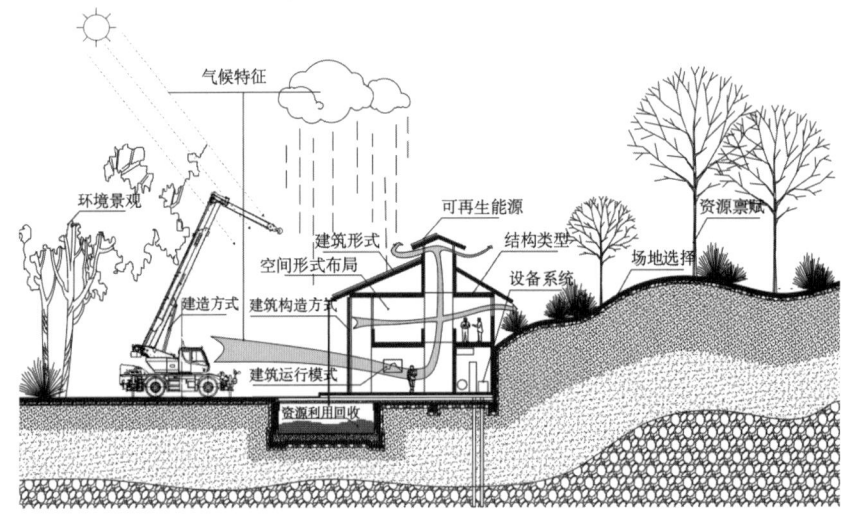

图2-2 建筑项目低碳设计整体策划
（来源：梁思瑶自绘）

2.1.2 建筑设计是关键

建筑设计是实现前期策划中既定目标的具体技术步骤。古罗马时期的建筑师威特鲁威提出了"实用、坚固、美观"的建筑三要素，这是千百年来指导建筑设计的基本原则。虽然在不同的时代和社会背景下，人们会对三要素中的某一要素相对侧重，但是这三要素始终是建筑设计中的最基本原则。在工业革命之前的数千年中，人类对环境的影响和破坏非常有限，生态环境问题并没有被人们所重视。随着时代的发展，环境问题已经成为关乎人类可持续发展的重要问题，故而建立在"实用、坚固、美观"三要素基础上的"适用、经济、绿色、美观"八字方针成为我国当前建筑设计的最基本原则。低碳建筑的理念贯穿这四要素之中,"适用"包含着建筑使用中的低碳,"经济"包含着建造和运行的低碳,"绿色"包含着全寿命期健康舒适的低碳,"美观"包含着低碳美学的理念和建筑形态的低碳。

基于新时代"适用、经济、绿色、美观"方针的低碳建筑设计,建筑师需要对建筑的使用功能、地域环境特征、适宜的技术手段及建筑艺术表达等方面进行综合权衡,进而开展设计。在建筑设计的过程中,不仅要满足常规的建筑设计所必需的功能问题、技术问题和艺术表达,还要将低碳技术策略融入建筑设计的全过程中。这也对建筑设计提出了更高的要求。在建筑设计的不同阶段,对于低碳的策略和技术方法应当有不同的应对策略。

1)设计前期阶段

在此阶段,建筑师需要全面收集设计的相关资料,如气候特征、气象数据、地形地貌、地质情况、施工条件、施工技术及建筑材料的生产情况等,同时对当地的传统营建技艺、建造经验和建筑文化等进行分析,从而为后续的建筑设计工作做好准备和铺垫。另外,建筑师还需要对建筑项目进行整体的低碳策划,根据项目所在地的气候特征、地理资源、经济文化背景和建造条件等,结合建筑物的功能需求制定低碳设计的整体原则。

2)方案设计阶段

该阶段是建筑设计的方向性决策阶段,也是低碳设计策略的决定性阶段。此阶段的设计文件通常称为设计方案文件。此阶段中,设计者首先需要对建筑设计的背景、环境、使用需求、经济能力、技术条件等因素进行全面的分析,然后结合低碳建筑的技术策略提出整体性的建筑方案。在此阶段,多种要素交织叠加,建筑师需要通盘考虑多方利益和诉求,对多种要素进行博弈和权衡,而非注重单一要素目标的完成。低碳建筑也是如此,单一目标的减碳和碳中和策略常常会与使用功能、经济能力和技术条件等要素相矛盾。如何运用适合的低碳策略来与建筑空间和形态匹配,并巧妙地将低碳技术与艺术相结合,这对设计师而言是巨大的挑战。但是在这种复杂的博弈过程中,也常常蕴藏着建筑设计的创新潜力。

3)初步设计阶段

该阶段是建筑设计方案的技术落地阶段,此阶段的设计文件通常称为初步设计文件。建筑方案阶段通常是概念性、原理性、宏观性及定性化的设计,对于设计策略和技术手段的可实施性、量化的分析数据和具体技术的效果方面的研究深度相对欠缺。相较于设计方案文件,初步设计文件通常属于建筑设计的专业技术文件和必要的法定文件,必须由具有资质的设计机构完成。初步设计中的设计策略和技术手段必须要有严谨性和可实施性。

在我国现行的建筑体系中，明确要求初步设计文件的编制应包括设计说明书和设计图纸两部分内容。这两部分文件通常围绕以下专题内容展开：总平面设计、建筑、结构、给水排水、智能化、电气（强电、弱电）、空调、通风、消防、节能、人防、环境、劳动安全和工程概算等。目前，低碳设计的内容往往涵盖在绿色建筑专题中。在此阶段，需要系统地从建筑空间、结构及设备等方面，以及建筑全寿命期的建造、运行及拆解的各阶段统筹低碳建筑策略，并提出具体的技术手段。

4）施工图设计阶段

施工图设计阶段是对初步设计中各部分内容的进一步深化、量化及落实具体技术手段的设计阶段。此阶段除了要提供各专业的施工图设计图纸之外，还需要提供各专业详细的计算书，这其中就包括建筑全寿命期碳排放计算书。虽然许多涉及碳排放的策略和技术方法在这一阶段都已确定，但是在设计的细节上仍有很多内容可以对建筑全寿命期的减碳起到重要的作用。

5）施工服务与竣工验收

施工服务（俗称下工地）和竣工验收也是建筑设计的重要内容。虽然此阶段系统的建筑工作已经完成，但是一些工程建设的细节问题、建筑细部的二次工厂设计、建筑设备和材料的认定等工作仍需要建筑师的配合。此外，在建筑的施工过程中难免会有意外情况发生，例如现状地形差异、施工条件困难、建筑材料难以采购、建筑效果达不到预期等，这就需要建筑师全程跟踪监督并提供建设中相关问题的解决方案，以确保建筑工程的顺利实施，达到预期的建设效果。施工服务也是建筑师的重要责任和义务。

选择何种策略和技术手段对于落实前期策划对碳排放的控制起着重要作用（图2-3）。这些具体的策略和技术手段包括本章第2节中的建筑全寿命期减碳策略，以及后面章节中的场地环境低碳设计策略、建筑空间的低碳设计策略、建筑技术的低碳设计策略、应对建筑建造的低碳设计策略以及基于低碳建筑的美学原则和建筑形态处理方法。这些内容能够引导建筑师在具体的建筑创作中进行减碳设计，也正是本书的核心内容。

2.1.3 使用后评估促改进

通常，建筑工程在竣工验收之后就正式进入了使用阶段，建筑设计工作在竣工验收之后也全部完成。然而，在建筑漫长的使用过程中，建筑设计师的工作仍在继续。首先，对于建筑使用过程中相关房屋建筑工程的问题，

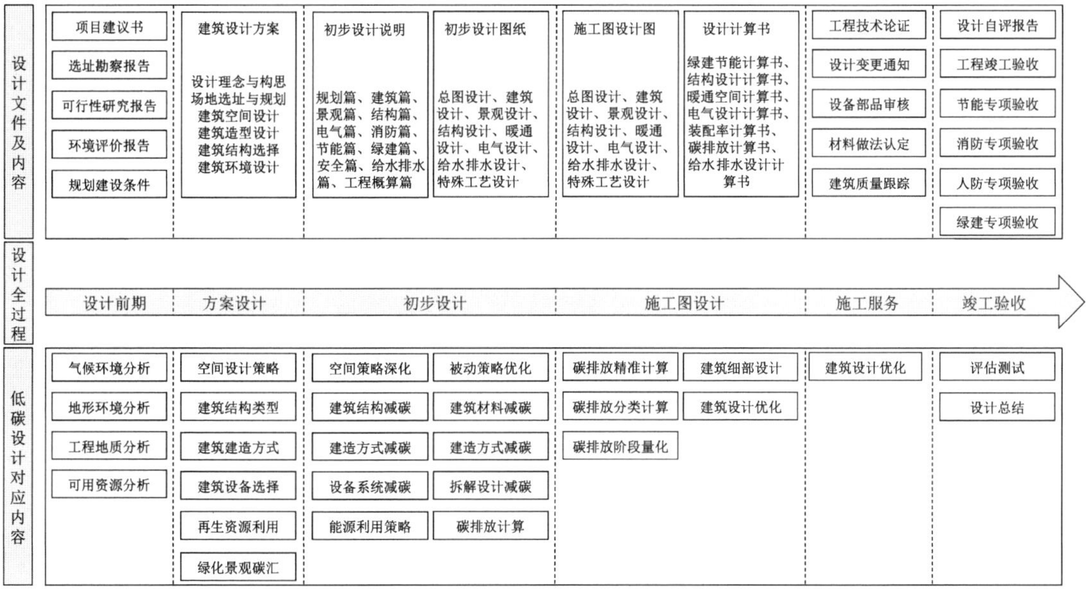

设计文件及内容	项目建议书 选址勘察报告 可行性研究报告 环境评价报告 规划建设条件	建筑设计方案 设计理念与构思 场地选址与规划 建筑空间设计 建筑造型设计 建筑结构选择 建筑环境设计	初步设计说明 规划篇、建筑篇、景观篇、结构篇、电气篇、消防篇、节能篇、绿建篇、安全篇、给水排水篇、工程概算篇	初步设计图纸 总图设计、建筑设计、景观设计、结构设计、暖通设计、电气设计、给水排水设计、特殊工艺设计	施工图设计图 总图设计、建筑设计、景观设计、结构设计、暖通设计、电气设计、给水排水设计、特殊工艺设计	设计计算书 绿建节能计算书、结构设计计算书、暖通空间计算书、电气设计计算书、装配率计算书、碳排放计算书、给水排水设计计算书	工程技术论证 设计变更通知 设备部品审核 材料做法认定 建筑质量跟踪	设计自评报告 工程竣工验收 节能专项验收 消防专项验收 人防专项验收 绿建专项验收
设计全过程	设计前期	方案设计	初步设计		施工图设计		施工服务	竣工验收
低碳设计对应内容	气候环境分析 地形环境分析 工程地质分析 可用资源分析	空间设计策略 建筑结构类型 建筑建造方式 建筑设备选择 再生资源利用 绿化景观碳汇	空间策略深化 建筑结构减碳 建造方式减碳 设备系统减碳 能源利用策略	被动策略优化 建筑材料减碳 建造方式减碳 拆解利用减碳 碳排放计算	碳排放精准计算 碳排放分类计算 碳排放阶段量化	建筑细部设计 建筑设计优化	建筑设计优化	评估测试 设计总结

图2-3　建筑设计的各阶段与低碳设计
（来源：李世萍自绘）

设计师仍然有重要的责任。目前，包括我国在内的世界上很多国家都有相关的设计师终身责任制的法律规定和要求，以确保建筑物在设计年限内的安全使用。其次，建筑师对已建成的建筑进行回访调查也有助于设计者总结设计与建造过程中决策与技术方案的合理性和适宜性，更能通过使用后的客观数据来评价技术方案的效用与性价比，从而在后续的设计项目中汲取经验与教训，不断提升设计水平。英国皇家建筑师学会（Royal Institute of British Architects，RIBA）从建筑师工作的角度对后评估给出的定义是：建筑在使用过程中，对建筑设计进行的系统研究，从而为建筑师提供设计的反馈信息，同时也提供给建筑管理者和使用者一个好的建筑标准。

后评估是评价建筑全寿命期碳排放表现的重要一环，是在项目已经完成并运行一段时间后，对建设项目的初始目标、预期效果、执行过程，以及实际效益、作用和影响进行的系统、客观的分析和总结，并且是对建筑低碳设计进行反馈和优化的重要依据，对建筑效益的最大化、资源的有效利用起到重要作用。建筑的后评估也可以通过后评价分析建筑的不足之处，并通过后续的调整，优化建筑全寿命期的减碳效果。

"前策划—后评估"（图2-4）形成了对建筑全寿命期减碳规划设计的完整机制。这种机制所代表的建筑观念将有助于我们摆脱仅以审美评价建筑的原则，取而代之的是一种更为系统和全面的建筑观，其将建筑所蕴含的社会、经济和环境效益纳入建筑设计的核心流程和评价体系中，凸显建筑师的社会责任感。

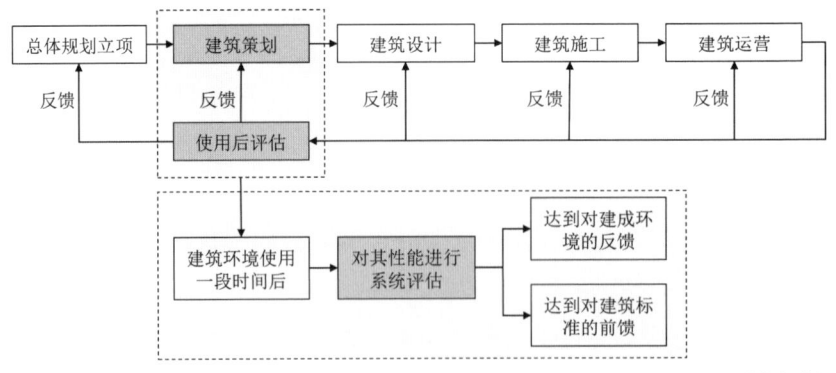

图2-4 建筑设计与"前策划—后评估"全过程
（来源：李世萍自绘）

2.2 公共建筑的全寿命期减碳策略

虽然建筑在全寿命期的各阶段均会产生碳排放，但绝大多数的减碳策略需要在建筑设计阶段进行全面统筹。只有综合分析各阶段的碳源及其控制措施，从设计入手，才能有效地减少建筑全寿命期的碳排放。为了快速了解低碳建筑设计中的低碳和碳中和策略，我们在分析各阶段减碳策略特点的基础上，将低碳建筑设计的策略简略归纳为"节流、开源、延寿、增汇"四类。这四类低碳策略分别对应着建筑中的减碳策略、可再生能源利用策略、降低碳排强度策略、碳捕集和回收策略。这四类策略均需要从建筑的全寿命期角度进行整体的策划，因地制宜地选取适宜的策略和技术方法，并结合建筑的功能等要求应用到设计之中。

2.2.1 "节流"——从建筑全寿命期推进减碳

1）前期准备阶段的低碳策划

从建筑全寿命期的碳排放构成来看，前期准备阶段的碳排放量极少。此阶段的碳排放集中在勘察设计和项目论证过程中，体现为办公、出行等碳排放，且相较于建造物化和使用维护阶段来说，数量可以忽略不计。有时此部分碳排放也被列入其他项目（如办公、生活、出行交通）等产业的碳足迹之中，甚至不包含在建筑全寿命期的碳排放之内。但前期设计却决定了建筑的空间、材质、结构和寿命等要素，影响建造物化阶段、使用维护阶段和拆解回收阶段的碳排放量。

低碳建筑设计中，"被动优先、主动辅助"是建筑师的重要原则。作为建筑师，其核心的工作内容是空间设计，而对于建筑设备性能的优劣建筑师往往鞭长莫及。因此作为建筑师，通常优先考虑利用建筑自身的空间、形态等方式进行减碳。但这并不等于建筑师对建筑设备视而不见。根据现实条件选用合适的技术和设备,并使之与建筑匹配,这也是建筑师的重要工作。因此,在前期设计阶段选择合适的被动式设计策略将有助于大幅降低建筑的运行碳。

2)建造物化阶段的减碳策略

建造物化阶段的碳排放约占建筑全寿命期碳排放的25.4%。在该阶段中,建材生产的碳排放量最大,占该阶段碳排放量的89.3%。因此,减碳策略应首先考虑建筑材料的选择与使用,其次是约占整个物化阶段6.64%的建材运输和4.06%的建造施工。

(1)建筑材料的减碳策略。

建造物化阶段建材所产生的碳排放主要由主体结构材料(钢、混凝土、砌体、砂浆、木材等)、装饰材料(水泥、砂石、装饰涂料、陶瓷等)及其他材料(防水材料、保温材料、建筑门窗、建筑玻璃、各类管材等)产生。

①主体结构材料。已有研究表明,常用建筑主体结构建材的碳排放强度从大到小依次为:钢筋混凝土框架结构、钢结构、钢筋混凝土剪力墙结构、砖混结构、木结构。不同建筑因其主体结构建材的不同而在建材生产阶段的碳排放强度差异较大,故合理选择建筑结构类型能在很大程度上减少碳排放量。选用砌体结构时,应优先使用碳排放因子较小的复合砖,或者就地取材,循环利用当地的自然材料;对于钢筋混凝土结构的建筑,应尽可能延长建筑的使用寿命和考虑改造的可能性;对于钢结构类的建筑,应增加空间灵活度,提高装配率;至于木结构,从其自身的全寿命期来看是一种负碳材料,但不同树种的碳储量不同,因此应优先选择碳储量高的木材(表2-1)。

单位体积常用建材的碳储量　　　　表2-1

树种	碳储量/kgC	树种	碳储量/kgC	树种	碳储量/kgC
杉木	161.48	栎木	269.82	竹子	324.48
柏木	253.46	柳树	238.58	锯材	265.00
樟木	218.55	水曲柳	262.08	纸和纸板	450.00
桦木	262.97	落叶松	255.53	人造板材	275.00
杨木	170.72	马尾松	231.62	工业原木	265.00
楠木	244.35	青冈	339.34	新碳材	275.00

竹木结构虽然可以大幅度减少建筑物在物化阶段的碳排放,并具有碳汇的功能,但其耐久性明显弱于其他建筑结构类型,尤其是在炎热潮湿的地区,竹木结构更易腐烂和蛀蚀。日本竹木资源丰富但气候炎热潮湿,日本的传统神社建筑有"造替"[①]的制度,即建筑每隔一定时期(如20年或60年)重

---

① 日本每隔一定时期将重建一次建筑,如间隔20年或60年。

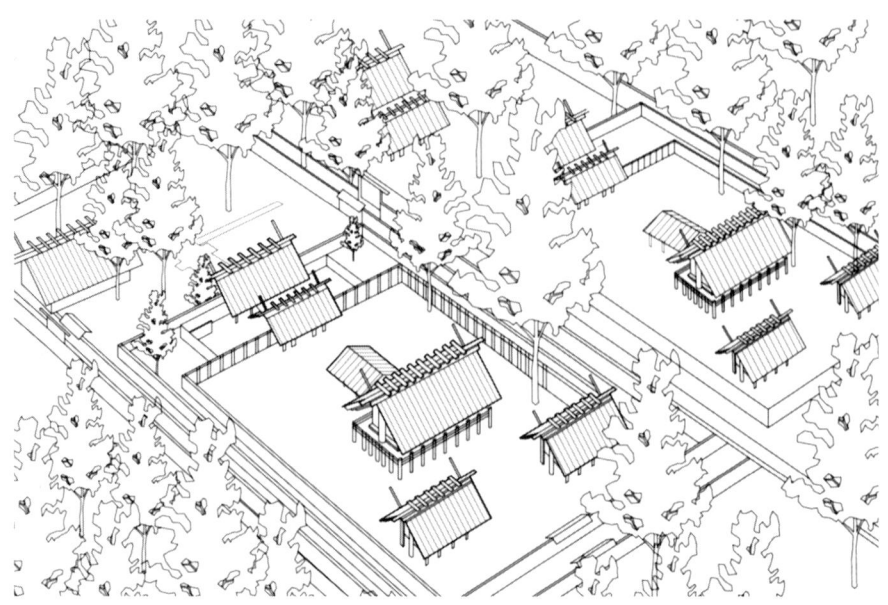

图2-5 日本伊势神宫
（来源：刘竞男改绘）

建一次。例如日本伊势神宫（图2-5）的"式年造替"制度，在宫殿旁边有一块完全相同的基地，每隔20年，宫殿按原样在旁边的基地复建并迁祭，称为"式年迁宫"。这种方式在中国也有类似的做法，如中国古代木构建筑的"落架大修"[①]。这种不断"重生"的方式保证了建筑耐久性不断延续，也使历史传统在不断的"造替"中得以延续。

②装饰材料。装饰材料的减碳可以从使用天然建材、使用再生材料和结构装饰一体化三方面考虑。装饰过程中，当使用水泥作为抹灰时，可以选择再生水泥，并多采用干施工、干装修的方法，这在一定程度上能减少水泥的用量及其产生的碳排放量。其余装饰材料如涂料、陶瓷等在建材生产阶段约占8%，施工过程中可减少此类装饰材料的使用，将其替换为木材、砂石等天然建材。

③其他建筑材料。其他建筑材料包括保温材料、门窗、导线电缆、防水材料及各类管材。这一部分建筑材料在建筑全寿命期占比很小，减少这部分的碳排放可以从延长使用寿命、提高回收利用率及使用低碳材料三方面入手。

（2）建造施工方面的减碳策略。

建造施工方面的碳排放主要来源于建材运输、建筑施工过程及临时设施运营。

---

① "落架大修"专指当木构架中主要承重构件残损，有待彻底整修或更换时，先将木构架局部或全部拆落，修配后再按原状安装的维修方法。同时，"落架大修"只适合于木结构的建筑，许多近现代建筑是砖混结构建筑，如果拆掉，就不可能恢复原状，这完全是"不可逆"的过程。因此，"木构架"三字的前提不能省略。

①材料运输。同样的建筑材料，其运输费用和能耗也会有较大差别。运输阶段减碳策略应从使用本地材料和减少运输距离两方面考虑。因此，挖掘地域的资源禀赋，就地取材就是这一阶段减碳最行之有效的策略。第1章提到的民居建筑就是朴素的低碳建筑，世界各地的传统民居建筑为人们提供了丰富的就地取材的优秀范例。另外，选择低碳的运输方式也可降低碳排放。

②建筑施工。施工方面的减碳策略主要有三方面：其一是优化营建流程，合理化台班；其二是加强工业化装配式，尽可能将建筑部品生产工业化、预制化、标准化，以及营建施工模具化、省工化、干式化；其三是尽可能使用现场焊接、组装等干式结合的干式施工工艺法，减少污染。其中，工业化是施工阶段减排的最有效的手段。这是因为工业化的生产效率更高，能量资源利用更加充分，产品的质量和精度也更有保证；同时，在工业化集中生产的过程中，也更有利于碳捕集和集中处理，可以减少现场施工过程中现场加工建造的碳排放。

③临时设施。建筑施工现场有繁杂的管理工作，同时需要大量的工人和施工机具，故工地的临时设施必不可少。以往的临时设施大多是一次性的临时房屋，不仅建造繁琐、不能重复使用，而且增加了施工过程的碳排放。目前，建筑施工工地大量使用箱式集成房，不仅建造便捷快速，而且可以多次重复使用，从而大大降低了施工临时设施的碳排放。如果有便利的条件，可利用既有建筑作为施工临时设施，也可以减少临时设施建造和拆除的碳排放。

3）使用维护阶段的减碳策略

从公共建筑的碳排放构成来看，使用维护阶段是建筑全寿命期碳排放占比最大的阶段，这一阶段的碳源主要是建筑使用过程中能源消耗产生的碳排放。因此，在使用维护阶段的减碳策略基本和建筑节能相同。

（1）设备能耗：建筑在使用维护阶段的主要能耗包括采暖、空调、照明及公共建筑中的机电设备能耗。一般的公共建筑中，采暖、空调和照明占了建筑能耗的绝大部分。建筑节能通常根据建筑所处的气候环境区分对待：在北方寒冷地区，建筑采暖能耗巨大，可占到建筑能耗的2/3甚至更多，因此建筑保温是节能的关键；在四季气温变化不大的温暖地区，建筑的照明往往成为能耗的主要构成；而在炎热地区，加强建筑隔热和防晒，降低空调能耗则成为节能的关键。有关设备能耗的具体技术策略和设计方法在本书的第5章中将有详细的讲述，此处不再赘述。

（2）光热耦合：墙体往往比门窗、幕墙有着更好的保温隔热性能，然而减少开窗又会降低天然采光，从而减少室内日照，这就需要设计师根据建筑所处的气候环境进行两者的耦合权衡。一般来说，在寒冷和严寒地区，加大建筑南侧开窗不仅可以获得更多的采光，而且可以通过温室效应增加室内的太阳辐射热,从而有效降低运行能耗;在温暖地区(如云贵地区),由于气候温和,采暖空调运行较少,因此增大建筑的开窗不仅可以获得更好的采光,而且可以改善建筑的自然通风;而在炎热地区,适当减少建筑南向和东西向的开窗,并且开窗时注意进行遮阳,则能够获得更好的隔热效果,降低运行能耗(图2-6)。

(3)智慧用能:公共建筑的运行能耗还与公共建筑的使用方式密切相关。与居住建筑不同,公共建筑的类型众多,使用方式各异,既有全天使用的建筑(如旅馆、医院),也有潮汐式使用的建筑(如办公楼、商场、学校),还有不定期使用的建筑(如体育场馆、会议厅等)。针对不同的建筑,应采用不同的采暖和空调方式,这样可以有效节约建筑运行能耗,达到减少碳排的目的。建筑所处的气候环境不同,采暖、空调设备的运行效果也会有较大的差异,故根据气候条件结合使用方式合理选用设备系统会达到良好的减碳效果和环境的舒适性。例如,北方干燥地区的医院病房和旅馆客房,采用低温辐射式采暖和制冷方式,不仅节约能源,而且室内温度均匀、舒适度高。但是这一系统调节温度较慢,并且在湿度较大的地区夏季制冷容易结露,因此不适用于体育设施、剧场及会议厅等空间。

(4)自然采光:公共建筑的采光照明也会有很大的能耗。充分利用自然光降低照明能耗也是节能减排的有效手段。合理布置采光口的位置和形式可以有效提高建筑自然采光效率。在相同的开窗面积下,高窗往往比低窗的采

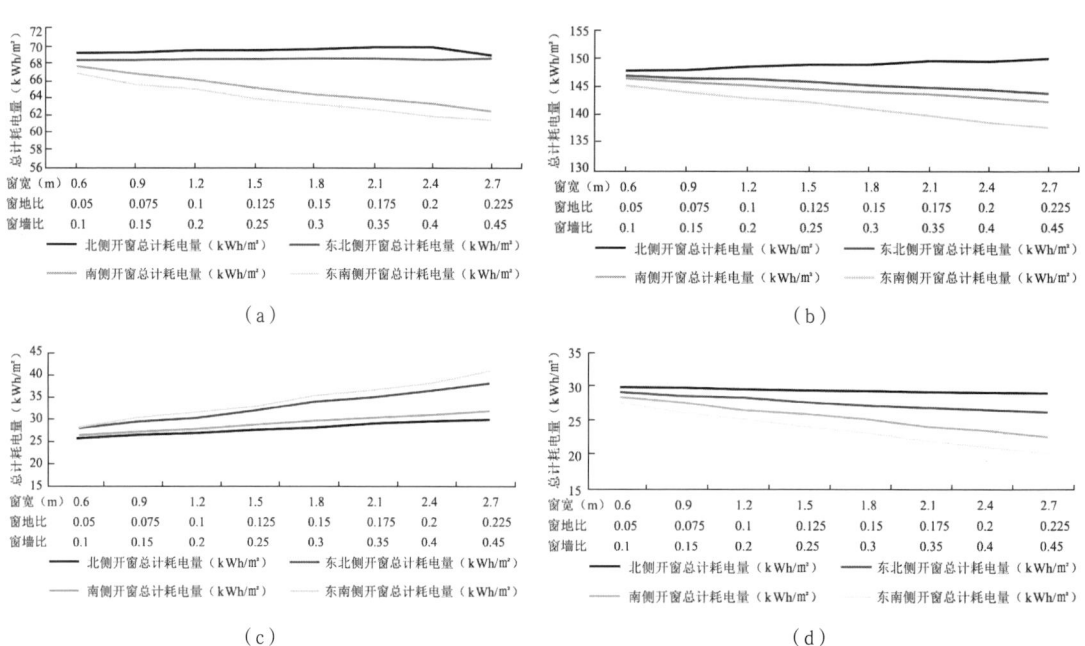

图2-6 各建筑气候分区的建筑不同方向开窗采暖与空调能耗对比
(a)寒冷地区(西安)不同方向开窗采暖与空调能耗对比;(b)严寒地区(呼和浩特)不同方向开窗采暖与空调能耗对比;
(c)夏热冬暖地区(广州)不同方向开窗采暖与空调能耗对比;(d)温和地区(昆明)不同方向开窗采暖与空调能耗对比

光效率高；天窗可以用很少的采光面积获得更加明亮和均匀的采光效果；相同的开窗面积下，横条窗的采光效率通常优于竖条窗。现代的建筑技术，例如反光板、导光管和反光镜等，可以更有效地利用自然光来改善建筑内部的光环境。

（5）自然通风：良好、合理的自然通风可以快速带走人体散发的热量，降低空气湿度，带来新鲜的空气，从而增加人体的舒适感受。良好的自然通风，可以减少空调、新风等设备的运行能耗，从而达到减碳的目的。自然通风在各种气候区都是建筑应当重点考虑的被动式节能策略。

（6）建筑得热：太阳的辐射和温室效应会为建筑带来天然的热量，在寒冷地区，冬季通过多种方式的建筑得热策略可以有效提升室内温度，减少建筑采暖能耗，是节能减排的高效被动式策略。

（7）建筑隔热：太阳辐射虽然在寒冷的季节是人们渴望得到的天然热源，但在炎热的季节，又是人们想尽办法想避免的问题。隔绝外界的高温、避免建筑因辐射等原因过热，是建筑节能减碳的又一重要策略。通过加强围护结构的隔热性能、遮阳及绿化降温等方式是建筑隔热的常用技术策略。

（8）建筑维护：建筑在使用维护阶段不仅包括建筑的运行能耗和碳排，而且在建筑漫长的使用过程中，维修也是必不可少的，而维修过程也包含着建筑的碳排放。注意建筑维护和安全使用、延长设备的使用寿命是有效的碳减排手段。在建筑设计时选用耐久性高的建筑材料，以减少维修更换，以及对易损坏的建筑材料、构件进行保护等，都是良好的设计减碳手段。例如，在平屋面上增加隔热架空层或绿化种植层，不仅可以降低屋面的温度、有效防晒，起到节能效果，而且可以进一步保护屋面防水层，减少阳光中紫外线对防水材料的侵蚀氧化。

4）拆解回收阶段的减碳策略

拆解回收阶段的碳排放构成主要由三部分组成：机械施工、废旧建材清运和建材回收。其中，建筑拆除过程中施工、建筑垃圾清运都会产生碳排放，但废旧建材的回收与利用则是碳回收的过程。在拆解回收阶段如果有效地利用废旧建材，则可以视为此部分建材的碳排放进入了新的建筑物中，从而可以从现有建筑物的全寿命期碳排放中减掉。建筑拆除过程的碳排放在建筑全寿命期碳排放中占比很小，不到1%。即便是普通的拆除，废旧建材的回收利用的碳减量通常也会占到建筑隐含碳排放的30%以上，可见废旧建材的回收再利用对于建筑全寿命期减碳意义重大。

（1）优化拆除方式：采用拆解方式替代拆除方式是拆解回收阶段减碳的首要策略。应尽可能将可再次直接利用的建材、构件、部品等从不可直接再次利用的结构中分离，使其可以再次利用。拆解步骤应按照"由内至外，由上至下"的顺序进行，以减少对可再生建筑材料、构件和部品的损坏。

（2）建筑材料再生：在拆解过程中应考虑被拆除建材的灵活使用和回收利用。应尽可能将废弃的建材收集起来再利用，例如废旧的木材、砖石和屋瓦可直接再利用，废旧混凝土则可二次加工成为再生骨料。在黄土高原地区，历史上还有着建筑拆除后保留木料重新使用，而将生土墙体的土作为天然肥料返回农田的做法。

（3）标准化、装配式设计：采用装配式建造可以更有利于建筑材料的回收与再利用。建筑物通过建筑构件、建筑部品和建筑单元进行建造更易于拆解，且标准化的建筑产品更易于在拆解后用于其他建筑之中。

（4）为拆解而设计：在建筑的设计阶段就考虑到建筑的拆解与维修更换，是设计师应对拆解回收阶段减碳的有效方式。借助于"为拆解而设计"，建筑物或许可以像"忒修斯之船"[①]一样得到永生。

2.2.2 "开源"——建筑产能迈向碳中和

产能建筑是节能建筑发展的一个新阶段，指建筑所产生的能量超过其自身运行所需要能量的建筑，尤其是可再生能源的产出量，不仅能够满足建筑自身需求，还可以向外部供能。在建筑低碳节能标准不断提高的大背景下，可再生能源与建筑的结合已经成为推动建筑节能减排的必然趋势，同时也是建筑实现碳中和必不可少的手段。

建筑中常用的可再生能源主要包括太阳能、地热能和生物质能，其次是风能、水能和潮汐能等。

1）太阳能

太阳能利用技术是指采用某些系统或者装置，直接将太阳能收集、转换或储存，以供人类使用的技术。按太阳能的利用方式，太阳能建筑技术可分为被动式太阳能建筑技术与主动式太阳能建筑技术（表2-2）。

2）地热能

地热能是地球内部贮存的热能，它包括地球深层由地球本身放射性元素衰变产生的热能——中深层地热能，以及地球浅层由接收太阳能而产生的热

---

① 亦称为忒修斯悖论，是一种有关身份更替的悖论。公元1世纪的时候，普鲁塔克提出一个问题：如果忒修斯的船上的木头被逐渐替换，直到所有的木头都不是原来的木头，那这艘船还是原来的那艘船吗？因此这类问题被称作"忒修斯之船"的问题。有些哲学家认为是同一物体，有些哲学家认为不是。在普鲁塔克之前，赫拉克利特、苏格拉底、柏拉图都曾经讨论过相似的问题，近代霍布斯和洛克也讨论过该问题。这个问题有许多其他版本，如"祖父的旧斧头"。

太阳能建筑技术的基本即热方式及特征　　　　　　　　　表2-2

分类	太阳能利用途径	建筑表现形式	系统运行特点	原理与效果
被动式太阳能建筑技术	通过场地利用、规划设计、形体优化、空间分区、建筑围护结构设计和建筑构造措施等直接利用太阳能	直接受益窗、附加阳光间、蓄热屋顶、集热蓄热墙、天井、中庭、通风烟囱、建筑遮阳、架空地面和屋面、墙体或屋面绿化等	采用直接利用方式运行，系统不易精准控制	通过直接收集或遮挡太阳能、蓄热或蓄冷、自然通风等达到建筑冬暖夏凉的效果
主动式太阳能建筑技术	通过光热构建和光伏构建等收集设备将太阳能转化为热能和电能	太阳能集热器、光伏组件、光热光伏一体化构件等，可应用于屋面、墙面、阳台等部位	采用简洁利用方式运行，通过转化装置将太阳能转化为电能、热能等，可灵活精准控制	通过转换装置及系统生产出热水、热空气和电能等建筑能源，用于建筑供暖、制冷和电能供给

（来源：《建筑设计资料集》，第三版，第8分册）

能——浅层地热能，也称为地温能。中深层地热能以地下热水和水蒸气的形式出现，温度较高，主要用于发电、供暖，配合吸收式制冷也可用于制冷。这种地热能品位较高，但受地理环境及开采技术与成本的影响，因而受限较大。浅层地热能（地温能）是地球深部的热传导和热对流与太阳辐射共同作用的产物，蕴藏在地球表面浅层（0~200m）的土壤中。由于土壤具有的保温和隔热作用，一般来说在地表以下1.5m左右处温度开始较为恒定，且随着深度增加温度越来越稳定。利用这一特征，可以为建筑物提供冬季的供暖与夏季的制冷降温。浅层地热能应用简单便捷、方式多样、使用灵活，可直接利用，也可通过设备进行采集使用。例如，黄土高原的窑洞就是直接使用浅层地热能的案例。但是浅层地热能的品位较低，有时难以满足建筑的需求，还需要采用其他的能源进行补充和调节。此外，当夏季制冷和冬季采暖用能不均衡时，浅层地热能的效率会大打折扣。由于地热能和太阳能分布广泛，易于获得并且相对稳定，故目前是建筑可再生能源利用最多的方式。

3）生物质能

生物质是指通过光合作用而形成的各种有机体，包括所有的动植物和微生物。所谓生物质能，就是太阳能以化学能形式贮存在生物质中的能量形式，即以生物质为载体的能量。生物质能直接或间接地来源于绿色植物的光合作用，可转化为常规的固态、液态和气态燃料，取之不尽、用之不竭，是一种可再生能源，同时也是唯一一种可再生的碳源。有机物中除了矿物燃料以外的所有来源于动植物的能源物质均属于生物质能，通常包括木材、森林废弃物、农业废弃物、水生植物、油料植物、城市和工业有机废弃物、动物粪便等。地球上的生物质能资源较为丰富，而且是一种无害的能源。人类最早使用的能源——燃烧柴薪就是生物质能的利用。应用于农村建筑中的沼气池、城市中的垃圾焚烧发电等也是生物质能的应用形式。

4）风能、水能和潮汐能

风能、水能和潮汐能这些可再生能源主要依靠于集中建立的风电场、水电站和潮汐电站。由于其设备复杂，且要实现产能所需要的能量较大（例如水力发电是利用水位差产生的强大水流所具有的动能进行发电的过程，而建筑周边的水环境很难达到发电需要的动能），所以这些可再生能源对建筑自身设计来说应用很少。

2.2.3 "延寿"——建筑延寿降低环境冲击

在建筑全寿命期中，建筑建造是一项耗资、耗能且耗材巨大的工程，其建造过程及拆解过程不仅耗费了大量人力和物力，而且还会产生大量的碳排放，造成环境污染。因此，通过改造或加固等措施，延长建筑的使用寿命是很有效的减碳措施。延长建筑寿命可以降低建筑物的年均碳排放强度，从而减少建筑碳排放对环境的冲击。尤其在当前我国大规模城乡建设的高潮时期，尽可能地充分利用既有建筑，减少建设量，对于当前的建筑减碳及促进碳达峰的实现有着重要意义。

随着社会的飞速发展，人们对建筑的需求也在快速发生着变化。2010年，时任住房和城乡建设部副部长的仇保兴在第六届国际绿色建筑与建筑节能大会上表示："中国是世界上每年新建建筑量最大的国家，每年新建面积达20亿m^2，建筑的平均寿命却只能维持25~30年。"据统计，近年来我国拆除的大部分建筑并非寿终正寝的"危楼"。在拆除、新建的过程中不仅是资金的重复投入，建筑的隐含碳短时间叠加排放也对环境造成了极大的冲击。

"延寿"，首先应提高建筑空间的灵活性，使其能够更好地应对不同的生活环境及使用需求，从而在一定程度上延长建筑的使用寿命。这要求设计师在设计阶段就必须有未雨绸缪的意识，通过对人的行为活动的研究和未来发展趋势的预判进行空间布局与组织。虽然现代建筑强调功能在建筑设计中的决定作用，推崇"形式追随空间"，但人不同于机器，对环境有较强的适应性，那些刻意强调使用功能、机械照搬生硬空间的设计往往适得其反。

例如位于瑞士洛桑联邦理工大学的劳力士学习中心（图2-7），其内部包含校园餐厅、便利店、银行、图书馆等功能，同时可以提供学生学习、交流、研讨、集会等活动，功能多样且复杂。设计师并没有刻意将每个功能设计为独立的"房间"，而是将这些功能融入一个连续的大空间之中，通过室内地面的起伏变化为不同的使用功能提供多种可能。劳力士学习中心不仅成为了洛桑联邦理工大学最受欢迎的学习场所，也获得了瑞士"建筑节能奖"。

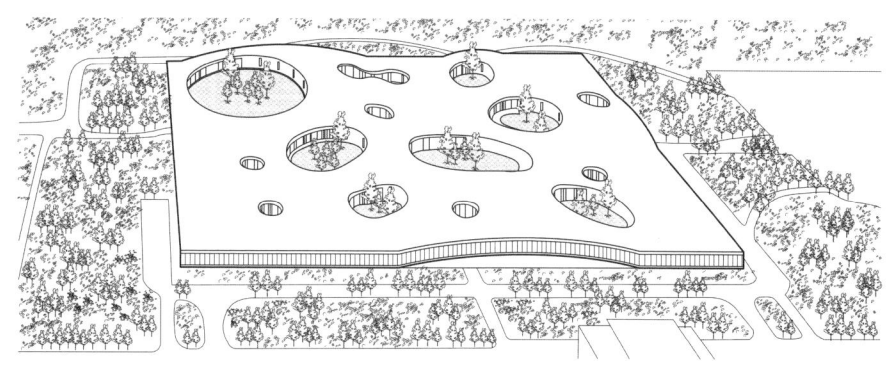

图2-7 洛桑联邦理工大学劳力士学习中心
（来源：赵天意改绘）

其次，应加强自身主体结构的稳定性和安全性，以便提高建筑结构的稳定性。定期地检修、更换建筑构件，有助于降低建筑维护费用，可在一定程度上延缓建筑老化。此外，在既有建筑中，可以通过增设建筑构件和增加建筑设备来提高建筑的舒适性及使用人员的生活品质，从而延长建筑使用寿命；或者对既有的老旧建筑进行适宜性改造，使其焕发活力，这也是使建筑延寿的重要举措。

2.2.4 "增汇"——碳捕集促进碳中和

由于碳排放是碳源，故降低到一定程度后会趋于平稳；而碳汇作为可以吸收和固定CO_2的活动机制，也是实现"碳中和"的重要手段。常见的与建筑相关的固碳策略主要来源于建筑材料和建筑环境两方面。

1）建筑材料固碳

选择合适的建筑材料可以起到吸收大气中CO_2的固碳作用。按照固碳机理的不同，建筑材料碳汇可分为两大类：基于光合作用的生物质建筑材料碳汇和基于碳化反应的水泥基建筑材料碳汇。

竹木等植物在生长过程中，经光合作用将空气中的CO_2吸收并加以固定。据统计，每$1m^3$木材可吸收并固定约$0.9tCO_2$，$1t$木材的碳储量可高达约$0.52t$，而其碳排放量仅约为$0.2t$。使用固碳的竹木建筑材料进行建设相当于建造了一座"都市森林"，具有极大的碳汇作用。但在使用竹木材料时，应特别注意以下几点。第一，竹木材料存在易遭受火灾、白蚁侵蚀及雨水腐蚀等问题，需要认真进行处理和保护。第二，竹木虽然可以再生，但有一定的生长周期，特别是木材，传统的木构建筑所使用的原木柱梁等材料更是需要数十年乃至数百年的生长周期。中国属于木资源总量不足的国家，因此在发展木结构建筑的同时应注重植树造林，保证生态平衡，避免出现"蜀山兀，阿房出"①的环境悲剧。第三，尽量使用现代集成材，如胶合木、复合木和复合竹等，代替原生木材。集成材可以采用小尺寸的竹木原材生产，这些小尺寸竹木可以通过再生林快速获得，从而避免了对原始森林的破坏侵蚀。同时，木材经过现代工业加工后，其受力、防火、防腐、防蛀等性能均有显著提升，更适宜现代建筑的建造。

石灰、混凝土类的建筑在全寿命期内的碳化过程中可吸收自身碳排放15.5%~17%的CO_2。可见，混凝土建筑在全寿命期内的"碳排放"远大于"碳汇"，因此不提倡通过增加混凝土的使用量来增汇。此外，建筑材料中的硅酸钠水玻璃也具有碳汇功能，但因其使用量较少，故通常不加考虑。

2）景观绿化碳汇

景观绿化的碳汇原理是植物在进行光合作用时将空气中以CO_2形式存在的碳元素吸收并储存在体内。增加建筑环境碳汇可以从"量"和"质"两方面入手："量"指增加绿化和植被的数量；"质"指通过合理地组织绿化和植被的种植方式，提高固碳效益。

在建筑设计中，增加建筑室内外空间的绿化覆盖率，不仅能够提升居民的生活品质，而且能有效增加建筑的固碳量。除了依靠场地的景观绿化之外，还可以通过立体绿化来增加绿植数量。常见的立体绿化形式有屋顶绿化和立面绿化，"绿色屋顶"和"绿色立面"同时也能起到隔热、保温的作用，在设计中可根据需要灵活选择。植被的固碳效益与其种类密切相关，对于场地景观绿化的设计，采用复合绿化栽植的方式可以大大提高固碳效益，增强场地绿化系统的碳汇作用。

2.3 本章小结

本章系统总结了低碳公共建筑设计的整体策划原则与策略；同时将低碳公共建筑设计的策略简要归纳为"节流、开源、延寿、增汇"四个方面，并逐一进行了剖析。以建筑师为主导的前期设计阶段引导了建筑全寿命期碳排放的构成和走向，是决定建筑全寿命期碳排放的关键。

---

① 出自唐代杜牧的《阿房宫赋》，意为：蜀地的山变得光秃秃了，阿房宫建造出来了。

第 3 章 低碳公共建筑的场地设计原理

▶ 从历史发展角度来看,传统与低碳场地设计的观念有何差别?
▶ 结合场地选址的影响因素,场地选址有哪些基本要求?
▶ 建筑群体布局时,应对气候和地形因素有哪些低碳设计策略?
▶ 绿化景观和水体景观的低碳设计策略分别有哪些?

场地设计是公共建筑设计的重要组成部分。低碳场地设计基于建筑与环境一体化的整体环境观念，通过场地选址、建筑总体布局、场地景观及工程技术等方面的适宜设计，减少相关建材生产、运输及建造施工中的碳排放量，并可以通过合理的景观设计利有植物的碳汇作用吸收CO_2。因此，低碳场地设计对于公共建筑减碳具有重要的意义。

3.1 低碳场地设计基本原理

3.1.1 场地设计的基本概念

场地的含义有狭义和广义之分。在狭义上，"场地"是相对于"建筑物"而存在的，指建筑之外的"室外场地"，包含建筑物之外的广场、停车场、室外活动场及室外展览场等内容。在广义上，"场地"指基地中所包含的全部内容所组成的整体，包括建筑物、广场、交通、景观、活动设施、工程系统等构成要素。其强调建筑与室外场地的整体性，两者相互依存，无法完全割裂开。

场地设计是针对基地内建设项目的总平面设计，是依据建设项目的使用功能要求和规划设计条件，结合基地现状和相关法规和规范，人为地组织与安排场地中各构成要素之间关系的活动。场地设计一般包括建筑总体布局、交通组织、竖向设计、管线综合及景观设施等内容。

（1）建筑总体布局：结合场地的现状条件，分析建设项目的使用功能需求，合理确定场地内建筑物、构筑物及其他功能设施之间的空间关系。

（2）交通组织：根据建筑布局，合理组织场地内的各种交通流线，避免不同性质的人流、车流之间的交叉干扰。

（3）竖向设计：结合地形，拟订场地的竖向布置方案，确定场地和建筑各部分标高，有效组织排水，核定土石方量。

（4）管线综合：协调各种室外管线敷设，合理进行场地管线综合布置，避免其相互干扰或影响景观。

（5）景观设施：根据室外活动需求，综合布置绿化水景、景观小品、环境设施等。

3.1.2 场地设计的环境观念和系统效应

场地设计涉及社会、经济、建筑学、城乡规划、环境心理学、生态学等多学科的内容，是一个复杂且综合的知识技术体系。因此，场地设计首先应树立整体环境观念，强调建筑因素、自然因素与人为因素三者之间的整体效应，将场地中自然环境与人工环境作为完整系统，发挥场地环境的系统效应。

1）生态效应：促进生态环境可持续发展

场地环境中的土壤、植被和水文等自然资源是生态环境的重要组成部分，保护良好的场地自然生境对于促进生态环境可持续发展具有重要的意义。例如，日本地中美术馆（Chichu Art Museum）将建筑埋藏于地下，消隐于山地环境中，从而最大化保护表土资源，减少建筑对场地生态环境的破坏，保留基地原始景观面貌（图3-1）。

图3-1 日本地中美术馆
（来源：王潇如改绘）

2）场所效应：形成高品质空间场所

建筑的室内外环境是相互联系、相互渗透且相互补充的有机整体，不同的场地设计理念及设计手法，呈现出不同的场所氛围，反映出不同的空间场所品质。意大利威尼斯的圣马可广场被拿破仑誉为"欧洲最美丽的客厅"，其通过连续的建筑界面围合及富于尺度变化的空间组织，形成空间的转折、对比，使得广场空间丰富多变、连续生动，营造出端庄典雅与活泼闲适于一体的场所氛围（图3-2）。

3）景观效应：展现高质量视觉景观

场地环境中的建筑、自然与人整体呈现出景观效应，既包含自然景观也包括人文景观，以及两者共同作用形成的综合景观。公共建筑场地环境品质

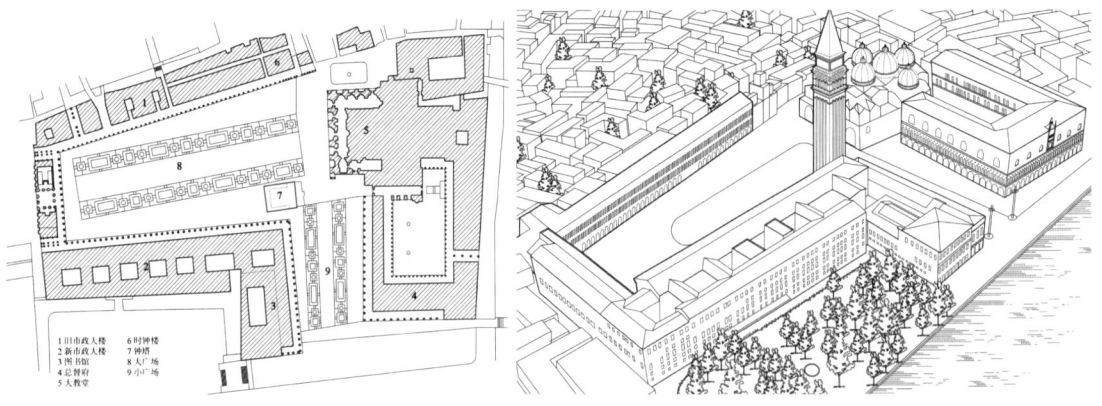

图3-2 威尼斯圣马可广场室外空间
（来源：王潇如改绘）

越高，其景观效应越显著。泰姬·玛哈尔陵场地设计中，作为场地核心的陵墓居于中轴线的末端，前面是方形的草地和十字形的水池。湛蓝的天空下，草色青青托着晶莹洁白的陵墓和高塔，水池中倒影清亮，建筑与景物之间完美和谐，使泰姬陵成为了"世界建筑史中最美丽的作品之一"（图3-3）。

4）社会效应：展示城市文明形象，宣传城市文化

公共建筑的场地环境不仅为人们创造多样的活动空间，同时也是展示城市文明和城市文化的窗口。良好的场地环境可以展示先进的设计理念和技术应用，传递社会可持续发展的价值导向，创造经济效益和文化效益，是城市发展及建筑设计的指向标，具有重要的社会示范效应。例如，嘉兴火车站打破了传统火车站追求宏大纪念性的做法，将建筑置于地下，消隐于周边的绿化"森林"之中，体现了自然生态的规划设计理念，打造了城市文化生活的新地标，具有良好的社会示范效应（图3-4）。

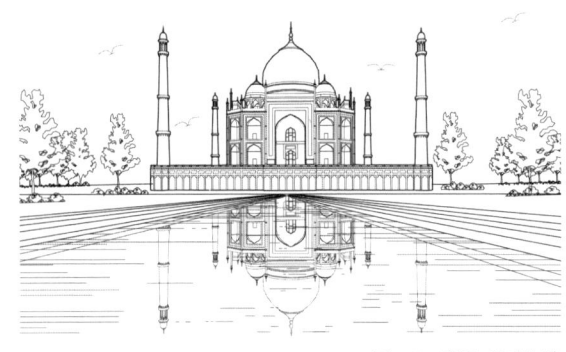

图3-3 泰姬·玛哈尔陵
（来源：王潇如自绘）

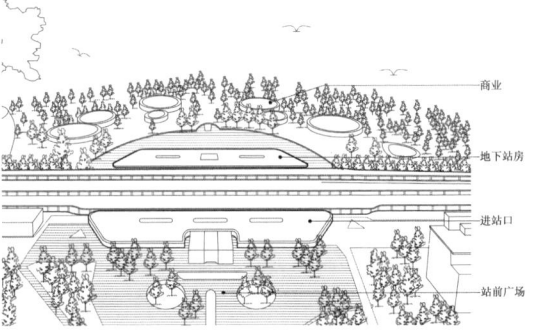

图3-4 嘉兴火车站
（来源：王潇如改绘）

3.1.3 从传统到低碳场地设计观念的转变

1）传统场地设计观念

在中国，传统场地设计观念经历了从适应自然到天人合一的发展历程。在上古时期，躲避风雨野兽、抵御自然灾害是人们选择营造地点和方式的直接动因，也是场地设计思想的起源。受到当时建造工具和建筑材料以及技术的限制，人工建造对场地影响较小，主要体现为对自然的顺应与妥协，并充分利用地形特点，形成天然的屏障。例如，仰韶文化时期的村落多选择河流两岸的台地作为基址，因为这里地势高亢，水土肥美，利于耕作与交通，适宜定居生活。

随着历史的演进，追求建筑与自然的和谐，达到"天人合一"，成为中国建筑传统中处理场地问题的基本指导思想。这一场地设计观念表现为人工建造对自然的尊重与谦让，即利用自然条件的优势，进行适宜的建造，为人提供舒适的人居环境，达到人工的建造与自然之间的和谐统一。以北京明十三陵为例，其打破了帝王陵墓森严的布局结构。陵区中十三组陵墓沿山麓散布，各据岗峦，俯视着中央的谷地。环抱的地形造成了内敛的完整环境，巧妙地因借了基地的自然条件，形成清晰灵活、富于变化的场地布局，使陵区整体上形成了气象宏阔而肃穆的精神效果，同时省却了大量的人工劳作（图3-5）。

在西方，场地设计更重视人在环境中的主导地位，体现为人工对自然环境的改造。法国凡尔赛宫建造之初是一片荒地，其通过人工建造的扬水站把水输送到场地上，才有了现在的生机。场地中道路规划采用几何构图，以宫殿为核心道路，就如同太阳光芒一般辐射到周边，以此来表达君主的专制与权威，体现"人定胜天"的人工秩序对场地及自然的绝对控制（图3-6）。

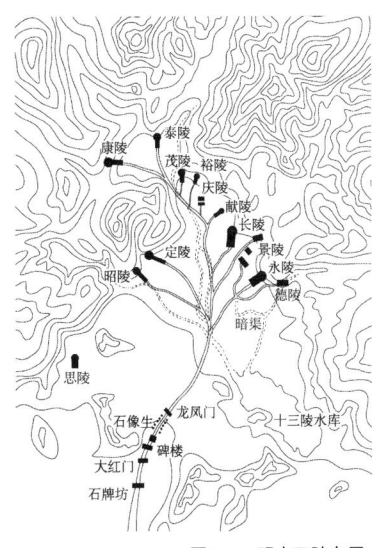

图3-5 明十三陵布局
（来源：宋蓝青自绘）

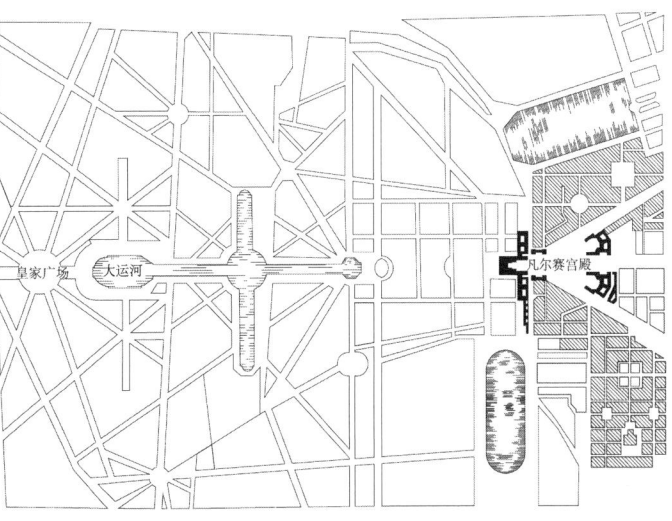

图3-6 法国凡尔赛宫庭院
（来源：宋蓝青自绘）

2）低碳场地设计观念

20世纪70年代能源危机之后，人们日益关注建筑与环境的关系，如何使得建筑与环境和谐共生重新成为建筑设计的核心议题。场地设计中逐渐关注能源消耗问题，重视场地环境的生态效应，并通过建筑与场地环境的一体化设计，最大限度地降低温室气体排放。

从低碳视角重新审视场地设计，相较于传统场地设计有以下转变。

（1）从适应自然、改造自然转变为人与自然环境的双向互利。低碳场地设计尊重场地自然环境，结合场地自然条件进行建筑布局及景观设计；同时，通过人工建造改善场地生态环境，调节场地微气候，减少建筑能耗，创造舒适的人居环境。

（2）从"重建筑，轻场地"转变为建筑与场地设计的一体化。低碳场地设计将建筑与场地环境作为整体进行系统性的设计，利用场地环境的生态作用辅助并影响建筑设计，促进建筑的节能减排。

（3）从"重观赏，轻生态"转变为以生态可持续发展为导向的场地景观设计。低碳场地环境设计在关注场地景观美学价值的同时，注重提升整体场地景观的生态价值，尊重场地原始的生态环境，保护生物多样性，促进场地生态环境的可持续发展。

3.1.4 场地设计的减碳路径

场地设计是公共建筑设计的重要组成内容，也是公共建筑减碳的重要环节。从建筑全寿命期碳排放来源的阶段划分来看，场地设计属于前期准备阶段，场地设计的各种设计决策对公共建筑后续各阶段的碳排放会产生较大影响。场地设计减碳路径具体如图3-7所示。

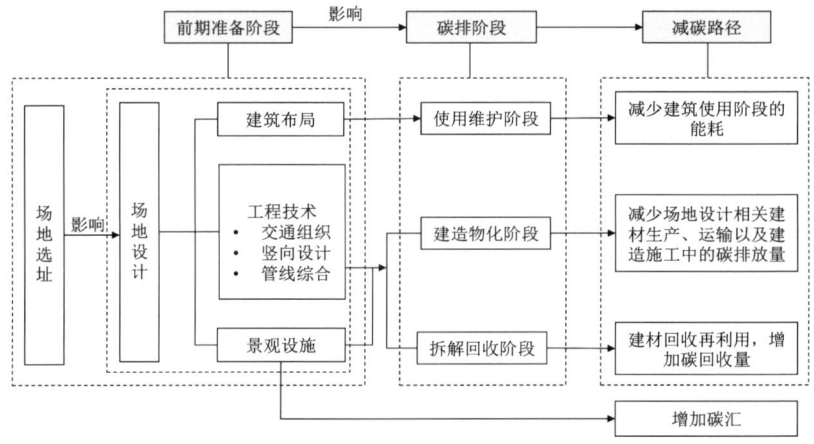

图3-7 场地设计减碳路径示意图
（来源：刘竞男自绘）

3.1.5 低碳场地设计的总体原则

1）依法依规

场地设计首先要符合国家或有关部门制定的设计标准、规范及规定，以及当地城市规划的要求，这既是场地设计的前提条件，也是硬性要求，为设计提供了一个最基本的要求和最低的标准。在设计之初就应根据相关要求，选择适宜设计发展方向，将法规的规定和设计构想结合在一起，做到事半功倍。

2）趋利避害

场地环境要确保其安全性。在基地选址时要选择自然生态优良的环境，也就是所谓的"风水宝地"，利用场地自然环境优势，避免洪涝、干旱及地震等自然灾害的发生。低碳场地设计应充分考虑人们的使用需求，利用场地地形和自然资源优势，通过适宜的建筑布局和景观设计，为人们提供安全、健康以及舒适的生活环境。

3）生态环保

低碳场地设计应遵循生态学和建筑技术科学的基本原理，合理组织建筑、景观及相关要素的关系，尊重并保护场地上优良的原始生态环境，减少建造活动对生态环境的干预和破坏。同时，应利用适宜的人工技术，促进场地生态环境的修复和改良，使得人、建筑与自然生态环境之间形成良性的循环系统，最终实现对环境资源的节约和保护。

4）节约资源

节约资源既是我国基本国策，也是建筑业发展的前提和政策导向。低碳场地设计应充分贯彻节地、节能、节水、节材，以及环境保护的"四节一环保"绿色理念。通过场地环境的合理设计，从场地选址、土地利用选材建造、水资源处理、可再生能源使用及废物回收利用等方面降低能源消耗，节约资源，力求实现资源利用最大化。

5）传承文化

建筑是人类栖居的场所，建筑与场地环境一起承载着人类的记忆并传承历史文化。一棵家乡的古树，一段家乡的石子路，都可以勾起人们的乡愁。低碳场地设计应重视地域文化传承和表达，借鉴传统建筑的低碳营建智慧，优先选用本土材料和植物种类，在体现地域风土特征的同时减少能源消耗。

3.2 场地选址的低碳原理

3.2.1 场地选址的基本原则

良好的场地选址对于低碳场地设计具有重要的影响作用。

1）安全原则

场地选址前应进行工程地质勘察和场地周边环境安全性分析。应选择满足城市防洪要求及避免发生自然灾害的地段，同时远离危险化学品、油库、加气加油站等易燃易爆地区，确保建设项目的建造及使用安全。

2）健康原则

噪声污染、光污染、电磁辐射污染及油烟粉尘污染会对人的听觉、视觉和身体健康产生不良影响。场地选址应综合分析场地周边环境现状，远离通信发射台、变电站及高压电线等电磁辐射污染源区域，远离超标排放的燃煤锅炉房和垃圾站等工业项目。场地选址条件有限时，规划中应采取相应的防护隔离措施，降低这些污染对人们健康所造成的影响。

3）生态原则

场地上进行建设项目会对场地及周边生态环境产生影响，尤其是对于生态敏感地区，人工建造会对原始场地生态造成破坏。场地选址应选择生态不敏感区，以及对区域生态环境影响较小的地方，并避免靠近城市水源保护区，以减少对水源地的污染，确保自然植被与地貌生态价值不因建设而降低。

4）低碳原则

场地选址要考虑后期建筑布局、交通组织、竖向布置、管线综合及景观环境等内容，选择易于建造和环境良好的场地，减少建材使用、运输及建造碳排，促进建筑使用阶段的节能减碳。

3.2.2 场地选址的基本要求

场地选址主要受规划控制、区域环境及自然因素等方面的影响。

1）规划控制

规划控制因素是场地选址的前提条件。场地选址应满足用地性质、容积率、建筑密度、建筑高度、建筑退线、历史保护、规划发展及政策要求等多方面的规划要求。

2）区域环境

区域环境是场地选址的影响因素，主要考虑周边环境对建设项目以及项目建成后对周边环境可能产生的影响，包括功能、交通、环境等多方面的内容。

3）自然因素

自然因素是场地选址的客观基础，对场地选址影响更为复杂，主要包括地形、气候、地质及水文四个方面（表3-1）。选择良好的自然环境，不仅能为建筑提供安全的环境保障，同时也能降低场地和建筑施工难度，减少土石方量，促进建筑节能及场地环境的生态可持续发展。场地选址时，应综合考虑不同场地的客观现状，选择更有利于建筑设计及建造的场地，从整体上实现资源利用的最大化。

场地选址的影响要素　　　　表3-1

影响因素	主要分析要素
地形	高程、坡地形态、坡度、坡向
气候	太阳辐射、风、降水
地质	地质构造、岩土性质、基岩位置、断层情况、地震情况
水文	水体类型、水量、水质、地下水位、水系格局

（1）地形：地形的高程、坡地形态、坡度及坡向等构成了场地的基本形态特征，不同的地形条件为场地设计提供形态基础，同时也形成了场地特有的地质、水文、微气候特征。一般而言，在地势平坦的场地进行建设更为经济环保；随着地形坡度的增加，不仅会增加场地土石方工程量，而且会加大场地交通组织的难度和建设费用。总的来说，考虑到地形因素，场地选址应尽量避免坡度过大的地段，选择较为平坦、地形结构简单且气候条件较好的场地，避免可能的自然灾害发生，以及不利气候条件对建筑产生不利影响。

（2）气候：气候对场地的主要影响要素为太阳辐射、风和降水。气候在很大程度上决定了场地的光热环境和风环境状况，是场地选址和建筑设计的重要前提条件。对于公共建筑场地选址，大多数的建设项目选址受气候条件的影响较小，但对于可能产生大气污染源的建设项目，比如一些特殊的医疗建筑场地，则应选址在城市的下风向。此外，在有选择余地的前提下，应尽可能选择具有良好气候条件的场地，为建筑争取更好的日照、采光及通风，从而减少建筑采暖及降温所需的能耗。

（3）地质：场地地质情况与场地及建筑建造密切相关，良好的地质条件是安全建造的重要保障。场地选址应了解场地土地类型、基岩位置及断层情况，避开断层、地裂缝、岩溶发育区及采空区等不良地质构造地段，避开滑坡、泥石流及崩塌等事故易发地，避开较厚的Ⅲ级大孔土地区、自重湿陷性黄土地区、Ⅰ级膨胀土地区及流沙淤泥地区等。同时，应避免在地震烈度9度以上地震区选址建设。

（4）水文：场地中的地下水位情况及地表水系格局不仅会对建筑的基础挖掘、场地排水及景观配置等产生影响，同时也是判断场地是否有洪涝隐患的重要指标。场地选址应位于城市防洪工程设计水位以上，应避免选在地下和地表水流动频繁的地方，尤其是有松质泥土层或陡峭斜坡的场地。同时，应避免靠近城市水源保护区，以减少对水源地的污染和破坏。中国古代都城选址时，水文条件是首先要考虑的。正如《管子·乘马》中记载的"凡立国都，非于大山之下，必于广川之上，高毋近旱，而水用足，下毋近水，而沟防省"，体现了古人用水并防止水患的智慧经验。

3.3 建筑总体布局的低碳设计原理

3.3.1 建筑总体布局的低碳设计原则

建筑总体布局应结合场地气候条件和地形条件选择适宜的布局形式，实现双向互利和因地制宜。

1）适应气候，双向互利

气候是建筑设计的前提条件，建筑总体布局应抓住气候条件与建筑环境性能目标之间的主要矛盾，进行适宜性设计。建筑与气候之间不是单向的决定和影响关系，而是一种双向互动关系。一方面，建筑总体布局要适应气候环境，解决日照、采光及通风等基本问题，降低建筑使用能耗；另一方面，应利用建筑对场地微气候环境的调节作用，通过合理的建筑总体布局来改善场地环境中的不利因素，营造良好的建筑室外环境。

2）适应地形，因地制宜

地形地貌赋予了场地独特的特征，地形的起伏变化赋予了建筑独特的形态感染力，但同时也带来结构、交通及水土保持等设计及建造方面的技术问题。对于有地形变化的场地，应尊重地形并适应地形的起伏变化，因地制宜。这不仅能强化建筑的场所认同感，同时能降低建筑建造、土方挖掘、转移及边坡稳定所耗费的能源与资源消耗，故而是建筑设计的重要原则。

3.3.2 适应气候的建筑总体布局策略

光、热及风是影响建筑总体布局的主要物理环境因素。充分利用场地光、热及风的自然条件进行合理的建筑总体布局，不仅能有效调节建筑室内的光热环境，而且可降低建筑使用阶段的暖通、空调及照明等机械设备的能耗需求，对建筑节能减碳意义重大。

1）光热环境影响下的建筑总体布局

太阳辐射是影响建筑光热环境的主要气候因素。太阳辐射产生的光效应和热效应，提供给建筑光亮及热量，影响建筑朝向、建筑间距及建筑体量。

（1）适宜的建筑朝向。

建筑朝向是建筑能否获取充足日照的先决条件，选择适宜的朝向是建筑整体布局首先要考虑的主要因素之一。朝向选择要综合考虑场地日照和通风条件，且日照条件是主导因素。朝向选择的基本原则是：冬季获得充足的日照，夏季防止过多的太阳辐射。

朝向选择的规划设计中，受到地理维度、气候环境及地形条件等因素的影响。不同场地的日照条件也不同，要获得充足的日照，建筑布局时应尽量选用场地所在区域的建筑最佳朝向及适宜朝向，同时避免不宜朝向。总体来看，我国良好的建筑朝向为南、南偏西及南偏东，而西、西北及北则是不利于日照的不宜朝向。具体来说，不同地区建议朝向有所差别。例如西安地区建筑最佳朝向为南偏东10°，适宜朝向为南和南偏西，不宜朝向为西和西北；而同样位于西北区域的银川地区，其建筑最佳朝向为南至南偏东23°，适宜朝向为南偏东34°和南偏西20°，西和北则为不宜朝向[①]。

在坡地上布置建筑时，由于坡向、坡度和海拔高度不同，每块坡地的日照特征有很大差异。以北半球为例，南坡和东南（西南）坡的可照时间相对较长，东坡和西坡次之，北坡和东北（西北）坡的日照时间相对较短。就坡度而言，坡度越缓，日照时间相对越长；坡度越陡，日照时间相对较短。因此，为了获得尽可能多的日照时间，坡地建筑应尽量选择南坡和东南（西南）坡等向阳坡，避免北向的背阴坡；西坡夏天最热，应尽量避免建筑正西向，即使不得不选择西坡，也应将建筑布置成垂直等高线，使建筑面南朝向（图3-8）。

此外，不同公共建筑类型的日照要求不同，朝向选择也不同。对于幼儿园建筑及疗养院建筑等采光要求高的建筑类型，其特殊功能房间的日照需要满

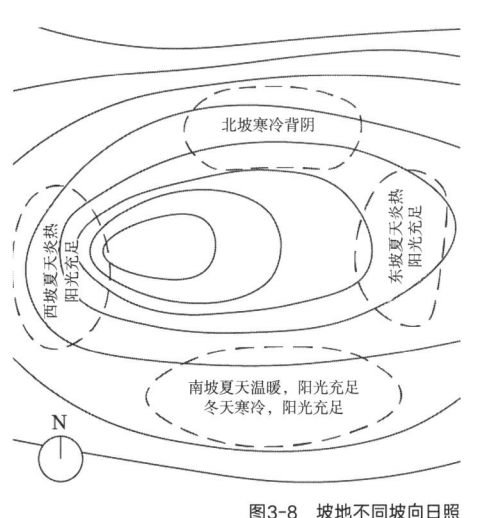

图3-8 坡地不同坡向日照
（来源：王琦自绘）

---

① 具体参考王立雄2009年出版的《建筑节能》中表3-2（全国部分地区建议建筑朝向表）。

足相关规范，故朝向选择至关重要，应尽量选择最佳朝向。而相对于博物馆和影剧院等采光要求较低的建筑类型，其朝向选择可结合场地和功能需求进行适当调整，灵活度较大，但仍需关注建筑良好朝向选择带来的建筑节能的问题。

（2）合理的建筑间距。

影响建筑间距的因素众多，比如日照、采光、防火、消防及噪声等。对于建筑节能来说，日照是主要的影响因素。合理的日照间距可以调节建筑室内外的日照量，创造适宜的室内外光热环境。

①保证日照间距，获得充足日照量。

在进行建筑总体布局时，合理确定建筑物之间的日照间距是保证建筑获得必要日照的条件。所谓日照间距，是指前、后两排建筑物之间为保证后排建筑在规定时日获得必需的日照量而保持的距离。而必需的日照量是根据建筑所处的气候区及建筑物的使用性质来决定的。不同的城市对于不同的建筑类型都有相关的日照要求，并制定了相应的日照标准。例如，托幼建筑的主要生活用房（班级活动室）应能获得冬至日不小于3小时的满窗日照；医院、疗养院半数以上的病房和疗养室，以及中小学半数以上的教室应能获得冬至日不小于2小时的日照标准。

日照间距的确定受到建筑用地的地形、建筑朝向、建筑物的高度及长度、当地的地理纬度及日照标准等因素影响，要精确计算较为复杂。方案初期，可利用日照间距系数进行简便的日照间距计算；方案初步成型后，可利用日照模拟软件辅助设计，通过对大寒日或冬至日建筑群体日照模拟来确定建筑之间的最小日照间距，从而优化建筑布局。

日照间距系数是根据日照标准确定房屋间距与被遮挡建筑底层窗台台面至遮挡建筑檐高的比值，是确定具有日照要求的建筑间距的关键性参数。日照间距的具体计算（图3-9a）公式为：

$$D = H \cdot L$$

式中　D——日照间距；
　　　H——前檐建筑遮挡计算高度；
　　　L——日照间距系数。

由于各地所处纬度、气候条件不同，故各个城市依照大寒日和冬至日日照标准指定不同的日照间距系数[①]。一般来说，日照间距系数随纬度增加而增加，例如哈尔滨冬至日日照1小时的日照间距系数为2.46，同等要求下西安的

---

① 具体参考《城市居住区规划设计标准》GB 50180—2018中全国主要城市不同日照标准的间距系数。

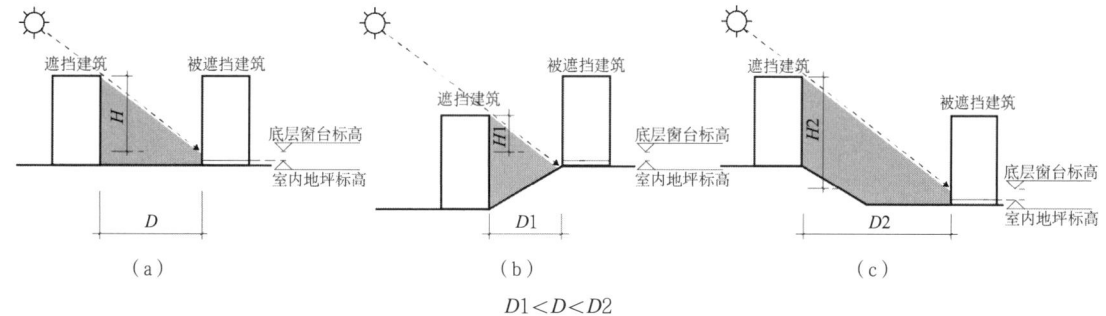

图3-9 日照间距计算图示
(a) 平坦地；(b) 向阳坡；(c) 背阴坡
(来源：宋蓝青自绘)

日照间距系数为1.48，而桂林则为1.07。

坡地建筑因坡向和坡度不同，日照间距也不同。总的来说，太阳高度角与建筑层数一定时，向阳坡比平地能获得更多的日照，故向阳坡日照间距比平地小，而背阴坡日照间距最大。如图3-9所示，分别显示了平地、向阳坡及背阴坡的日照间距，其中$D1<D<D2$。此外，不同坡向日照间距的缩小或扩大，随着坡度的增加而加大。即坡度越大，向阳坡日照间距缩小，背阴坡日照间距则会加大。当建筑物方向与等高线关系一定时，向阳坡的建筑以东南或西南向间距最小，南向次之，东西向最大；北坡则以建筑南北向布置时间距最大。因此，主体建筑应尽量布置在向阳坡或半阳坡，这样建筑间距可以适当缩小，层数可适当加多，有利于获得更好的光照条件。

②减小建筑间距，增加阴影区面积。

对于大多数气候区，争取良好朝向、满足日照间距，以及最大化利用太阳辐射为建筑室内提供热量和光照是设计最先要考虑的因素。但对于干热地区，则首先要解决的是太阳辐射过多而引起的室内过热问题。对于干热地区，设计时首先要考虑的不是满足日照间距而是如何遮阳，建筑群体布置时应缩小建筑间距，通过建筑体量相互遮挡来增加阴影区域面积，从而减少太阳的直接辐射量。因此，密集的建筑群体、狭窄的街巷、厚重的墙体及封闭的内院等成为干热地区典型的建筑布局特征。

建筑相互遮挡产生的阴影区面积取决于街道朝向、宽度、建筑高度和太阳高度角。在北半球，南北向的狭窄街道能使建筑获得更多的阴影遮挡。图3-10显示了不同纬度南北向街道不同高宽比对建筑遮阳的影响。可以看出，街道高宽比越大，早上西立面的阴影面积越大，遮阳效果越显著（下午东立面的阴影同理）。在夏至日，街道高宽比一定时，纬度越大，太阳高度角越低，建筑的相互遮阳效果越显著。新疆喀什老城区建筑为了使早上和下午的遮阳最大化，街道主体以南北向进行组织，紧密地排在一起，形成狭窄的街巷（图3-11）；同时，利用建筑局部出挑进一步增加街巷的高宽比，以

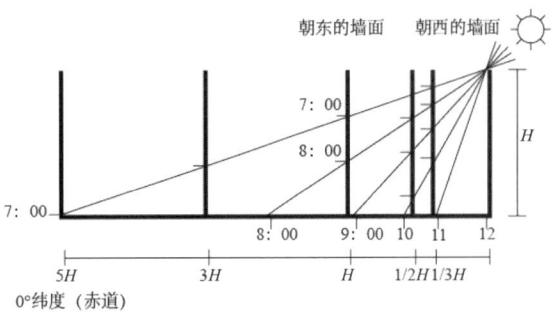

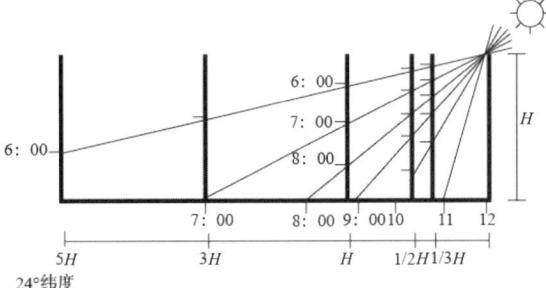

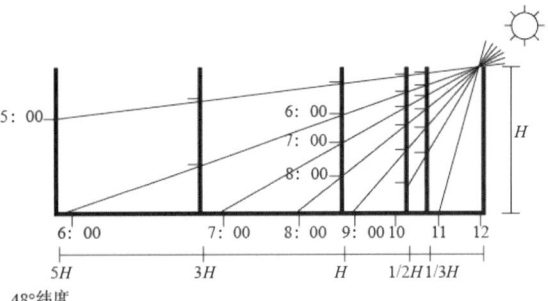

图3-10 夏至日南北向街道横断面对遮阳方式的影响
（来源：王琦根据《太阳辐射·风·自然光》改绘）

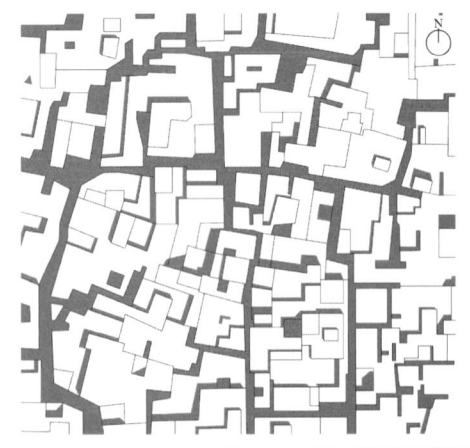

图3-11 喀什老城区建筑总平面
（来源：宋蓝青根据"李涛，陈兆哲，王怀斌，等. 基于遗传算法的传统街区空间形态优化研究——以喀什老城为例[J]. 城市规划，2023，47（09）：67-77."改绘）

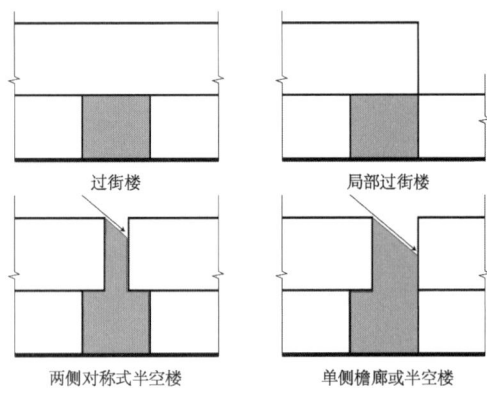

图3-12 喀什老城区典型街道剖面
（来源：宋蓝青根据《基于遗传算法的传统街区空间形态优化研究——以喀什老城为例》改绘）

此增加建筑之间的相互遮挡程度，为街道和建筑提供遮阳（图3-12）。

（3）控制建筑体量。

建筑总体布局规划时，可利用"阳光包络体"（Solar Envelope）原理，通过控制建筑形体来保障建筑群体及周边建筑的阳光权力。阳光包络体是指特定场地上不会遮蔽毗邻场地的最大可建体积，其大小和形状由场地的大小、朝向、纬度、需要日照的时段及毗邻街道或建筑容许的遮阳程度决定。

在确定了场地的形状和朝向的情况下，阳光包络体的几何结构就可以由必须保持太阳光进入的时间段来确定了。如图3-13所示，为了在一个北纬40°的场地建立一个阳光包络体，使邻近场地全年从9:00到15:00都有太阳光的进入，故选择太阳在天空中最低的月份（12月）来确定包络体北面部分的坡度，而选择太阳在天空中最高的月份（6月）来确定南面部分的坡度。具体来

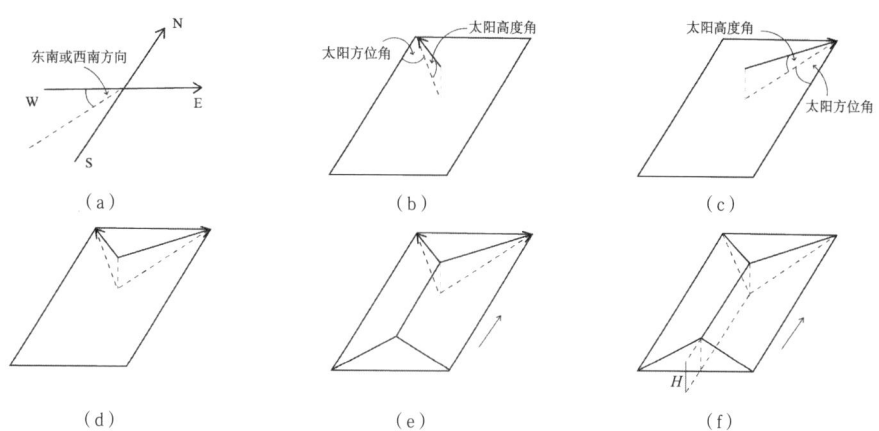

图3-13 阳光包络体的形成
（a）方位角；（b）早晨太阳角度12月21日北纬40°（东南方向阳光）；（c）下午太阳角度12月21日北纬40°（西南方向阳光）；（d）早晨和下午的太阳角度；（e）生成脊；（f）阳光包络体建立
（来源：宋蓝青自绘）

说，通向西北角的斜线由9:00的太阳角度①确定，通向东北角的斜线由15:00的太阳角度确定。早上和下午的斜线的交点形成了屋脊线的起点。但是，因为早上9点和下午3点之间的位于北纬40°的太阳不能到达东北或西北，所以它永远不会在南向投下阴影。因此，阳光包络体南面垂直于场地的边缘升起。如果太阳在一定时间里位于东北或西北，那么西南和东南方向的斜线由早上9点和下午3点的太阳角度确定，屋脊线由冬季或夏季中高度较低的斜线的交点确定。最后形成的阳光包络体确定了场地任一点的最大建筑高度，即同时确定了场地上建筑的体形范围。在这个范围内，建筑在12月21日到6月21日的早上9点到下午3点之间不会遮蔽邻近场地。

在阳光包络体范围内可进行退台、削切等形体操作，以满足不同建筑的功能需求，同时不会遮蔽周边环境，故而为周边建筑及场地获得阳光权力提供保障。阳光包络体的利用为建筑师和规划师提供了一种设计分析方法，有利于建筑实施被动式和主动式太阳能利用，并为建筑群体规划或城市设计提供了新思路。KCAP建筑师与规划师事务所的苏黎世主火车站区城市设计方案中，结合建筑群体功能和光照要求，采用阳光包络体的方法对站区建筑体形进行控制和规划，在保障场地和周边建筑阳光权的同时，尝试不同的建筑群体组合，探讨新的城市设计方法（图3-14）。

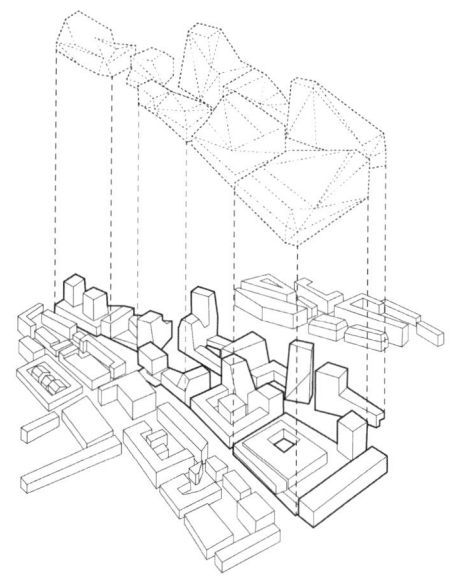

图3-14 利用阳光包络体限定建筑体形范围，进行建筑体形的优化
（来源：宋蓝青自绘）

---

① 太阳角度是太阳高度角和太阳方位角的总称，同一场地上太阳角度随时间和季节变化而变化。

2)风环境影响下的建筑总体布局

夏季室外温度较高的情况下,自然通风是有效的降温措施,尤其是湿热地区,良好的通风能提升人们的体感舒适度,故自然通风是建筑设计首先要考虑的因素。相反,在冬季室外温度较低时,尤其是北方寒冷地区,避免冷风灌入室内及在室外设置避风的场地尤为重要,此时良好的通风反而成为一种不利因素。所以,在建筑群体布局时,应结合场地的气候特点,通过合理布局建筑体量,达到夏季通风和冬季防风的目的,从而节约建筑机械降温产生的能源消耗。

(1)适宜的建筑形态。

空气流动是产生风的动因,也是影响场地风环境的主要因素。不同的空气流动状态形成了不同的风环境,对建筑形态和布局产生影响。不同地理区域的风向不同(常用风玫瑰图[①]来表示);即使在同一气候区域,由于周边建成环境及地形条件不同,场地上的风环境也不同。风会通过建筑表皮对流和渗漏增加传热过程,加之通风过程中的热量损失,对于建筑来说都可起到自然降温的作用。当风吹向建筑物时,因受到建筑物的阻挡,建筑迎风面为正压区,该区域通风最有利。气流绕过建筑物屋顶、侧面及背部,在建筑的背风面会产生负压区,并形成气流涡流区(图3-15)。气流涡流区的风力弱,风向也不稳定,有利于建筑冬季防风;但对于夏季通风来说,建筑要适当避开这些涡流区。

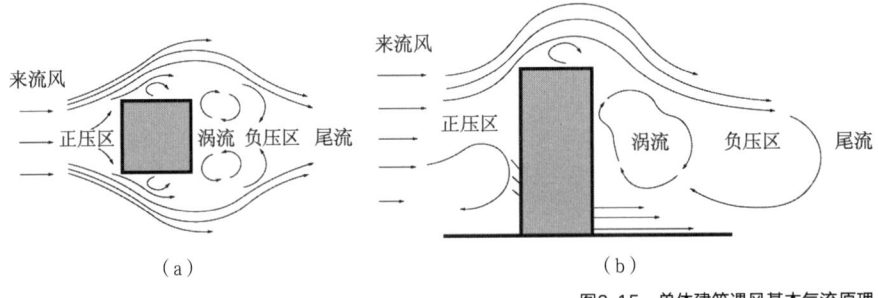

图3-15 单体建筑遇风基本气流原理
(a)平面图;(b)立面图
(来源:王琦自绘)

不同单体建筑形态不同,对风环境的影响也不同。建筑物的长度、进深、高度及平面形态都会给周围的风环境带来较大的影响(表3-2)。建筑物越长、越高或进深越小,其背面产生的涡流区越大。建筑布局时,应结合各种单体建筑形态对气流的影响,控制建筑的长、宽及高尺寸,选择利用建筑通风、导风或避风的形态。例如,一字形平面布局迎风面较大,有利于建筑通风;围合式布局更有利于建筑避风;而平面为圆形的建筑涡旋区最小,有利于建筑导风,对周边风环境影响较小。

---

① 风玫瑰图是气象科学专业统计图表,用来统计某个地区一段时期内的风向、风速发生频率,又分为"风向玫瑰图"和"风速玫瑰图"。常用的是风向玫瑰图,因图形似玫瑰花朵,故名。

单体建筑形态对气流的影响　　　　　　　表3-2

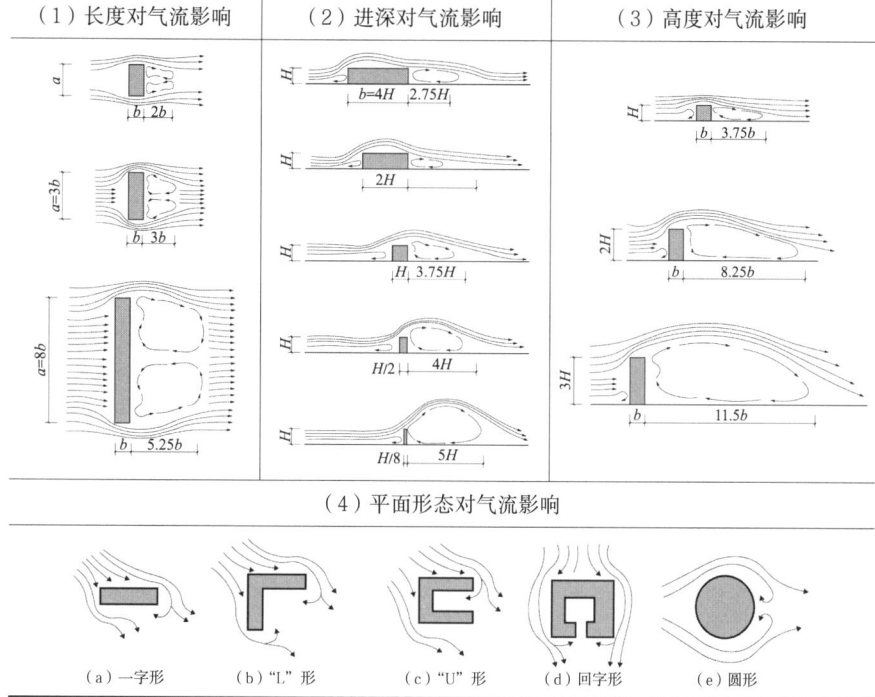

（来源：宋蓝青根据《太阳辐射·风·自然光》中的图改绘。）

高层建筑由于要克服较大风荷载，应着重考虑平面形态及体形对风的影响，尽量选择风阻较小的曲面形式。例如，上海中心大厦塔楼采用锥形及圆角建筑形态设计，塔身在垂直方向旋转120°，形成不对称形体扭转形态，使建筑风荷载减少了24%，同时减少了高层建筑对周边场地风环境的影响（图3-16）。

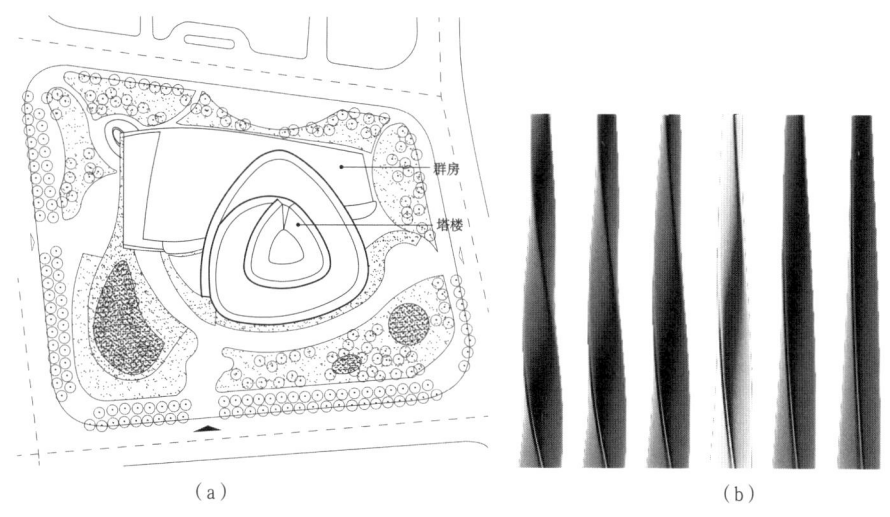

图3-16　上海中心大厦锥形及圆角建筑形态减少风荷载
（a）曲线圆角平面；（b）锥形旋转形体立面图
来源：（a）仲雨晨根据"https://huaban.com/pins/928129524"改绘；（b）王琦自绘

（2）合理的通风间距。

建筑群体布局时，涡流区的范围与位置对临近建筑的通风有很大的影响，因此建筑间要保证合理的通风间距。总体来说，建筑间距越大，后排建筑受到的风压也越强，通风效果越好。当$D=2H$（D为建筑间距，H为遮挡建筑物高度）时，通风效果可视为良好；当$D=H$时，通风效率降低到50%以下（图3-17）。当间距一定时，风向摄入角由0°~60°渐次增大，则后排建筑窗口的相对风速也相应增大，相当于在逐渐增加建筑间距而加强通风的效果。

坡地建筑群体布局时，不同的风向、地形坡度及坡向都会对建筑通风间距产生不同的影响。由于地形高差，迎风坡上建筑的通风条件优于平坦地，建筑间距D只需要大于前排房屋檐口与后排房屋地面的高差H_1，通风效果即为良好。而在背风坡上，通风条件较差，如果想要达到较好的通风效果，则需要很大的建筑间距，需要达到$D=2H_1$，但此时建筑间距过大，建筑密度过低。因此，从通风角度考虑，主体建筑布局应尽量选择在迎风坡（图3-18）。

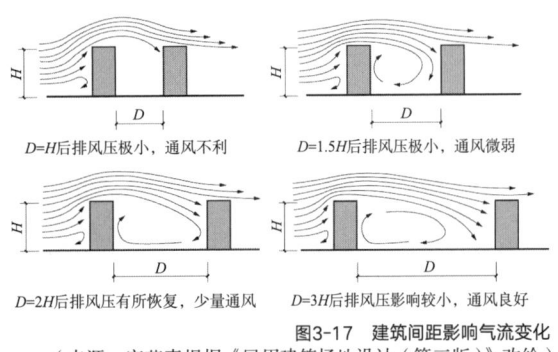

图3-17 建筑间距影响气流变化
（来源：宋蓝青根据《民用建筑场地设计（第三版）》改绘）

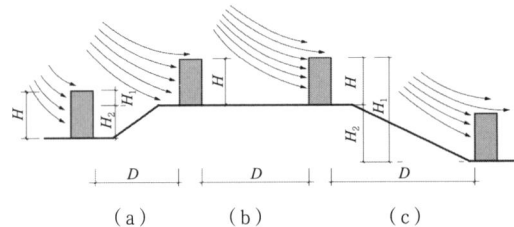

图3-18 地形坡向对通风间距的影响
（a）迎风坡；（b）平坦地；（c）背风坡
（来源：宋蓝青根据《民用建筑场地设计（第三版）》改绘）

（3）建筑群体组合布局。

在进行建筑群体组合布局时，可以通过调整建筑的布局形态来调节场地风环境（图3-19）。一般来说，分散的布局模式利于建筑通风，同时建筑的主要朝向要避免不利风向。我国南方，特别是夏热冬暖地区地处沿海，4~9月大多盛行东南风和西南风，故建筑物南北向或接近南北向布局有利于自然通风，增加舒适度。而我国北方寒冷地区冬季盛行西北风，故建筑规划布局时，可在西北方向采用封闭或半封闭的围合式布局，并合理设置开口的方向和位置，使得建筑组群可避风。建筑群体组合布局中具体的通风、避风及导风策略包括以下内容。

①通风策略：A. 采用并列式、前后错开的布局方式，引入夏季主导风，便于建筑群内空气流通，尤其对高而长的建筑群通风有利（图3-19a）；B. 当建筑平行于夏季主导风向时，可采用并列式布局，调整建筑间距的宽窄且相互错开，形成进风口大、出风口小，增加建筑间的通风效果

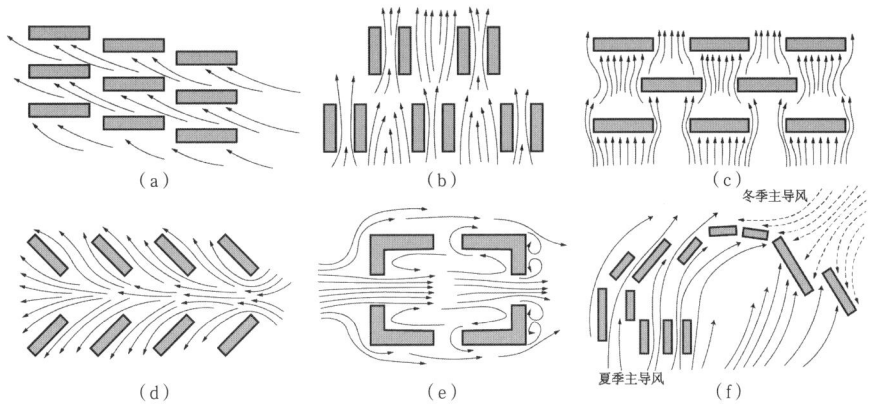

图3-19 建筑群体布局调节场地风环境
（a）并列式布局，前后错开；（b）并列式布局，建筑间距宽窄不同；（c）错列式布局，左右错开；
（d）斜列式布局；（e）围合式布局；（f）自由式布局
（来源：宋蓝青根据《民用建筑场地设计（第三版）》改绘）

（图3-19b）；C. 当建筑朝向夏季主导风向时，采用错列式、左右错开的布局方式，增加建筑间距，减弱风速的衰减（图3-19c）；D. 采用斜列式布局方式，结合风向，使风的进口小、出口大，形成导流（图3-19d）。

②避风策略：A. 采用院落围合式布局，可将庭院的开口朝向夏季主导风向，起到冬季避风且同时又不影响夏季通风的效果（图3-19e）；B. 对于季风气候区，要满足场地冬、夏不同季节的舒适性，建筑形态可采用自由式布局方式，从而既保证夏季良好通风，又能在冬季阻挡寒风侵入建筑群（图3-19f）。

③导风策略：为了加强建筑组群的导风效果，可利用文丘里效应①，通过建筑布局形成"导风巷"（图3-20）。导风巷应注意以下问题：A. 巷道的连续性：导风巷作为空气流动的管道主体，必须连续且流畅；B. 巷道的平壁性：沿导风巷两侧的建筑设计应尽量避免有突兀的立面不平，并使两侧建筑立面（单体之间）有良好的整体相连；C. 巷道的方向性：起"风道作用"的巷道方向应与夏季主导风向一致，以使尽量多的风沿巷道向前流动；D. 巷道的汇合性：为了适应室外气流方向的不确定性，可将巷道设计成两个主导向，最后在热量聚集区汇合，这样可以提高巷道的导风效率（图3-21）。

在湿热气候区，利用导风巷加强建筑通风尤为重要。被誉为岭南传统建筑精髓的"冷巷"就是导风巷的一种典型形式。露天冷巷即外墙与周围墙之间或相邻两屋之间狭窄的露天通道，其高而窄，受太阳照射的面积小，温度较低，风速大，有利于建筑进行热压通风和风压通风（图3-22）。

---

① 文丘里效应，也被称为文氏效应。这一现象是由意大利物理学家文丘里（Giovanni Battista Venturi）在18世纪首次提出的。文丘里效应描述的是当流体（如气体或液体）在管道中流动时，如果管道的横截面面积突然减小，流速会随之加快，而根据伯努利定律，流速的增加会导致流体压力的降低。在管道最窄的地方，流速达到最大值，而压力达到最小值。

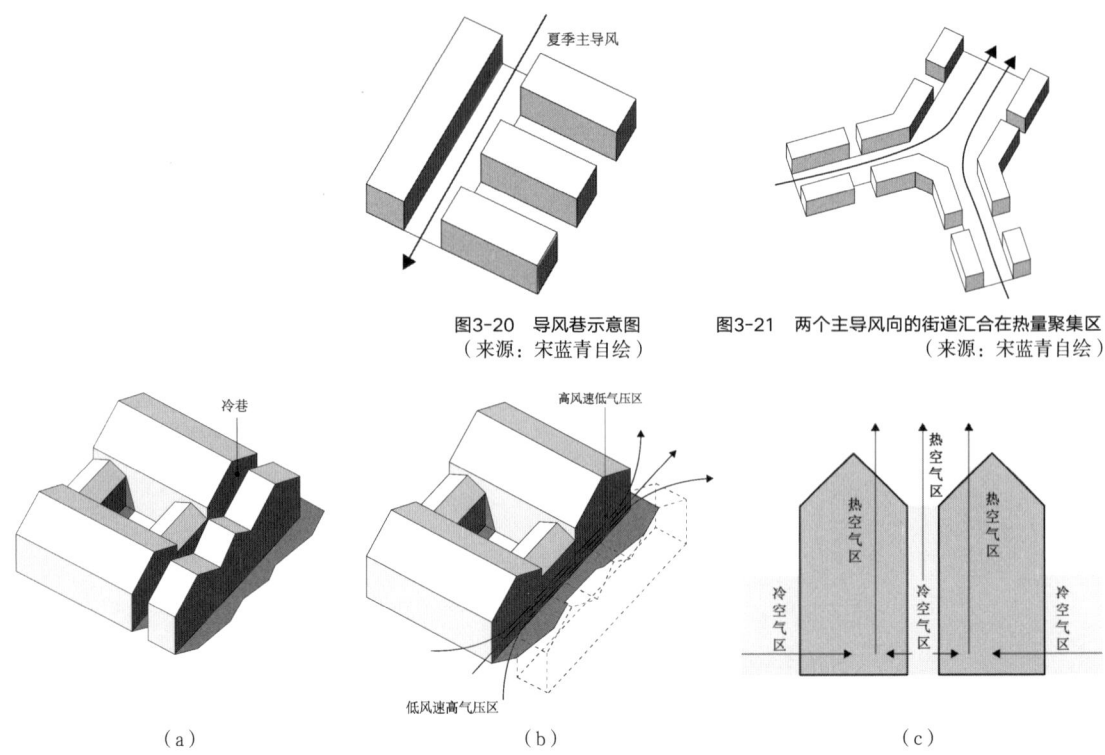

图3-20 导风巷示意图
（来源：宋蓝青自绘）

图3-21 两个主导风向的街道汇合在热量聚集区
（来源：宋蓝青自绘）

（a） （b） （c）

图3-22 岭南建筑中冷巷的通风原理
（a）冷巷位置示意图；（b）冷巷的风压通风原理；（c）冷巷的热压通风原理
（来源：王琦自绘）

对于山地建筑来说，当气流通过山地时，由于受到地形影响，其流场就要发生变化。当气流通过阻碍其运行的小型山体时，一部分是从山顶越过去，一部分是从两侧绕过去。于是，在山的向风面一侧，下部风速减弱，顶部和两侧风速加强；在山的背风一侧，会出现静风区或涡风区。根据风向与地形的关系，可以把山地归纳为以下几个区域，即迎风坡区、顺风坡区、背风坡区、涡风区、高压风区和越山风区（图3-23）。对于范围较大的山地区

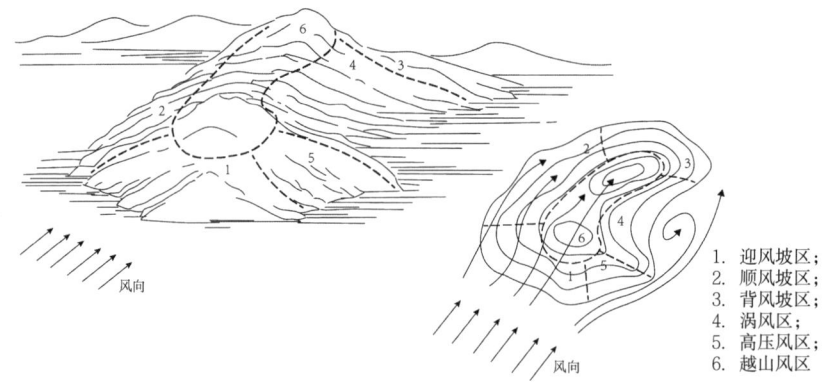

1. 迎风坡区；
2. 顺风坡区；
3. 背风坡区；
4. 涡风区；
5. 高压风区；
6. 越山风区

图3-23 山地地形与风场
（来源：宋蓝青根据《山地建筑设计》改绘）

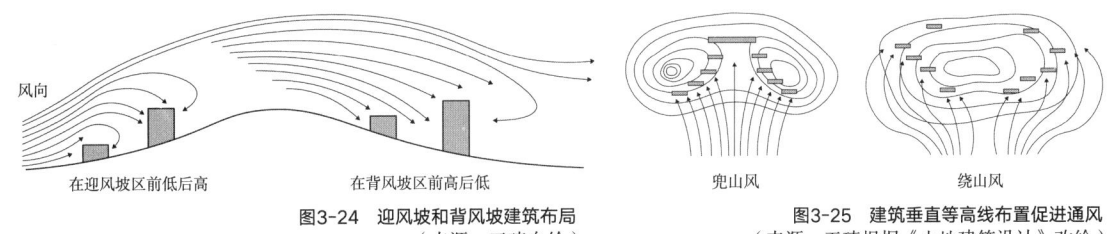

图3-24 迎风坡和背风坡建筑布局	图3-25 建筑垂直等高线布置促进通风
（来源：王琦自绘）	（来源：王琦根据《山地建筑设计》改绘）

域来说，气流的流场常受到山脉、沟谷的影响，产生顺山风、顺沟风等。

进行山地建筑群体布置时，可采取不同的平面布置方式和高度组合，使各个建筑单体都能获得良好的自然通风。例如，在迎风坡区和背风坡区，由于风向与山体等高线垂直，可使建筑平行或斜交于等高线，并在坡面处理上采取迎风坡区前低后高或背风坡区前高后低的形式（图3-24）。而在顺风坡区，则可使建筑单体与山体等高线垂直或斜交，充分迎取"绕山风"或"兜山风"（图3-25）。

综上，场地风环境既受地域性风环境影响，同时也因建筑形体布局而产生局地的风场变化。利用上述原理可以对场地的风环境进行初步的定性分析，辅助推敲建筑朝向及形体布局，但要想掌握较为精细的风环境数据，还需要借助专业软件来完成。

3）综合气候条件下的建筑群体布局策略

建筑设计中，往往要综合考虑光热环境和风环境情况，解决建筑的得热和降温问题。一方面，利用太阳辐射获得热量，同时也要避免过多太阳辐射造成室内过热，考虑遮阳措施；另一方面，利用自然风对建筑及室外环境进行降温，同时也要避免冬季冷风对建筑环境带来的不利影响。现实中常常出现这样的情况，理想的日照朝向也许恰恰是不利于通风（或避风）的方向，抑或者冬、夏两季对日照和通风的要求完全相左。因此，建筑群体布局需依据场地气候条件，对于日照和通风有所侧重地进行选择，明确得热或降温的策略倾向。

（1）选择适宜的得热策略。

①建筑应满足最佳朝向范围，并使建筑内的各主要空间都具有良好朝向的可能，以使建筑争取更多的太阳辐射。

②满足日照间距是建筑充分得热的先决条件。太大的间距会造成用地浪费，应在满足不同建筑类型需要的最少日照时间基础上，确定建筑适宜的间距。

③建筑布局要减少冬季冷风灌入场地，降低建筑围护结构的热量损失。

（2）选择适宜的降温策略。

①紧凑的建筑布局可形成建筑体量之间的相互遮挡，创造阴影下的室外空间，减少直接暴露于阳光照射下的外墙面积。

②疏散的建筑布局更有利于自然通风。可通过不同体量错动搭配，增加夏季的迎风面，同时避免将建筑放置在背风面的涡流区。

③通过建筑布局形成导风巷，疏导室外热空气，减少城市内的热岛效应。

当利用太阳能的理想朝向与有利通风朝向有矛盾时，应根据建筑功能和气候条件决定哪一方面处于优先的地位。通常利用太阳能优先，因为一般来说，自然通风的进风口设计比太阳能利用更容易适应不太理想的朝向。

（3）不同气候区建筑总体布局应对策略。

针对不同的气候条件，建筑总体布局时要整合得热、降温和采光等多种因素。表3-3总结了寒冷、温和、干热和湿热四种典型气候区建筑布局的应对策略。

不同气候区建筑布局应对策略　　　　　　　　　　　　　　　　表3-3

气候区	优先考虑	其次考虑	应对策略	示意图
寒冷	日照得热	避风保温	①为了获取日照，采用正南朝向；②街道在冬季风向上不连续；③东西向街道建筑满足冬至日日照需要	
温和	夏季遮阳、通风降温	冬季日照保温	①街道朝向与夏季风向呈20°~30°夹角；②建筑朝向可与正南向夹角在30°范围；③东西向街道稍宽，争取日照；④延长建筑东西轴向	
干热	遮阳降温	通风降温	①建筑朝向为南偏东20°~30°；②为了遮阳，南北向街道应狭窄；③街区沿南北向伸长，如果呈东西向，立面需遮阳；④较宽的车行道沿东西向	
湿热	通风降温	遮阳降温	①街道朝向与主导风向呈20°~30°夹角；②考虑次主导风向的影响；③为通风创造最大的通路，但不应是硬质地面	

（来源：王琦自绘）

3.3.3 适应地形的建筑总体布局策略

针对不同的地形特点,建筑总体布局时需解决建造、排水、日照、通风等问题,具体参见表3-4。山地建筑布局要适应地形变化,采用适宜的接地形态、功能布局及交通组织,同时还要根据场地的地质条件,选择适宜的建造方式,尽可能减少土方量,以及对场地表层植被和土壤的破坏。

不同地形建筑总体布局关注的问题　　　　　　　　　　表3-4

地形	平面	剖面	建筑布局需关注的问题
盆地			①场地排水较为困难,容易积水受涝; ②盆地纬度较低时,建筑日照受影响
谷地			①地势较低,容易积水受涝; ②受周边山体遮挡,较为潮湿、阴暗,建筑日照受影响
山脊			①视野开阔,排水易解决; ②位于山脊高位时,容易受冷风侵袭; ③交通组织难度较大; ④排水易解决
坡地			①坡向对建筑日照影响大,向阳坡采光充足,背阴坡日照受影响; ②排水易解决
悬崖陡坎			①地势险峻,建造难度大,有较大安全隐患; ②场地上植被较少,有水土流失的风险
平原微丘			①类似于平地,地形对场地微气候影响小; ②坡度较缓,地面低洼处容易积水受涝

(来源:王琦自绘)

1)适宜的平面布局

坡地建筑平面布局有平行等高线、垂直等高线及斜交等高线三种基本形式,其相应的平面形态及特点如表3-5所示。建筑总体布局常根据地形坡度、方位,以及建筑的功能需求、景观朝向来选用适宜的布局形式。

坡地建筑平面形态及特点　　　　　　　　　　　　　表3-5

平面形式	平面图示	群体布局	特点
平行等高线	（来源：王琦自绘）	杭州民艺博物馆 （来源：仲雨晨改绘）	①道路及阶梯易于处理； ②缓坡土方量小，减少对环境破坏； ③坡度大于25%时，土方量增加，不宜采用
垂直等高线	（来源：王琦自绘）	阿那亚金山岭上院 （来源：李世坤改绘）	①土方量小； ②排水易处理； ③道路不易处理，室外阶梯多
斜交等高线	（来源：王琦自绘）	以色列海法大学学生中心 （来源：仲雨晨改绘）	①土方量小； ②通风、采光及排水易处理； ③道路较难处理，室外阶梯多； ④建筑形体更自由

（1）平行等高线。

采用平行等高线形式布置建筑，当坡度较缓时土方及基础工程量较省。当坡度在10%以下时，建筑土方量很小，对整个地形无须改造，仅需提高勒脚高度，对地表环境破坏不大，亦是比较经济的方法。当坡度在10%以上时，坡度越大，勒脚越高，需要对坡地进行挖填平整，分层筑台。采用筑台的方法时，建筑应尽可能建在挖方部位，这样有利于减少基础埋深和地基处理。多余的土方可以就近填坑补洼，既解决了弃土问题，又扩大了室外用地，给环境绿化和保持地表原貌创造了有利条件。当地形坡度大于25%时，平行等高线布置方式将大大增加土石方量、基础及室外工程量，此时宜考虑采用垂直等高线或与等高线斜交的布置方式。杭州民艺博物馆采用沿等高线布置展厅的方式，利用地形顺应等高线设置连续弯折的坡道，减少建造的土石方量，同时让参观者在建筑内也能感受到地形的高差变化。

（2）垂直等高线。

垂直等高线布置的建筑土方量较小，排水处理较平行等高线布置容易解决；但其与道路结合较困难，室外阶梯较多，一般需采用错层处理，错层的多少可随地形而异。例如，阿那亚金山岭上院位于山谷之中，建筑整体依山就势，采用错层的手法，垂直等高线错动跌落布置，建筑内部沿等高线方向组织交通，减少建造对地形带来的改变，形成建筑与自然的和谐共生。

（3）斜交等高线。

斜交等高线与垂直等高线布置的方式相近，且有利于根据朝向、通风的要求及地形地貌的特征调整建筑的方位，营造特定的山地建筑，故其适应的坡度范围很大，实践中采用最多。例如，以色列海法大学学生中心（Haifa University Student Center）将办公区和学生区分设在两个体量，为了更好地适应地形和发挥建筑的观景优势，其中办公区两层高的矩形体量垂直等高线架空在山体之上；学生区所在翼楼则采用斜交等高线布置，设计为一个半埋入地下的四层阶梯状扇形体量，屋顶与山体融为一体，消隐于山地景观中。

2）适宜的接地形式

坡度不仅影响工程造价及场地环境的生态稳定性，同时也是坡地建筑总体布局的重要影响因素。过于陡峭的坡度对于建筑施工及建筑设计都是挑战。结合场地地形坡度进行建筑布局时，需要从剖面对建筑接地关系进行推敲。建筑与地形的接地关系分为三种布局类型：地下式、地表式和架空式，其相应的剖面形态及特点如表3-6所示。

（1）地下式。

"地下式"建筑，其整个形体位于地表以内，对于地形地表的破坏相对减少，既有利于保留原始自然植被，也有利于保持场地原始地形地貌。此外，由于土壤具有恒温的热工性能，故可对建筑起到良好的保温隔热作用，能有效地促进建筑节能，获得冬暖夏凉的效果。但同时由于建筑埋藏于地下，故需要考虑自然采光及通风问题，可通过院落或者通风井的方式予以解决。陕西三原柏社村是国家下沉式地坑窑集中保护区，其窑洞建在地下，地面广植柏树，植被覆盖率高。窑洞通过中心的院落采光通风，窑内冬暖夏凉，冬季室内温度可保持在15℃左右。

（2）地表式。

"地表式"建筑，其建筑底面与山体地表直接发生接触。为了减少对倾斜地形的改变，地表式建筑通常采取提高勒脚的手法，让建筑与倾斜的地面直接接触；也可以对建筑的底面加以调节，例如使建筑形成错层、掉层、跌

坡地建筑剖面形态及特点　　　　　　　表3-6

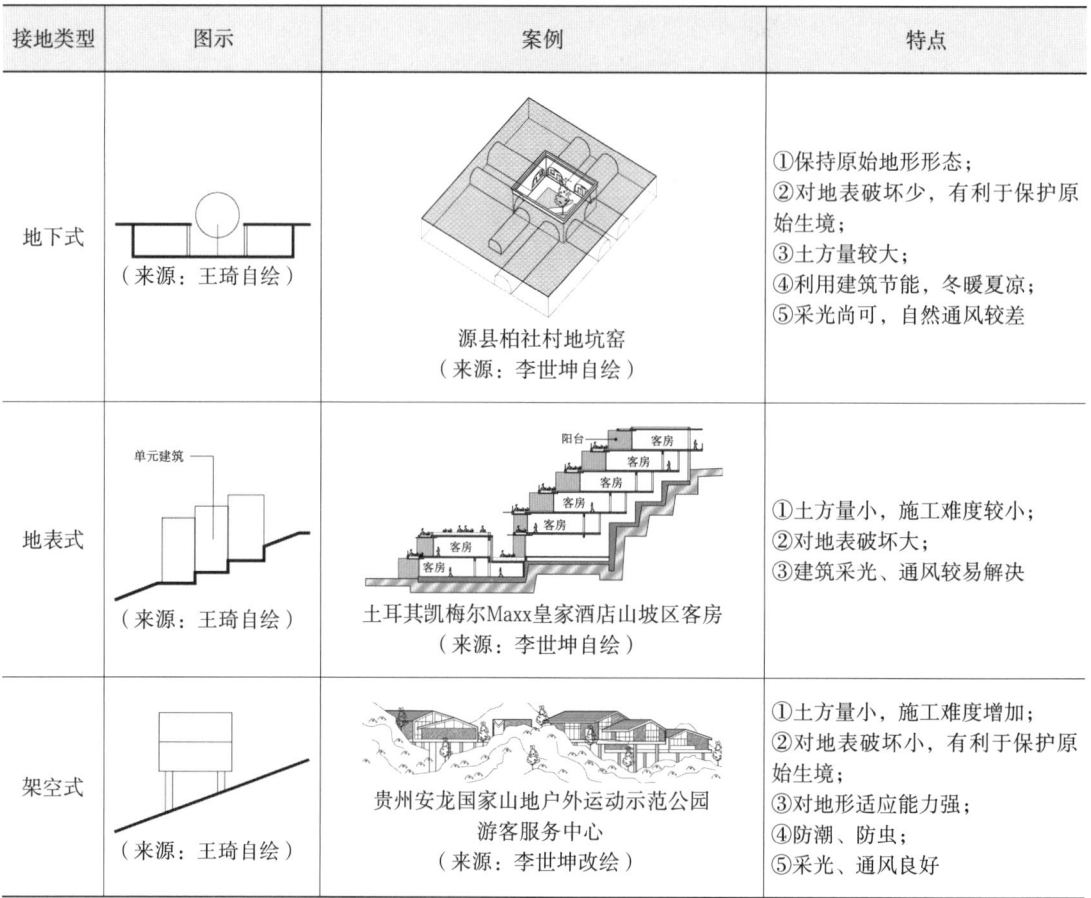

落或错叠。地表式建筑一般采用平行等高线布局，同时顺应等高线形成跌落之势，与地形契合度较高，但需要进行一定的基面处理和土方平衡，且尽管施工难度较小，但对原始地表植被影响较大。土耳其凯梅尔Maxx皇家酒店（Maxx Royal Kemer Hotel）山坡区客房建筑顺应地势，采用错叠的形式布局。其底层的屋顶即是上层的露台，在利用地形高差的同时，为旅客提供多层的观景平台。同时，建筑师利用平台进行绿化设置，形成立体花园式退台，以弥补建筑对地表植被的破坏。

（3）架空式。

"架空式"建筑，其底面与基地表面完全或局部脱开，以柱子或建筑局部支承建筑的荷载。架空式建筑对地形的变化有很强的适应能力，且对山体地表的影响较小，有利于保留山地原有植被，减少对山地原来水文状况的扰动，是一种较为理想的接地方式。此外，架空式建筑脱离地面，有利于建筑的防潮，并能减少虫蝎等的干扰。贵州安龙国家山地户外运动示范公园游客服务中心建筑采用分散布局的方式及架空的接地形式，最大化地保留基地上原始山石地形，减少建筑对地表的影响，同时架空的形式还可以抵御每年雨季河流涨水淹没建筑的危险。

3.4 场地景观的低碳设计原理

场地景观可分为自然景观和人工景观，其中常见的自然景观包括绿化景观、水体景观、雪地景观及地质景观等，而人工景观则包括建筑物、景观小品和铺地等。场地景观设计包含绿化、水体等景观布置、种植设计、园路设计，以及相关的竖向和管线等技术设计的内容。场地景观低碳设计不仅能美化环境，同时还能起到保护环境、调节场地微气候、减少建筑使用能耗及控制地表径流等作用，对于公共建筑低碳设计及场地生态环境的可持续性具有重要意义。

3.4.1 场地景观的低碳设计原则

1）适地适景，因地制宜

场地景观与地域气候及场地地形条件关系密切，故场地景观设计首先要结合自然气候条件，选择适宜的景观配置，尽量选用本土景观元素进行合理布局，凸显场地景观的本土特色。其次，场地景观设计应巧于因借原始地形地貌的特点，避免过多人工改造带来的对地形构造和地表肌理的破坏，稍加人工点缀与润色，使之成为独特的风景，做到适地适景和因地制宜。中国传统园林设计中讲究的"相地合宜，构园得体"即是同样的道理。

2）自然生境，减少干预

植物和水体既是场地景观设计的主体要素，也是维系场地生态环境的重要自然元素。场地上原始良好的生态环境一旦遭到破坏，就需要很长时间才能修复，不符合生态可持续理念。场地景观设计应对场地原始自然生境进行客观评估，对于自然生境良好的场地，应减少人工建造对其产生的破坏；对于自然生境较差的场地，则应适当进行生态修复，扩大绿化面积，增加生物多样性，促进生态环境可持续发展。

3）适应建筑，调控环境

场地景观既是建筑室外环境的重要组成部分，也是建筑室内空间在室外的延续，故场地景观与建筑设计密切相关。场地景观设计一方面应结合建筑功能布局及空间需求，实现其观赏价值；另一方面应发挥其环境调控的作用，结合不同地域的气候条件和建筑布局，改善建筑室外气候环境，进而减少建筑采暖及空调能耗，最终实现建筑与景观的一体化设计。

3.4.2 绿化景观的低碳设计策略

草地、树木以及花卉等绿化景观有改善场地微气候和增加碳汇的作用，进而为建筑创造适宜的室外物理环境，促进建筑节能减排，提高场地环境的生态效益。绿化景观设计首先要满足场地绿化率的指标需求，同时提升绿容率[①]；其次应充分发挥其低碳作用，利用和保护场地原生生态环境，针对场地气候特征，选择合适的植物种类，辅助建筑设计实现夏季降温、遮阳、导风及防风及保温，并结合城市规划和建筑设计需求，进行适宜的布局。

1) 绿化景观的低碳作用

(1) 降温。

植物利用蒸腾作用可以降低附近的温度。据测定，植物每蒸发1g水，就带走2260J热量。尤其是在炎热气候下的，植物的蒸发制冷效果十分显著。因此，建筑周围种植绿化，能有效降低建筑制冷负荷，提高舒适程度。

(2) 遮阳。

树木的枝叶及藤蔓可遮挡太阳辐射，为建筑起到遮阳作用。理想的树木绿化应当是枝干疏朗、树冠高大，既能提供遮阳，又不阻碍通风。树木的树冠越大越茂盛，其遮阳效果越好。茂盛的树冠能挡住50%~90%的太阳辐射，高大的树木能够遮蔽底层建筑屋顶约70%的直射阳光，相对矮小的树木或沿墙的藤蔓则可为建筑立面遮挡直射阳光。

(3) 保温。

沿建筑墙面或者屋顶种植绿化具有良好的保温隔热作用。绿化的屋顶除了在夏天对室外环境具有十分明显的降温和增湿作用以外，夏季可通过遮阴减少建筑物的热吸收，大大降低屋顶外表面的平均辐射温度；冬季则能减轻风对建筑物的冷却影响，进而减少建筑采暖和空调能耗。

(4) 导风和防风。

合理的配置绿化能形成绿化屏障，起到良好的导风和防风作用(图3-26，图3-27)。研究表明，把树的间距缩小形成风道，可以使气流速度增加25%。茂密的树篱有类似于建筑翼墙的作用，可以使气流偏转进入建筑开口，促进建筑通风。

在建筑的迎风方向设置防风林可以起到防风作用。防风林的长度、高

---

① 绿容率是指场地内各类植被叶面积总量与场地面积的比值，是十分重要的场地生态评价指标。

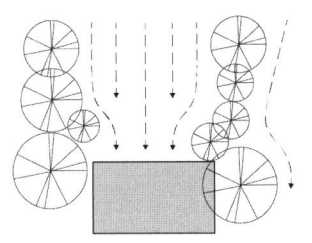
图3-26 植物导风示意图
（来源：宋蓝青自绘）

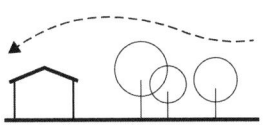
图3-27 植物防风示意图
（来源：宋蓝青自绘）

度、宽度、密实程度及其与风向的夹角对被遮蔽区域的面积产生影响。一般来说，被遮蔽区域的深度随着防风林高度和宽度的增加而增加。如果防风林宽度超过高度的2倍，则被遮蔽区域的面积会缩小，防风作用减弱（图3-28）。同时，防风林并非越密实越好，而是应有一定的孔隙率，一般不少于35%。当风与防风林正交时，树木和树篱是最有效的，建议防风林与主导风向呈90°或不低于45°夹角。

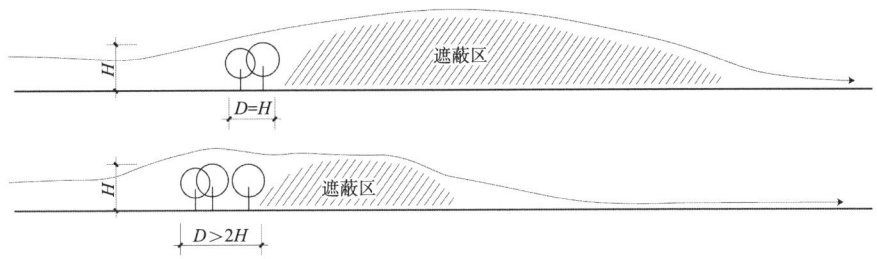

图3-28 防风林宽度对遮蔽区域影响
（来源：宋蓝青根据《建筑创作中的节能设计》改绘）

（5）固碳。

绿色植物通过光合作用吸收空气中二氧化碳，起到碳汇作用。植物固碳是最经济、自然、环保且有益健康的固碳方式。植物的固碳能力主要取决于其种类及生长条件。一般来讲，植物叶片越大，生长速度越快，其固碳能力越强。例如，竹子生长速度快，被誉为"吸碳之王"，1hm^{2}毛竹林一年固碳量约等于2.11hm^{2}亚热带人工杉木纯林的固碳量，同时约等于25辆小汽车一年的碳排放量。

2）绿化景观的低碳设计策略

（1）保护土壤资源，维持植物生境。

土壤是维护植物生长的重要条件，场地绿化景观设计要保护场地的土壤资源，尤其是表土。表土是经过漫长的生物化学过程形成的适于生命生存的表层土，是植物生长所需养分的载体和微生物的生存环境。在自然状态下，经历100~400年的植被覆盖才得以形成1cm厚的表土层，可见其珍贵程度。因此，应尽量减少人工建造对表土的破坏，应将填挖区和建筑铺装的表土剥离、储存，在场地环境建成后，回填优质表土，以利于维持场地植物生境。

浙江湖州野界度假酒店基地位于竹林山谷之中，其北侧和西侧是竹林的陡坎。为了最大化保留原生土壤植被，保护场地植物生境，建筑采用覆土的方式模拟自然地形形态紧邻陡坎建造，从而使竹林的景观生态通过覆土的屋顶植被得以延续，建筑与周边场地环境有机融合（图3-29）。

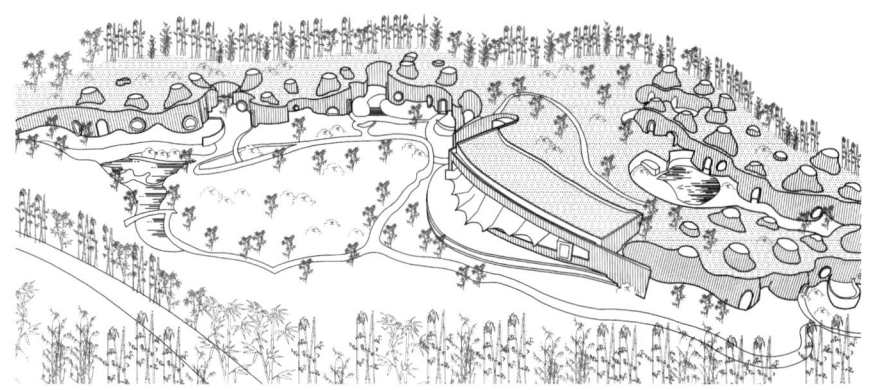

图3-29 浙江湖州野界度假酒店屋顶覆土
（来源：李世坤改绘）

（2）优化植物配置，提高群落固碳水平。

①选择固碳能力较强的植物种类。不同类型的植物在单位地面上的固碳能力表现为：常绿灌木＞落叶乔木＞常绿乔木＞落叶灌木。因此在低碳景观设计时，应注意加大常绿灌木或落叶乔木的使用，同时结合当地的气候条件，选择本土的植物种类，保持一定比例的乡土树种，提高植物景观的整体固碳能力和生态稳定性。不同种植方式单位种植面积一年的CO_2固定量参见表3-7。

不同种植方式单位种植面一年CO_2固定量　　　　　　　　　　　　表3-7

类型编号	植物种类	CO_2固定量/ ($kgCO_2 e/m^2 \cdot a$)
1	大小乔木、灌木、花草密植混种区（乔木平均种植间距＜3.0m，土壤深度＞0.9m）	27.5
2	大小乔木密植混种区（平均种植间距＜3.0m，土壤深度＞0.9m）	22.5
3	落叶大乔木（土壤深度＞1.0m）	20.2
4	落叶小乔木、针叶木或疏叶性乔木（土壤深度＞1.0m）	14.3
5	小棕榈类（土壤深度＞1.0m）	10.25
6	密植灌木丛（高约1.3m，土壤深度＞0.5m）	10.95
7	密植灌木丛（高约0.9m，土壤深度＞0.5m）	8.15
8	密植灌木丛（高约0.45m，土壤深度＞0.5m）	5.13

续表

类型编号	植物种类	CO_2固定量/($kgCO_2 e/m^2 \cdot a$)
9	多年生蔓藤（以立体攀附面积计算，土壤深度>0.5m）	2.58
10	高草花花圃或高茎野草地（高约1.0m，土壤深度>0.3m）	1.15
11	一年生蔓藤、低草花花圃或低茎野草地（高约0.25m，土壤深度>0.3m）	0.34

②不同种类的植物相互搭配种植。植物多样性的存在是多种生物繁荣的基础，不同种类的植物相互搭配，优势互补，可以提升植物群的整体固碳水平。植物搭配的一般原则包括：落叶乔木和常绿灌木搭配，高龄和低龄树木搭配，速生和慢生树种搭配，常绿植物和落叶植物搭配，常绿植物和彩叶植物搭配等。设计时，可根据场地上原始植被情况进行合理的配置调整，例如保留场地上高龄树木，并搭配低龄树木，发挥观赏、固碳和保护的多重作用。

（3）利用原生植被，营造场地景观。

绿化景观设计首先要保护良好的场地原生植被，尤其是要对古树、名木进行保护和利用，最大限度发挥其景观价值和生态价值。依据生态学原理，原生或次生地方植被破坏后恢复起来很困难，需要消耗更多资源和人工来维护。因此，保护原有植被比新植绿化的意义更大，应避免对场地原始植被进行"先砍树、后建房、再配置绿化"这种事倍功半的做法。甘地亚儿童大学（UPI）置身于一处自然环境中，其建筑形态没有改变原始公园的布局，并保留了场地上原来就有的六棵桑树的位置。建筑围绕桑树布局，中间形成一个叶状院子，既保护了场地的原生植被，又形成了别具特色的场地绿化景观（图3-30）。

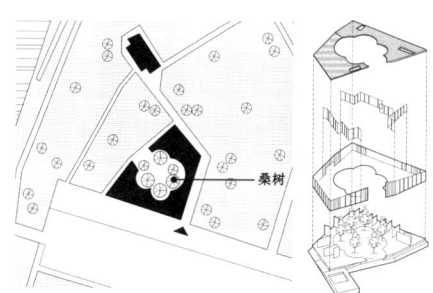

图3-30 甘地亚儿童大学保留桑树形成庭院景观
（来源：李世坤改绘）

（4）结合气候特点，辅助建筑节能减碳。

不同气候区绿化景观的种植方式不同。寒冷气候区重点利用植物进行冬季的防风和保温，同时不影响建筑日照；温和气候区既要考虑冬季防风，又要考虑夏季的植物遮阳；干热气候区主要利用植物遮阳；湿热气候区则首先利用植物导风，其次是遮阳。表3-8整理了不同气候类型区绿化景观的种植策略。

不同气候区绿化景观种植策略　　　　　　　表3-8

气候类型区	种植示意图	应对策略
寒冷气候区	常绿树木、灌木组合 冬季防北风；南侧少量落叶乔木	①在远处种植防风林，保护建筑和开敞空间免受热风或冷风的侵袭；②在临近建筑的地方种植灌木和藤蔓，形成防风的屏障；在建筑北面和西北面种植茂密的常绿树木和灌木，这样从地面到树顶都可以挡风；③冬季避免树木遮挡建筑，影响建筑日照；④如果夏季存在过热问题，则应遮蔽照在南向及东、西向的窗户和墙上的夏季直射阳光
温和气候区	常绿树木、灌木组合 冬季防北风；落叶乔木 冬季得热，夏季遮阳	①冬季避免遮挡建筑获得直射阳光，并引导冬季寒风远离建筑；②夏季尽量提供遮阳和形成通向建筑的风道；③可在建筑的东侧和南侧种植高大的落叶乔木，形成夏季遮阳，同时又不影响冬季太阳辐射；④在建筑的西侧和北侧种植常绿树木和灌木，以抵御冬季冷风，且夏季可遮挡西晒
干热气候区	常绿植物；常绿树木东西遮阳；常绿树木南向遮阳	①利用植物为建筑屋顶、墙壁和窗户提供遮阳是干热地区绿化景观设计的重点；②利用常绿植物对东、西、南向立面进行遮阳；③遮阳的同时应注意保持通风，可利用植物导风，促进建筑自然通风；④使用空调的建筑周围应阻挡风或使风向偏斜
湿热气候区	常绿植物；常绿树木导风遮阳	①利用植物形成导风筒，以促进建筑或室外场地通风，这在湿热地区十分必要；②将成排的植物沿着来风方向垂直于建筑开窗的墙壁，有助于把气流导向窗口；③避免在紧靠建筑的地方种植茂密低矮的植物，以避免妨碍空气流通，并增加湿度；④同时可种植遮阳树木，减少太阳辐射量，但不应影响冬季日照

（来源：宋蓝青自绘）

（5）增加绿量，实现立体绿化。

立体绿化是向三维空间发展的绿化方式，即利用地面以上的空间结合建筑物进行植物种植。立体绿化是增加场地绿量，实现景观与场地一体化设计的重要途径。立体绿化在建筑设计中主要表现为屋顶绿化、墙面绿化、阳台和窗台绿化等多种形式。

①屋顶绿化。屋顶绿化不仅具有保温隔热、储存雨水的作用，同时也为人们在高空中提供回归自然之所。建筑设计中，可以利用屋顶绿化改善建筑室内热工环境，亦可以让屋顶绿化成为建筑造型的亮点。例如，旧金山跨海湾交通枢纽（Transbay Transit Center）设置屋顶花园，其包含露天圆形剧场、咖啡厅和儿童乐园等功能设施，并通过连廊与周边建筑连接，从而成为面向

城市开放的公共绿地,有效缓解了高密度城市绿化不足的问题(图3-31)。又如,中建滨湖设计总部将屋顶设计成阶梯状的退台式绿化屋顶,宛若一座垂直立体的空中花园,其室外平台面积逾8000m²,可有效降低室外环境变化对室内环境的影响,为人们提供自然宜人的办公环境(图3-32)。

尽管屋顶绿化有诸多优点,但由于屋顶气候的不定,暴冷暴热对于植物养护提出了更高的要求,需要解决荷载和排水等技术问题,故设计时需要根据具体情况,采取相应的技术措施。

②墙面绿化。墙面绿化泛指用攀缘植物装饰建筑物外墙和各种围墙的一种立体绿化形式。墙面绿化既可以起到建筑立面遮阳、遮挡和美化作用,又具有降噪及吸附灰尘的功效。建筑设计中,应结合墙面情况选取适宜的栽种方式。墙面绿化主要应用在东、西墙面,是防止"晨晒"和"西晒"的一种有效方法。新加坡艺术学院(School of the Arts)立面种植藤蔓植物,绿色外墙既是室内环境的过滤器,又可以阻挡外界的眩光和灰尘,同时可吸附噪声。在中庭内,藤蔓作为垂直界面围合廊道空间,同时起到绿化遮阳的作用(图3-33)。

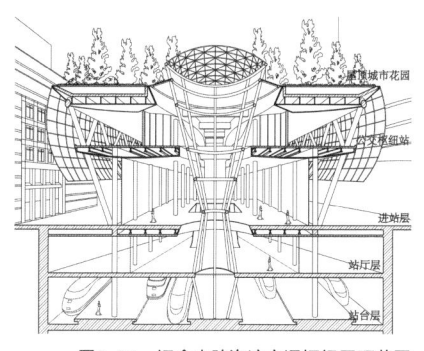

图3-31 旧金山跨海湾交通枢纽屋顶花园
(来源:王潇如改绘)

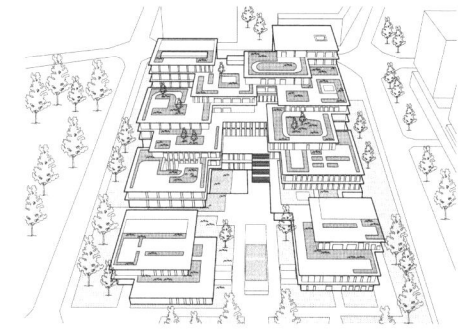

图3-32 中建滨湖设计总部
(来源:李世坤改绘)

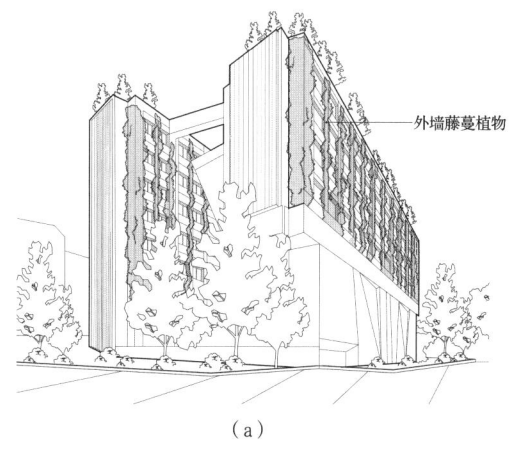

(a)

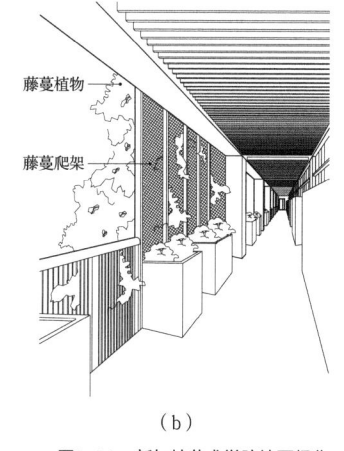

(b)

图3-33 新加坡艺术学院墙面绿化
(a)外墙面种植绿化;(b)利用廊道绿化遮阳
来源:(a)王潇如改绘;(b)李世坤改绘

③阳台和窗台绿化。相较于建筑屋顶和墙面,阳台和窗台面积虽小,但使用频率更高,与人也更为亲近。利用阳台和窗台空间进行绿化,使人们足不出户就可以欣赏美丽的植物,同时也装点了建筑立面。阳台绿化的方式较多,需要根据阳台的形状、大小及日照情况确定具体的配置方法。可以在阳台栏杆上悬挂具有艺术造型的种植盆,也可以设置种植槽。阳台、窗台上可栽种藤本或悬垂类植物,并把植物引出窗外,依附在建筑外墙上,形成墙面绿化。西向的阳台和窗台可用活动花盆或于种植槽内栽植攀缘植物形成屏障,以遮挡夏季西晒;朝北的阳台则可选用一些耐阴的植物。

意大利米兰"垂直森林"(Bosco Verticale)双塔楼住宅利用出挑的阳台种植不同的灌木和草本植物,形成独特的垂直花园立面造型,从而为居民提供了更好的生活环境,也为建筑提供了自然的遮阳和隔热,其可持续的建筑方式为城市带来生态服务功能和环境效益(图3-34)。

(6)延续城市绿廊。

城市绿廊为植物生长和动物繁衍提供廊道和生境。场地绿地景观设计要从整体城市规划视角出发,关注场地绿化和城市绿廊的关系,使得城市生态绿廊在场地上得以延续而不是阻断。结合城市绿廊进行场地绿化景观设计,有利于拓展场地的城市功能空间,同时借助城市绿廊的生态效应,创造更高品质的场地生态环境。西安幸福林带综合体将建筑空间设置在地下,地上则主要为绿化景观。林带景观宽140m,长5.85km,绿化覆盖率达85%,形成贯穿南北的城市绿廊,从而有效改善了西安城东的生态环境,成为高质量的城市公共空间(图3-35)。

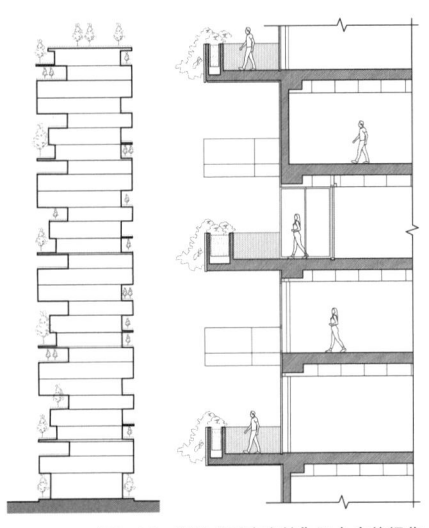

图3-34 米兰"垂直森林"阳台立体绿化
(来源:李世坤改绘)

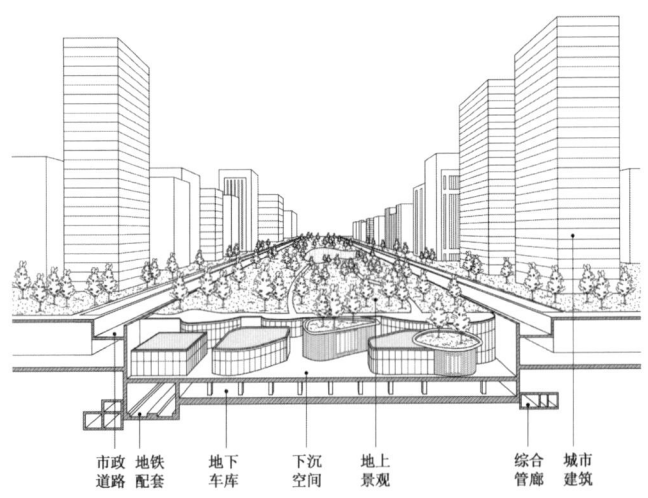

图3-35 西安幸福林带形成城东生态绿廊
(来源:孙启薇改绘)

3.4.3 水体景观的低碳设计策略

水体景观具有调节场地微气候、维持生态稳定和增加碳汇的作用。水体景观的低碳设计应充分发挥其微气候调节及生态作用，结合建筑进行一体化布局；同时还应节约水资源，结合水系统，做好雨水的储存与再利用。

1）水体景观的低碳作用

（1）降温增湿。

水体自身具有热容量大、蓄热能力强及易蒸发等特点，可以调节周边场地的温度和湿度。一般来说，静态水单块水体面积越大，对周边场地的气候影响越显著，但多块、密集分布的小面积水体会对环境的降温增湿效果更显著。面积较大的静态水体，由于水分蒸发强度大，故容易形成水体上空温度较低的"冷湖效应"；同时由于水面平展，故水陆温差有利于风道的产生，使得水边凉风习习。相比于静态水，像喷泉、瀑布等活水在流动的过程中，吸收太阳辐射后，大部分热量以移流的方式顺着水流流走，只有少部分热量通过导热的方式储存在水体中。水体的流动可带走空气中的热量，起到了降低水体周边空气温度的作用。

（2）促进碳汇。

水是生命之源，滋养万物生长，对于维持生态系统平衡极为重要。水体景观不仅是水体本身，而且包含了水环境与水生生物一起构建的完整的水生态系统。保护水体的生态健康有助于植物生长，具有增加碳汇的作用。

2）水体景观的低碳设计策略

（1）保护水体生境，合理配置水生植物。

良好的水体生境对水生动植物的生长至关重要，这也是促进碳汇的前提条件。首先，应保证水体生物多样性，促进水体生态的可持续发展。其次，要利用不同水体类型在驳岸、水边、水面、堤及岛等不同的部位合理配置水生植物，在提升水体景观观赏价值的同时增加碳汇。例如利用水面可种植荷花等浮萍植物，为水体增绿的同时，还能减少太阳光的反射，降低眩光。

（2）结合水文特征，节约利用水资源。

进行场地环境生态规划时，水文条件是考虑的首要因素。水文条件既包括清洁的地表水、地下水和雨水，同时也包括污水、灰水和黑水等污染水。场地环境设计应很好地结合水文特征，保护场地内湿地和水体，尽量维护其蓄水能力，改变遇水即填的粗暴式设计方法，减少对原有自然排水的扰动。同时，应利用自然水体处理雨水储留再利用，解决污水净化及排放等问题，避免对场地及周边环境造成污染，达到节约用水、控制径流、补充地下水、促进水循环及创造良好小气候环境的目的。

南昌鱼尾洲公园将严重受污染的水产养殖塘改造成一片水中的"漂浮森林",不仅节约利用了水资源,而且让原本废弃的污水区域经过治理重新承担起城市洪水调节、水过滤净化、鸟类和其他野生动物栖息及城市休闲公共空间的多种功能(图3-36)。

(3)利用水体的"冷湖效应",布局静态水体。

水体的冷湖效应和水体面积有直接关系。场地面积较大的情况下,应结合建筑布局情况,尽可能布局大面积的静态水体。尤其是应对夏季炎热天气时,应将建筑布置在水体的下风向。安徽六安市叶集区文化中心建筑以弧形环抱水面,各功能体块之间留出通道,作为水景通廊,从而使水陆风促进周边气流向中心湖面聚集,促进建筑表面散热,减少空调能耗(图3-37)。这样的布局中,水体景观既能起到调节庭院内小气候的作用,同时也为建筑提供了良好的观景效果。若场地面积有限,也可采用多类型水体密集、分散布

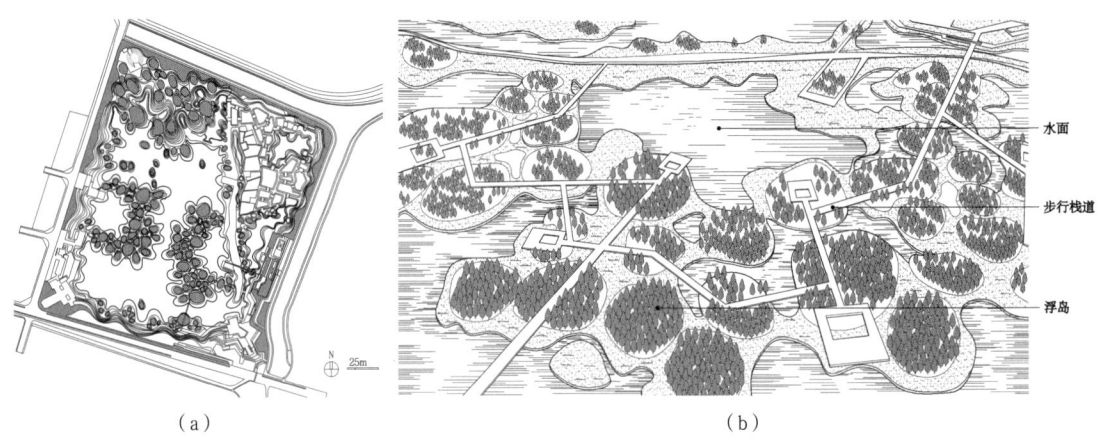

图3-36 南昌鱼尾洲公园改造水体生态环境
(a)总平面图;(b)局部鸟瞰图
(来源:王潇如改绘)

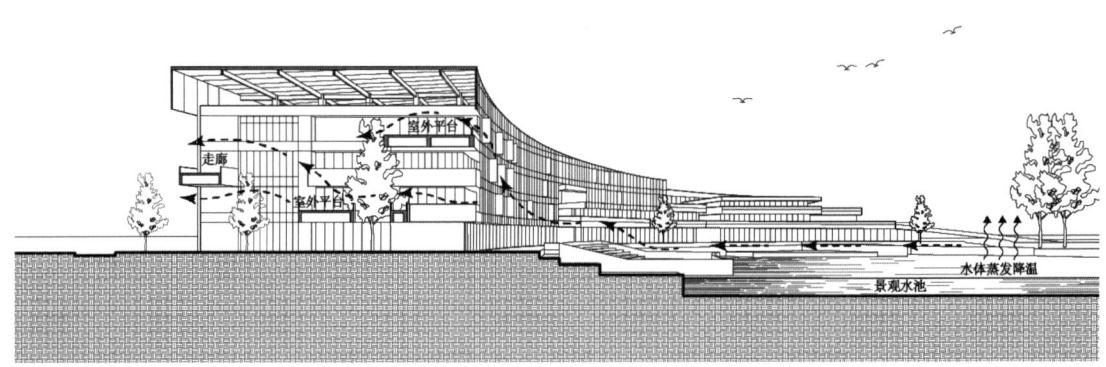

图3-37 六安市叶集区文化中心环抱水面促进建筑通风
(来源:王琦自绘)

局的模式,利用建筑之间的间隔,结合建筑功能,多点布局小水面。

(4)利用流水降温,营造活水景观。

常见的活水景观,如瀑布、溪流、喷泉和曲水等,与静态水景相比,尽管体量较小,但具有布局灵活和景观灵动等特点。同时,流动的水体带走空气中的热量,游人可坐观流水,静听溪水潺潺,虽身处热浪中而不觉燥热,在观景的同时还可以"听景",常有点睛之妙。在炎热地区,建筑常在中庭和广场设置流水或喷泉。例如,阿联酋沙漠营地酒店(Desert Camp)将当地传统建筑中的理园智慧应用到现代建筑设计中,在建筑庭院设置流水景观,起到降温增湿的作用(图3-38,图3-39)。

(5)雨水储留回用,促进水循环。

雨水既是城市内涝积水的致灾因子,也是城市的可用水资源。对雨水进行收集、处理及回用,具有减少径流、削减洪峰、节约水资源及促进水循环的作用。雨水储留再利用就是将雨水利用天然地形或人工方法进行收集储存,经简单处理后再作为杂务用水(图3-40)。

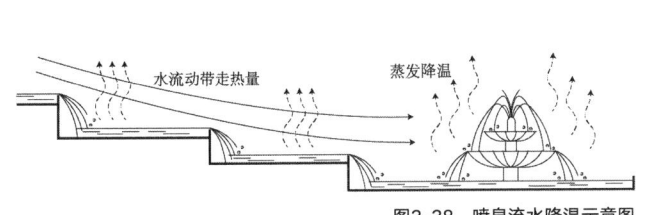

图3-38 喷泉流水降温示意图
(来源:宋蓝青自绘)

图3-39 阿联酋沙漠营地酒店庭院中的流水景观
(来源:王潇如改绘)

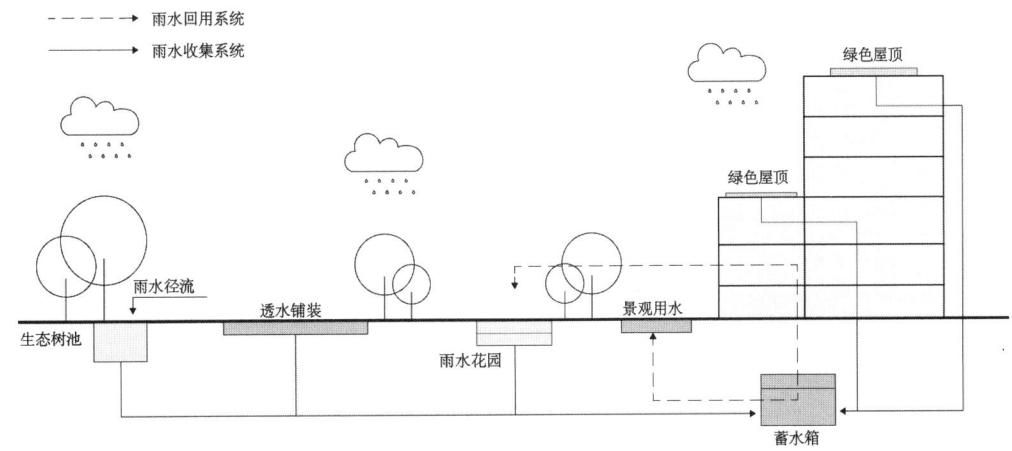

图3-40 雨水收集再利用示意图
(来源:王琦自绘)

雨水的储留方式可结合建筑设计，利用屋顶、地面池塘、洼地或地下储水罐等方式灵活设计。根据水质状况，收集处理后的雨水可在饮用、绿地浇灌、道路浇洒或冲厕等方面替代自来水，从而缓解城市水资源危机。新加坡海军部村庄（Kampung Admiralty）致力于将收集、清洁和回收的雨水用于非家庭用途的灌溉和水景配置。大部分的雨水在从建筑顶端流向下层的过程中被收集和过滤，过滤后的雨水及来自塔顶的直接径流水量足以维持连续三天的植物灌溉和回补两个生态池（图3-41）。

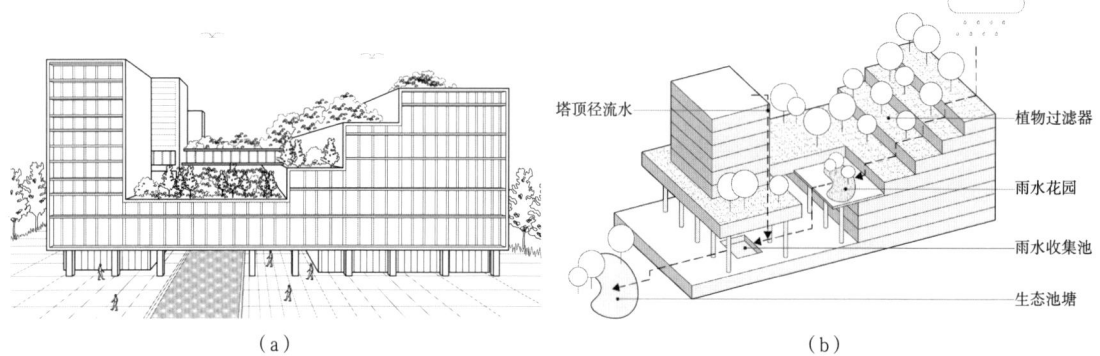

图3-41 海军部村庄利用立体绿化庭院进行雨水收集再利用
（a）建筑整体；（b）雨水收集示意图
来源：（a）仲雨晨改绘；（b）王琦自绘

3.4.4 铺地的低碳设计策略

场地上除了绿化、水体、土壤等软质地面以外，不可避免地会使用硬质铺地。硬质铺地的材质种类多样，有砖石、沙砾、混凝土及鹅卵石等。铺地设计应结合场地气候条件、景观需求和使用功能，选择适宜的材质和形式，在体现其景观价值的同时发挥其环境影响力。

1）选择透水性好的铺地，促进地表水循环

不透水地面的大量增加，使城市的水文循环状况发生了变化，降水渗入地下的部分减少，填洼量减少，蒸发量也减少，地面径流增大，从而为城市排水带来了极大的隐患。因此，应选择透水性好的铺地，促进地表水循环。具体应注意以下几点。

（1）尽量保留更多的绿地，因为绿化的自然土壤地面是最自然且最环保的保水设计。

（2）在挡土墙、护坡、停车场及负重小的路面等大面积铺砌部位，尽可能采用植草砖、碎砖和空心水泥砖等透水铺面，从而有助于储存径流，避免路面上的积水。同时，透水铺地可促进水分蒸发，有利于降低地面温度，使人感到凉爽。

（3）无法保证足够裸地和透水铺装时，可采用人工设施辅助降水渗入地下。常见的设施有渗透井、渗透管及渗透侧沟等。

2）合理利用铺地材质的蓄热能力

（1）寒冷地区：建筑周边宜采用砖、石、瓷砖和混凝土等吸收和蓄热能力较高的铺地材质，有助于增加建筑周边热量，延长植物的生长期。

（2）炎热地区：应尽可能不在建筑附近使用吸热和反射材料，或使这些材料避免直射阳光的照射，以减少建筑周围吸收和蓄存的太阳热量。

（3）自然通风的建筑应注意避免在上风向布置大面积的沥青停车场或其他硬质地面。

总的来说，在满足功能需求的情况下，应尽量控制硬质铺地的使用，采用天然的铺地材质，扩大自然绿化。硬质铺地可以与草坪与树木等软质铺地相结合，相互穿插，从而避免铺地过于生硬，形成自然生动的景观效果，减少太阳对广场的辐射热。

3.5 工程技术的低碳设计原理

3.5.1 交通组织的低碳策略

场地交通组织的主要任务是根据场地分区、使用活动路线及行为规律的要求，进行场地内的交通组织及道路布局。场地交通组织要考虑场地周边交通条件、建筑功能使用要求，以及场地地形和景观条件等多种因素，使得场地与外部环境建立有效的交通联系，场地内部各种交通流线组织合理高效。

从低碳角度来看，应着重考虑地形和景观对交通组织的影响要求，在满足基本功能使用要求的基础上，减少建设工程量，同时对场地环境生态影响最小化。其具体策略如下。

（1）交通组织尽量短捷，减少建设施工量。一般情况下，应尽量沿等高线布置，避免垂直等高线。如果建筑布局或场地允许，道路可以均匀坡度上爬或绕山上爬，坡度不大时可以均匀蛇形上爬；坡度较大而场地较小时，需设回头曲线，这时必须满足转弯半径及加宽要求（图3-42）。在某些特殊情况下，例如原有山坡过于陡峭、道路绕线过长，则采用架空道路或隧道的形式更为有利，能够缩短线路，并减少对地表的破坏（图3-43）。

（2）从生态视角来看，道路及停车场的布置应尽量减少对原有场地环境的改变，尽量保护原生场地生态环境，减少对地形和植被的破坏。比如，相比于集中式停车场，分散式停车场和地形结合更灵活，可充分发挥零散边角空间的作用，提高了用地效益，同时避免了大片停车场对景观的不利影响。

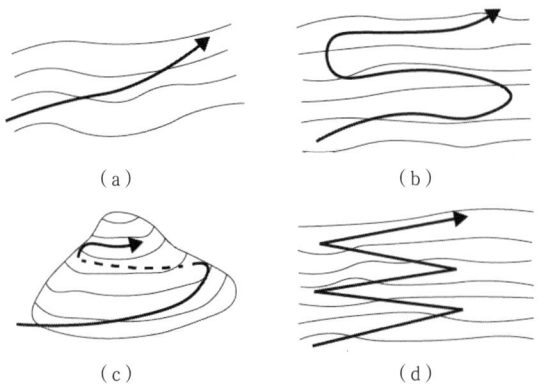

图3-42 道路顺应山地地形布置
（a）均匀上爬，坡度较陡的山坡；（b）蛇形上爬，坡度平缓；
（c）绕山上爬，坡度很陡的山坡；（d）设回头路线，坡度很陡
（来源：王琦根据《民用建筑场地设计（第三版）》改绘）

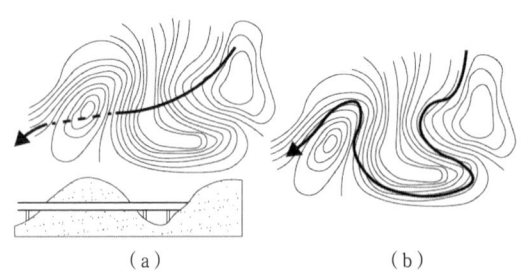

图3-43 特殊地形条件下道路布线
（a）垂直等高线，架桥、隧道布线方式；
（b）沿等高线，布线曲折
（来源：王琦根据《民用建筑场地设计（第三版）》改绘）

3.5.2 竖向设计的低碳策略

竖向设计主要包括确定建筑物、构筑物和道路等的标高，组织地面排水系统，安排场地的土方工程，以及布置挡土墙和边坡等工程构筑物及排水沟、排洪沟及截洪沟等排水构筑物。从低碳视角来看，结合用地地形特点和施工技术条件，做到充分利用地形，少挖填土石方，使设计经济合理，这是竖向设计的主要目标。

建筑设计常会遇到复杂地形和地貌，需要对场地进行土方平整。尽管地形的起伏增加了场地竖向设计的难度，但如果通过巧妙处理，也将成为建筑及场地环境设计的亮点。竖向设计的具体策略如下。

（1）在地形处理上应充分利用地形，减少地形改造时的土石方量，减少建筑物、构筑物、护坡和挡土墙等的工程量，尽量避免爆破。爆破不仅风险大、代价高，还会对自然环境造成不可修复的破坏。进行必要的土方作业时，应避免大量土方的填挖和运输，力求填、挖方就近平衡（图3-44），运输距离最短，从而降低运输和工程建设碳排，降低工程造价。

（2）结合地形、地质及水文条件，充分利用和保护自然的排水系统。场地雨水应尽可能自然下渗、可收集再利用，形成完整有效的雨水排水系统，确保场地雨水能顺利排除。

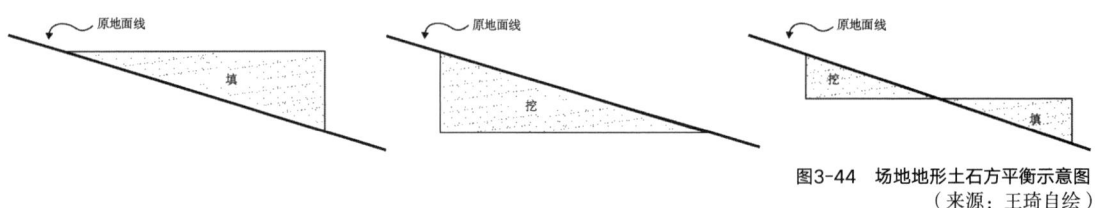

图3-44 场地地形土石方平衡示意图
（来源：王琦自绘）

（3）尊重原始地形地貌，发挥山、水、林、田及湖等原始地形地貌对降雨的积存作用，节约水资源，充分发挥其对洪涝和干旱等自然灾害的抵御能力。

（4）保护场地原始生态环境和原有风貌，尽量减少竖向设计对自然环境的破坏，同时最大化发挥其自然生态及景观观赏价值。

上海佘山世茂洲际酒店巧妙利用深达80余米的废弃采石矿坑，进行建筑和场地环境生态修复设计。建筑下探地表88m，依附深坑崖壁而建，既减少建造土方量，又利用原始矿坑地貌特征，使得原本不佳的地形条件反倒成为该酒店的设计亮点（图3-45）。

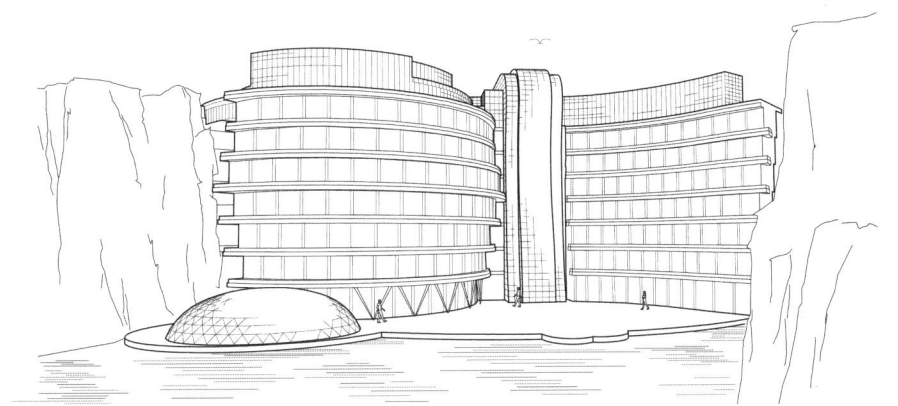

图3-45 上海佘山世茂洲际酒店依附深坑崖壁建造
（来源：仲雨晨改绘）

3.5.3 管线综合的低碳策略

管线综合是为了合理利用建设用地，综合确定各种工程管线在地上或地下的空间位置，避免工程管线之间，以及管线与建筑物、构筑物、道路及绿化之间相关干扰。管线综合布置以总平面布置为基础，布置的大原则是管线间距合适，布局得当且便于使用和检修，从而减少维护使用阶段的碳排。

从低碳角度出发，管线综合的布置策略如下。

（1）管线之间相互协调，紧凑合理，满足基本的功能要求，不影响交通、采光及景观和建筑物的安全。

（2）合理选择管线的走向，在满足相关铺设要求基础上，线形平面布置力求顺直、短捷、减少转弯，以节省管线耗材。同时，尽量减少管线和道路的交叉，管线之间的交叉，以及管线与构筑物的交叉。

（3）为了方便施工、检修且不影响交通，管线一般沿道路两侧铺设；对于特殊项目也可以将个别的管线布置在道路的下面，但尽可能不要布置在交通频繁的机动车道下面,可以优先考虑铺设在绿道和人行道下面。

(4)结合地形、地质及气候条件,选择适宜的管线铺设方式。地下铺设适用于地质情况良好,地下水位低、地下水无腐蚀、景观要求高及地形平缓的场地;架空铺设适用于地下水位较高、冻土层较厚、地形复杂、多雨潮湿及地下水有腐蚀的场地。尽管架空铺设较地下铺设建设费用低且工程量小,施工和检修管理相对方便,但其对于场地的景观效果有很大的影响,故设计时慎重选用。

3.6 本章小结

本章厘清了低碳公共建筑场地设计的减碳路径和总体原则,并分别从场地选址、建筑布局、场地景观及工程技术等方面阐述了低碳设计的相关原理和策略。低碳公共建筑场地设计应重点关注气候、地形、生态环境等因素对场地设计的影响,并结合场地现状条件,针对各阶段设计内容选择适宜的应对策略,从而最大化地实现场地设计减碳,促进场地生态可持续发展。

第 4 章 低碳公共建筑的空间设计原理

▶ 以性能为导向的空间划分有哪些类型，其各自的特征是什么？
▶ 应对不同气候要素，单一空间的低碳优化设计策略都有哪些？
▶ 建筑性能空间的低碳组织设计方法都有哪些？

在传统建筑理念中，建筑应适应自然环境，并充分利用自然资源创造宜居的空间环境。随着时代的发展，当今公共建筑的空间对于其使用环境提出了更高的要求。为了保证空间的舒适性并满足特殊功能空间的要求，公共建筑通常依赖于大量的设施设备，例如采暖、制冷、通风和照明系统来控制室内环境，由此产生了巨大的能源消耗与碳排放。本章旨在以性能为导向，在满足公共建筑空间使用功能的基础上，研究空间形态与气候适应的关系，通过对建筑空间形态、布局及组织的科学设计以提高空间的舒适性和适应性，从而降低空间对设备的使用和依赖，减少能源消耗和降低碳排放。根据建筑空间的特点进行节能减碳的设计时应首先考虑被动式设计，这也是公共建筑实现低碳的重要手段。

4.1 建筑的功能空间与性能空间

4.1.1 建筑的功能空间

1）建筑功能

空间形式的产生源于对功能的需求，功能是建筑中最根本的决定性因素。在最早的建筑论著《建筑十书》中，维特鲁威将建筑的三要素概括为"实用、坚固、美观"，其中"实用"是建筑的第一属性。建筑功能表现为某种相对固定的功用，一幢建筑或一个空间具备一种功能，满足一种既定的事件发生模式，具有单一性和静止性的特征。以教堂为例，其千百年间包容的是几乎不变的活动，即按教义规范的各种宗教仪式。人们在教堂祈祷上帝求得灵魂的慰藉，这种静止的模式日复一日，与社会的缓慢变化相互适应。

功能不仅仅是满足人们的使用要求，建筑作为人类智慧的产物也要满足人类的审美情趣。对建筑比例尺度的推敲，使得建筑成为一件件伟大的艺术品。建筑通过其蕴含的情感和生命力打动人们，使人们获得精神上的愉悦和满足。作为人类社会的产物，建筑充分融合了所在地域的自然环境与人文环境。它不仅回应了不同地域的自然环境差异，而且直接体现了社会生活方式和独特的文化特征。因此，建筑功能包含了**使用功能**、**社会功能**、**精神功能**和**环境功能**。

建筑的四类功能与马斯洛的需求层次理论相联系，构成了建筑的全面价值和意义（图4-1）。建筑不仅需要满足人们的基本生理和安全需求，而且还要考虑到人们的社交、情感、认知和审美的需求，以创造一个既实用又富有意义的生活与工作的环境。

2）使用功能的空间划分

空间是建筑功能的物质载体。现代的公共建筑种类众多、功能复杂且空

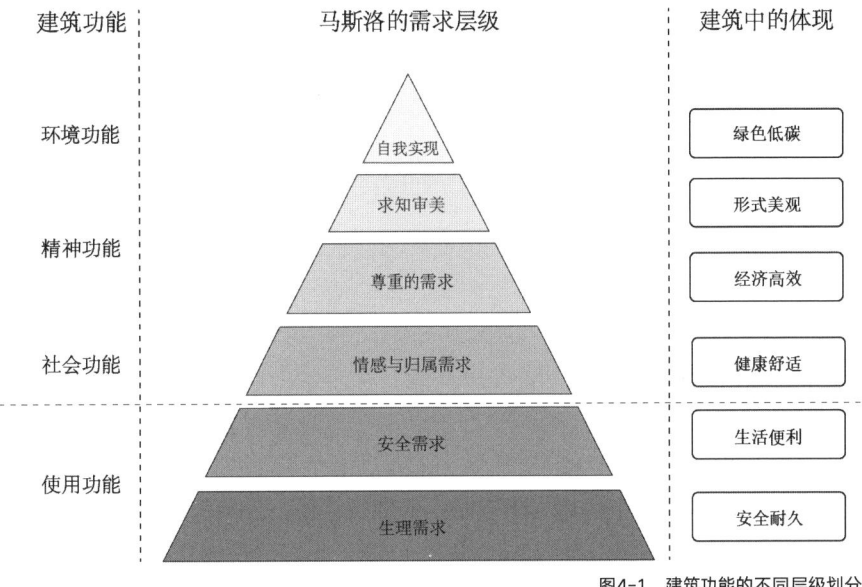

图4-1 建筑功能的不同层级划分
（来源：张心雨自绘）

间多样，但从使用功能的角度概括起来，其通常可以划分为主要使用空间、次要使用空间（辅助空间）及交通空间三种类型。按照使用功能进行空间设计的原则仍然是今天建筑设计的重要准则。

随着社会的快速发展和建筑技术的进步，建筑的功能日益完善。然而，人造环境却对地球环境造成了严重的破坏，包括温室气体排放带来的气候变暖问题，并且对人类的生存构成威胁。建筑的环境功能是以建筑的绿色低碳为目标，构建人与自然环境共生的系统。因此，在公共建筑设计中，仅考虑使用功能进行空间设计已经不能满足今天的需求，建筑师需要在整合使用功能的基础上，以性能为导向对空间进行重新的划分与定义。

4.1.2 建筑的性能空间

1）建筑性能

"建筑性能"是指由建筑物性质所决定的整体及各部位的使用效率及质量水平。从广义上讲，涉及建筑的功能使用、建筑技术及社会经济等方面的表现都可称为性能。例如建筑的经济性能决定了建筑的投资水平，可以通过各项经济指标进行量化或评价；建筑的结构、构件以及材料的力学性能，决定了建筑的安全性和耐久性。在本书中，建筑性能主要是指公共建筑中使用者对空间舒适性的要求，以及使用功能空间对环境的需求。建筑性能可以通过人在建筑空间中对环境变化的敏感度和使用要求进行划分，并通过室内物理环境性能进行评价。

2）性能的空间划分

人们在建筑空间中的行为活动不同，对空间的使用要求和环境变化的敏感度也不同。例如，人们在静止时对环境变化的敏感度要高于运动时；在无衣物包裹时敏感度高于有衣物包裹时。室内物理环境会受到外界的影响而产生波动变化，因此通过建立"环境响应—性能需求—空间划分"的关系，依据空间使用功能对舒适性要求的差异，可将空间划分为高性能空间、低性能空间，特殊性能空间及无明确性能空间（气候缓冲空间）。根据性能空间进行空间划分、布局和组织，可以更好地达到减碳的目的。

（1）高性能空间。

高性能空间是针对主要使用人群长时间静止和停留的空间。在此空间中，人体对环境的变化较为敏感，并且对舒适性要求较高，故室内物理环境需要具有较高的稳定性，例如图书馆中的阅览室、医院中的诊疗室和病房以及学校中的教室等。

（2）低性能空间。

低性能空间是针对主要人群行进运动、短时间停留或对环境要求不高的使用空间。在此空间中，人体对环境的变化不敏感，并且对舒适性要求较低，故室内空间物理环境具有较大的可变性，例如一般公共建筑中的中庭、门厅和走廊以及学校中的风雨操场等。

（3）特殊性能空间。

在公共建筑中有一类特殊功能的房间，它们对室内物理环境有着严格的要求，例如恒温、恒湿、洁净及高照度等。为了满足这些要求，特殊性能空间需要与外界环境严格分开甚至完全隔离，以免受到外界环境的干扰，以保证室内物理环境能够维持在一个恒定的状态，例如医院中的手术室和学校中的公共浴室等。

（4）无明确性能空间（气候缓冲空间）。

除上述有明确性能需求的空间外，还有一类对物理环境性能没有明确规定的空间。此类空间在建筑气候边界以外，在室内与外部环境之间形成缓冲带，其虽然与室外气候环境融为一体，但是又有一定的差异变化。气候缓冲空间的存在丰富了室内与室外的气候环境层次，其可以用来调控外界气候变化对室内物理环境的影响，例如建筑中的内庭院、檐廊、天井及架空空间等。

公共建筑以性能为导向进行空间划分，其目的是在不同的地域气候条件下，利用风、光和太阳辐射等气候要素的有利条件，同时有效控制不利因素的干扰，在分层级满足不同使用功能舒适度要求的基础上，尽可能采用回应气候的被动式设计策略，减少对机械设备控制环境的依赖，实现降低建筑总能耗和减少碳排的目标。

3）性能空间的特征

依据上述对性能空间的分类及定义，可分别从以下四个方面的表现来对比论述这四类性能空间的差异性。

（1）功能属性。

一般来说，在某一类型公共建筑的主要使用功能中，将人员长期停留且对舒适性要求较高的空间划分为高性能空间；在次要使用功能中，将人员短时间停留，对舒适性要求不高的空间划分为低性能空间。特殊性能空间一般都具有特殊的使用功能，对室内物理环境提出了特殊的要求。交通空间包含水平交通、竖向交通及交通枢纽三种空间形式，其人员停留时间较短，对舒适性要求不高，可划分为低性能空间。无明确性能空间（气候缓冲空间）在功能上没有明确的使用需求，或使用功能比较含混，有多义性特征，例如中庭和内院；或者有部分交通空间组织在气候边界以外，兼有作为室内与外部环境之间气候缓冲的作用，例如外走廊。

（2）应对气候的态度。

特殊性能空间对室内物理环境要求最为严格，因此对外界气候是完全隔离的态度，以隔绝气候要素对室内环境的影响。高性能空间倾向于与外界气候环境相对隔离，室内环境受到气候要素的影响较小，从而更容易维持室内物理环境的稳定性。相比之下，低性能空间则更多地接纳外界气候条件，允许室内物理环境具有可变性，在非极端气候条件下满足基本的舒适要求即可。气候缓冲空间与外界气候融为一体，并起到调节气候要素影响的作用，对气候的态度是选择性引入或控制。

（3）实现手段。

特殊性能空间完全依赖机械设备调控室内物理环境的恒定状态，而高性能空间和低性能空间的舒适性均可通过精细的空间设计和先进的设备技术来实现。然而，后两者在依赖这些手段时的侧重是不同：高性能空间更多地依赖于精心设计的空间布局和高效的技术设备来确保环境的稳定性和舒适度；而低性能空间更多地利用自然通风和光照等被动式设计手段，在满足基本舒适性的同时减少对主动技术设备的依赖。气候缓冲空间在气候边界以外，其对气候的态度影响了空间形式的设计，通过优化空间组织设计实现对室内环境的调控作用。

（4）能耗预期。

特殊性能空间由于完全使用机械设备而产生绝对的高能耗；高性能空间追求稳定的室内物理环境，同样需要较多的技术设备手段来实现，产生较高的能耗；低性能空间使用设备量较少，因此产生的能耗相对较低。气候缓冲空间本身不产生能耗。作为室内环境与外界气候的过渡，气候缓冲空间引入和控制气候因素的影响，从而可以调控其他性能空间的能耗。

已有研究表明，除特殊功能外，人们对于使用空间的舒适感受并不完全依赖于高能耗技术设备控制下稳定的技术参数指标。人们真正感受到舒适的空间需要有自然风的吹拂、自然光线的照射以及适宜的温度变化。因此，高性能空间并不意味着绝对高能耗，而是以空间的高效能为目标，即以最低的能耗和资源消耗达到最优的运行效率和环境性能，实现低碳减排与可持续发展。公共建筑性能空间划分及其特征如表4-1所示。

性能空间划分及其特征　　　　　表4-1

性能空间划分	功能特征	空间使用人群	空间使用时间	应对气候	实现手段	能耗预期
特殊性能空间	特殊使用功能	特定人群	特定使用时间	隔绝↓↑与外界气候的隔离程度↓和外界气候融合，选择性利用或控制	完全技术设备↑技术设备控制程度↓无设备利用，通过空间组织可以调节室内环境	高能耗
高性能空间	主要使用功能	主要使用人群	长时间停留使用			高效能——以最低的能耗和资源消耗实现最优的运行效率和环境性能
低性能空间	①次要使用功能（辅助功能）；②交通空间	主要使用人群	短时间停留使用			
		次要使用人群	长或短时间停留使用			
无明确性能空间（气候缓冲空间）	①在气候边界以外的无明确使用功能；②可以是交通空间或多义性空间	所有人群	无限制			空间设计会影响室内空间的能耗

4）性能空间划分示例

在进行公共建筑性能空间划分时，不同地域的外界气候要素条件不尽相同，并且其功能多样，类型繁多，同时不同的使用功能和人群对性能的等级有不同的需求。因此，性能空间的划分是根据环境条件和人们的具体使用功能灵活界定的，具体体现在以下两个方面。

（1）应对气候的多变性。

自然气候既具有共时性的地域差异，也具有时间向度的周期变化。春夏秋冬，昼夜循环，不同气候区呈现出季节和昼夜间气候诸要素的不同状态。室内物理环境受到气候因素的影响，因此性能空间的划分需要考虑到气候的多变性特征。例如办公建筑的办公空间是高性能空间，在夏热冬冷地区，其冬、夏季因供暖和空调而产生较高的能耗，而春、秋季则可通过自然通风降低空间的使用能耗，这时室内物理环境是随着室外的气候条件而变化的，适宜的气候也能满足空间使用的舒适性。因此，性能空间的划分需要考虑气候的时态变化，做出相应的响应机制，也由此影响建筑的总能耗。

（2）使用功能的多样性。

建筑的使用功能针对不同人群具有多样灵活的使用方式，并且对室内物理性能的需求也不尽相同。例如，办公建筑类型中的展陈空间和展览建筑类型中的展厅空间同属展览功能，但在划分性能空间时，办公建筑中的展陈空间是非主要人群使用，并且使用时间较短，故划分为低性能空间；而展览建筑的展厅空间是主要的使用空间，并且对室内物理环境要求较高，故划分为高性能空间。此外，空间的使用功能不是一成不变的，同一空间在不同的时间段也可以承担不同的使用功能。例如公共建筑的多功能厅，其对室内物理环境的需求也会发生改变。

因此，基于气候的多变性与使用功能的多样性，在进行公共建筑设计时，需要根据不同地域气候条件，仔细分析功能空间的性能需求差异，从而灵活、因地制宜地进行建筑空间设计。可选择一些常见的公共建筑类型，如教育建筑、办公建筑、文化建筑和交通建筑等，对其功能空间的性能需求等级进行初步的分类研究（图4-2～图4-5）。

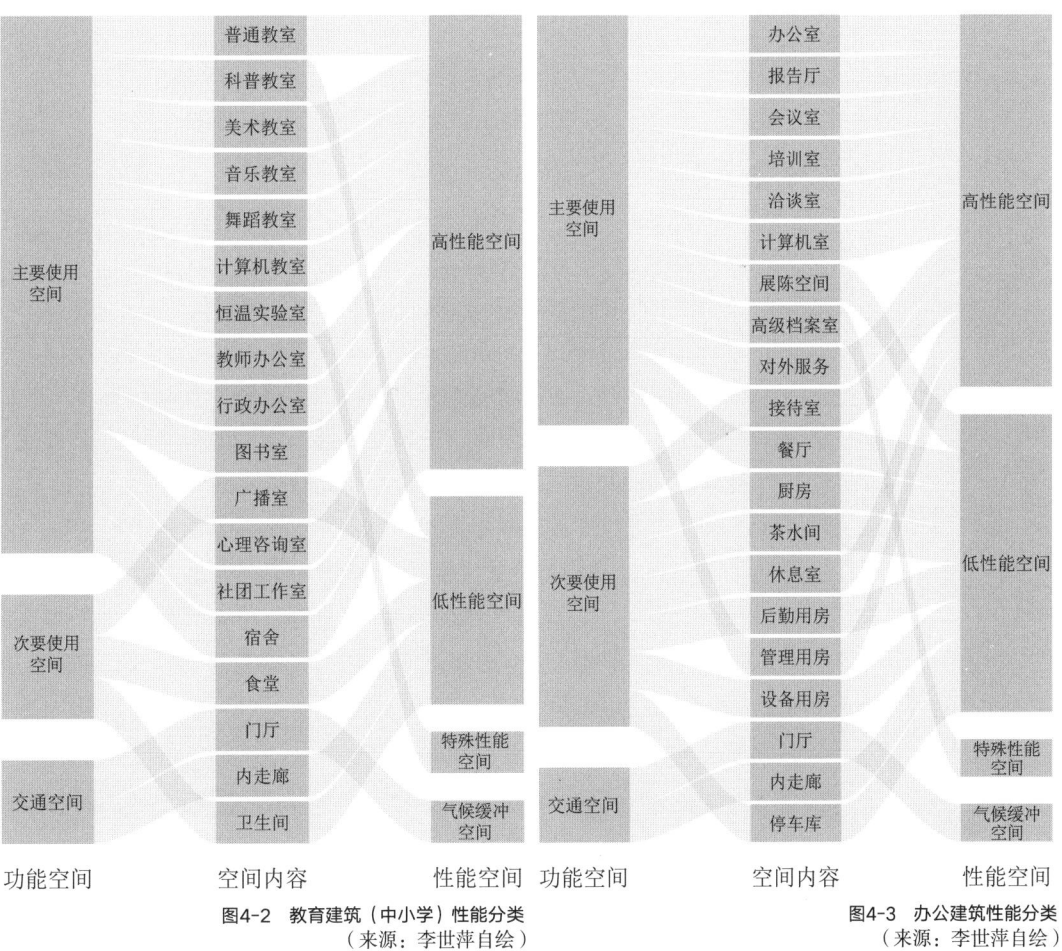

图4-2 教育建筑（中小学）性能分类　　　　图4-3 办公建筑性能分类
（来源：李世萍自绘）　　　　　　　　　　（来源：李世萍自绘）

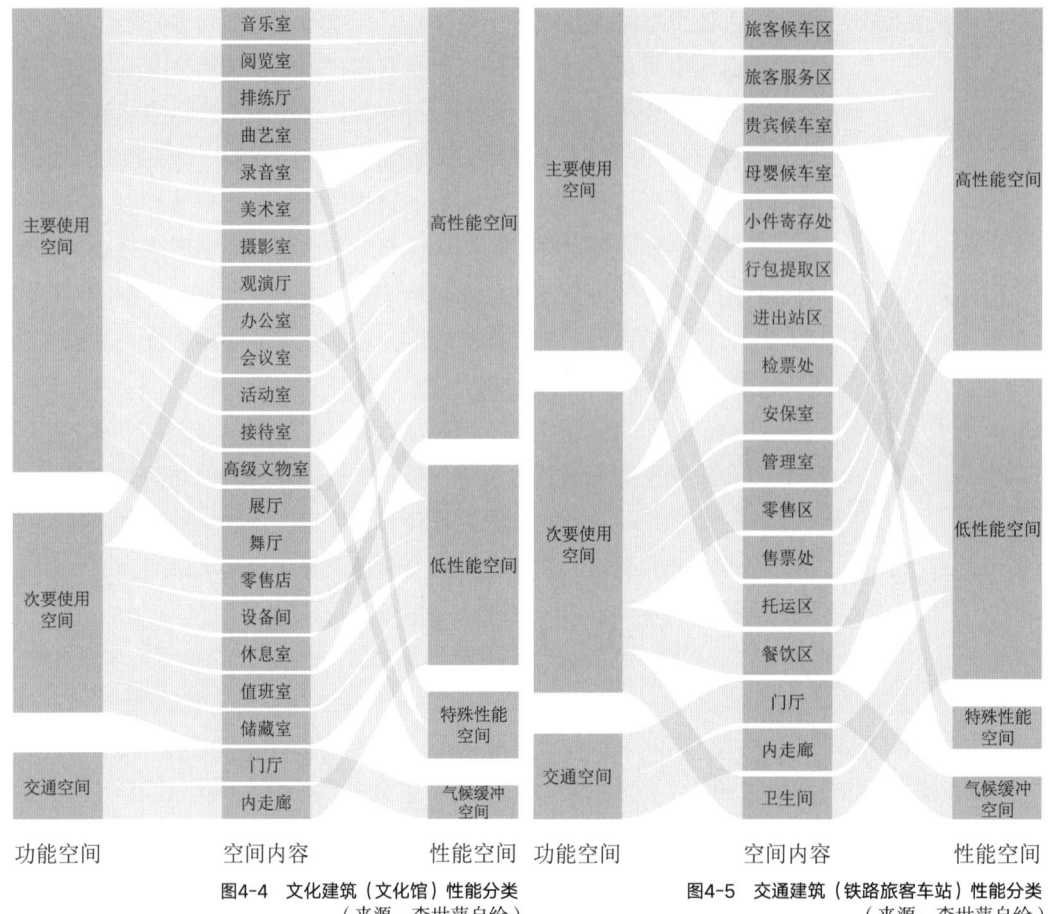

图4-4 文化建筑（文化馆）性能分类
（来源：李世萍自绘）

图4-5 交通建筑（铁路旅客车站）性能分类
（来源：李世萍自绘）

4.2 建筑单一空间的低碳优化设计

单一空间是建筑空间组织的基本单元。功能与空间形式关系密切，其对空间形式具有制约性，即功能对空间的规定性。这种规定性在单一空间形式中表现最为明显，其规定了空间的"量"——大小和容量，空间的"形"——形状，以及空间的"质"——品质。"量"是指空间的规模尺度，通常表述为平面面积、三维尺寸和容积等可度量的指标，与所承载的人群活动和设施规模相对应；"形"是指空间的几何形态特征（如矩形），包括高度、宽度和深度，以及这些尺寸之间的比例关系等；"质"是空间的品质，通常指的是空间的总体质量，包括了空间的功能性、美学、舒适性、环境适应性及安全性等多个维度。

4.2.1 单一空间"量""形""质"的低碳设计原则

1）空间"量"的低碳设计原则

空间的设计旨在满足人们的活动需求，因此其大小和容量应首先确保能够

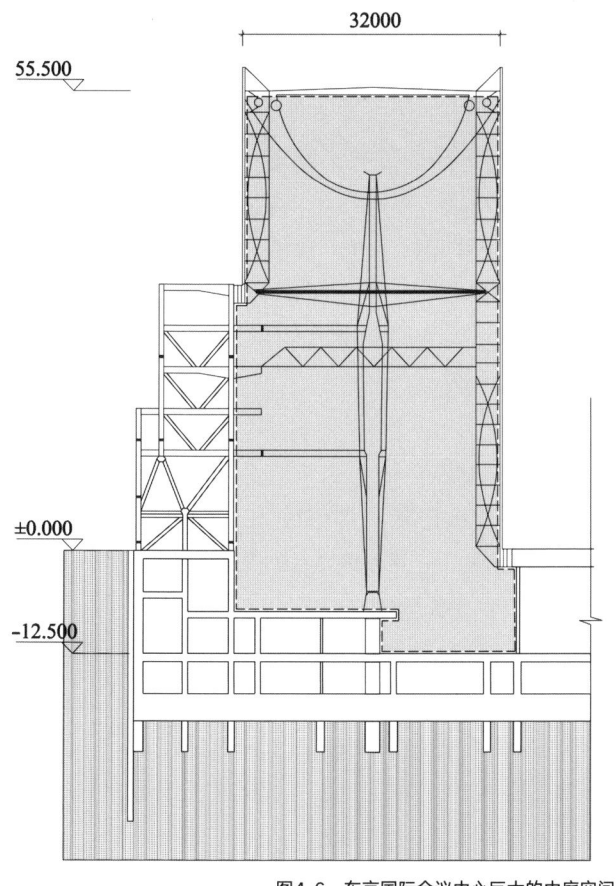

图4-6 东京国际会议中心巨大的中庭空间
（来源：刘蓓改绘）

适应相应的使用功能。然而，空间并非越大越好，过大的空间容量会增加环境控制的难度，为了达到所需的舒适性，可能需要更高的能耗。以日本东京国际会议中心（Tokyo International Forum）的梭形玻璃大厅为例（图4-6），其长度约210m，最宽处32m，高度达到60m。虽然这种超大尺度的空间容量在视觉上具有震撼力，但同时也导致产生了巨大的能耗。

体形系数（Shape Factor）在节能计算中是一个重要的控制性指标。体形系数定义为建筑物与室外大气接触的外表面积与其所包围的体积之比，即单位建筑体积所占有的外表面积，其中外表面积中不包括地面面积。体形系数越大，说明同样建筑体积的外表面积越大，散热面积越大，建筑能耗就越高，对建筑节能越不利。因此，由体形系数的计算公式可知，空间形体较为简单且没有过多凹凸面的形体具有良好的保温节能效果，例如爱斯基摩人的圆顶雪屋（图4-7）。

在21世纪初，中国作为全球建筑业的重要力量，每年新增建筑面积超过20亿m^2，新建房屋占全球一半以上。然而，在我国的公共建筑设计中出现了

图4-7 爱斯基摩人的圆顶雪屋
（来源：杨涵、赵天意改绘）

"大、洋、怪"的现象，其中"大"就是指体量巨大。这种现象不仅造成了资源浪费，还可能损害城市形象和历史文化。例如，湖南长沙的"天空城市"、石家庄的中国版狮身人面像和河北的天子大酒店等项目，都是这种趋势的体现。为此，在2016年2月《中共中央 国务院关于进一步加强城市规划建设管理工作的若干意见》中，针对建筑贪大、媚洋、求怪，以及特色缺失和文化传承堪忧等现状，提出了建筑八字方针——"适用、经济、绿色、美观"。这一方针强调了建筑设计应注重实用性、经济效益、环保性和美观性，防止过度追求外观形象，同时加强了对公共建筑和超高层建筑设计的管理，以促进建筑行业的可持续发展和文化传承。

2）空间"形"的低碳设计原则

空间的形态设计具体表现在空间形状、空间朝向、门窗洞口及增设附加空间等内容。通过这几方面的设计，可以实现空间的自然通风、自然采光和热工性能的提升，进而影响空间的室内物理环境。

（1）空间形状：包括平面形状和剖面形状的设计。

在平面中，矩形是建筑单一空间最常见的平面形状，其功能适应性强，利用率高，有利于多个空间的组合拼接，结构上也较为经济易行，同时也便于在未来建筑改造中重新划分空间。决定矩形平面的主要参数是开间和进深。合适的开间进深将有助于实现室内的自然通风与自然采光。除了常见的矩形，平面形状中也会出现多边形或不规则的形状。不管采用何种平面形状，保证空间必要的自然通风和自然采光都是设计的基本原则。

空间剖面设计包含了形状及高度的内容，对自然通风、自然采光及热量分布都可以进行很好的再组织。

（2）空间朝向：空间的主要方向与风向和太阳辐射的方向相关，合理的朝向有助于实现室内良好的风、光及热环境。

（3）门窗洞口：包括洞口尺寸的大小、位置以及洞口的形式，其主要的功能是实现自然通风和自然采光。

（4）增设附加空间：指在主要使用空间外侧增加气候调节空间，包含阳光房、挡风门斗及檐廊等，是提升空间性能品质的重要手段。

3）空间"质"的低碳设计原则

空间的品质是一个综合性的概念，涉及结构的安全性、空间的功能性、使用的舒适度、美学、环境质量及可持续性等多个方面。空间品质的高低直接影响到使用者的体验和满意度，其可以通过一系列建筑性能指标进行评估。

在当今公共建筑设计中，追求卓越的空间性能品质与绿色低碳设计理念并行不悖。在满足使用需求的基础上，空间使用的舒适度是空间性能品质的直观反映，可由室内物理环境性能的各项指标进行评估，具体包含室内空气质量、光环境质量和热环境质量等内容。因此，空间物理环境性能是衡量空间性能品质的关键因素，不仅直接关系到建筑在实际使用中的表现，而且是实现绿色低碳设计目标的基石。

公共建筑中单一空间"量"的配置和"形"的设计，对实现和优化空间物理环境性能品质起着决定性作用。合理的空间体量和形状设计能够在满足使用要求的基础上，通过采用响应气候机制的被动式设计策略，优化通风、采光和热舒适性，提升空间的物理环境性能品质，并同时降低空间的能源消耗，实现空间的高效使用。这不仅提升了使用者的舒适性，还为实现绿色低碳设计目标奠定了基础。

4.2.2 单一空间风环境的基本原理及设计策略

1）风环境的基本原理

室内通风的基本工作原理有风压通风和热压通风两种。

（1）风压通风：当风吹过建筑物时，由于建筑物的形状和周围环境的影响，会在建筑物的某些部位产生压力差，将入口放在高压区而将出口放在低压区，从而由压力差推动空气流动，形成通风（图4-8）。风压通风通常依赖于外部风速、空间朝向以及空间开窗的大小、形式及位置等因素。

（2）热压通风：又称为烟囱效应或热驱动通风。当建筑物内、外存在温差时，由于热空气上升、冷空气下降的原理，会在建筑物内部形成压力差，从而推动空气流动，形成通风（图4-9）。热压通风主要依赖于室内外的温差、开窗的高度差及剖面的布局设计等因素。

这两种风的工作原理可以单独作用，也可以相互配合，共同为建筑物提供有效的自然通风。通过合理的空间设计，不需要依赖机械系统实现建筑内、外空气的交换，使室内获得新鲜空气，并带走多余热量，且在提升空间舒适度的同时，也节约了能源消耗，这是实现建筑减碳目标的重要设计手段。

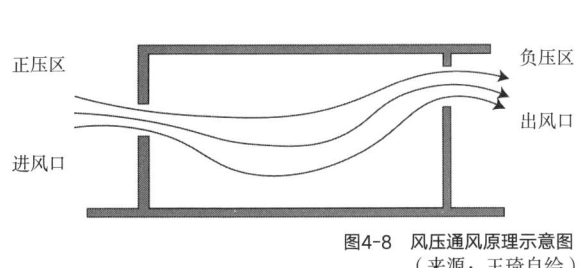

图4-8 风压通风原理示意图
（来源：王琦自绘）

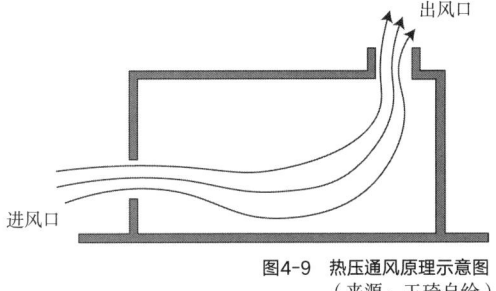

图4-9 热压通风原理示意图
（来源：王琦自绘）

2）风环境的设计策略

在空间设计中，针对不同的气候条件和功能需求，通常采用两种风环境策略：通风策略和避风策略。一般情况下，通风策略适用于温暖或炎热的气候区，或者是在需要改善室内热舒适性、提高空气质量以及在特定工艺环境或安全疏散的场合。通风策略通过自然通风促进空气流通，引入新鲜空气，排出污染物和湿气，同时减少对人工环境控制系统的依赖。而避风策略则适用于寒冷季节、风灾频发地区、多尘或空气污染的环境，目的是减少风害影响，增强保温性能，提升建筑的舒适度。

（1）通风策略。

A. 依据风压通风的工作原理，有以下几种策略来提高风压通风的效率。

策略一：空间朝向——使空间朝向主导风向，从而提高风压通风的效率（图4-10）。

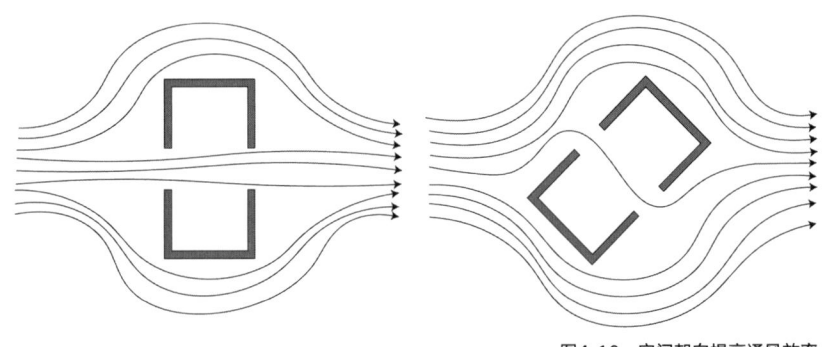

图4-10　空间朝向提高通风效率
（来源：王琦自绘）

查尔斯·柯里亚（Charles Correa）设计的干城章嘉公寓（Kanchenjunga Apartment Tower）（图4-11）充分考虑了季风与景观的朝向问题。印度盛行东西方向季风，因此建筑呈东西朝向，这样不仅可以获得来自阿拉伯海的凉风，而且面向城市最好的景观。但东西朝向也有不利的因素，例如到了夏季，西侧房间会受到午后烈日的照射及大量季风雨。柯里亚通过剖面结构错层和跃层将住户在东西向贯通，从而实现了室内的穿堂风。同时，每户在转角处设置了一个两层通高的花园阳台，这样不仅起到了遮风挡雨的作用，并且使室外的热空气通过花园的植物进行冷却后再进入室内，起到了自然降温的作用。这种布置方式很适应当地居民们长期以来所形成的生活习惯，他们在一年中的一定季节，在一天中的一定时间里，就把阳台当成起居室和卧室来使用。

策略二：开窗位置——利用开窗位置影响通风的效果。在空间界面上合适的位置开窗，可更好地将新鲜空气引入室内，并同时带走室内热量，提高人的舒适性（图4-12）。

伦佐·皮亚诺（Renzo Piano）设计的芝贝欧文化中心（Tjibaou Cultural

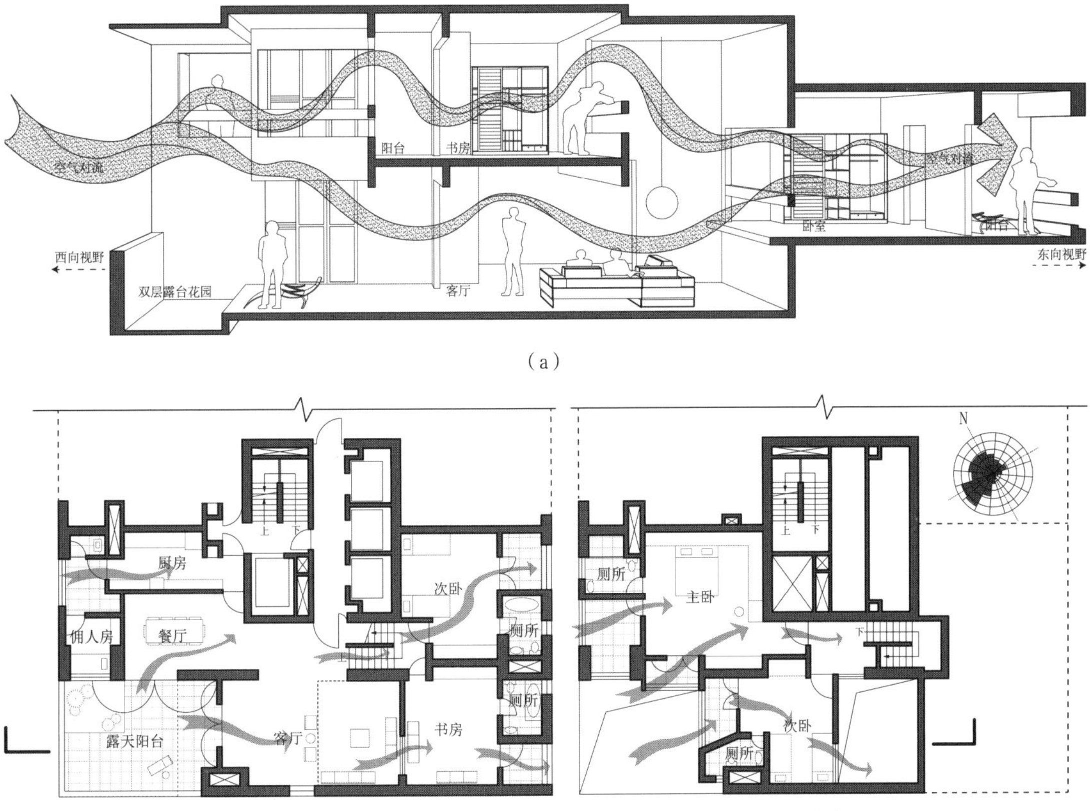

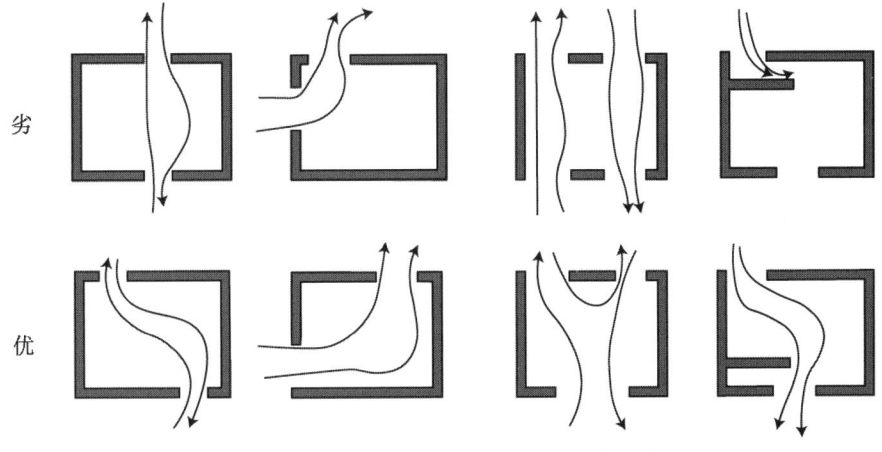

图4-11 干城章嘉公寓
（a）户型单元通风分析剖透图；（b）户型单元下层平面图；（c）户型单元上层平面图
来源：（a）杨涵自绘；（b）（c）武长乐改绘

图4-12 平面开窗位置及通风效果
（来源：张心雨自绘）

Center)（图4-13）位于新喀里多尼亚努美阿半岛的一个被热带植物覆盖的山脊上。当地有稳定的信风，常年都有合适的风量，但夏季也会有飓风的侵扰。该设计结合当地气候，利用弯曲的肋板再现当地卡纳克（Kanak）棚屋，

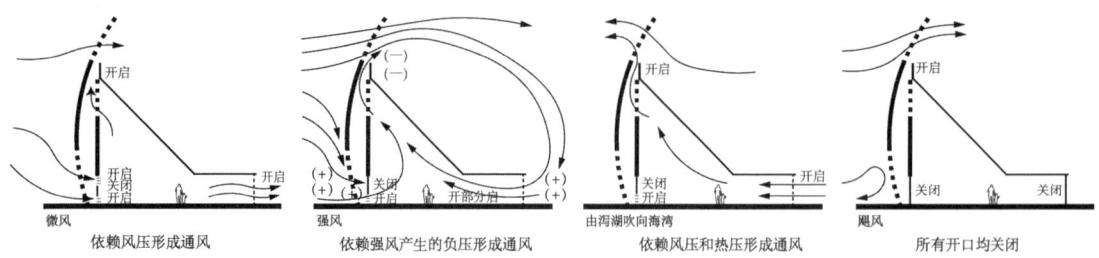

微风	强风	由海湖吹向海湾	飓风
依赖风压形成通风	依赖强风产生的负压形成通风	依赖风压和热压形成通风	所有开口均关闭

图4-13 芝贝欧文化中心不同风环境下的通风分析图
（来源：宋蓝青自绘）

在与周围环境融合的同时，形成了其特有的被动式通风系统。

建筑具有两层表皮结构：外皮结构是模仿棚屋"编织"而成的木肋结构，内层则是钢与玻璃百叶。为了抵抗南太平洋的强风和获得耐久性，外皮木材选用了中非的桑科树。这种砍伐后仍带有油性的材料也易于弯曲。弯曲的外皮和竖直的内皮之间形成了被动式通风系统，让空气得以在两层皮之间自由流通。覆盖在外部肋板上的水平条状构件不只是为了装饰，同时也是为了控制和修正自然风向而精心布置——顶部和底部的条板间距相对较宽，中部则相对较小，从而造成了气压不同的水平气流，引导空气在建筑内部的流动。内部结构上安装有水平向的百叶窗。靠近屋顶的百叶窗被设定为固定打开的模式，以平衡室内外的压力差。建筑底部及位于单元体与走廊之间的隔墙上也同样安装有百叶窗，这些百叶窗都是机械自动控制的，可根据风向和风力的变化打开或关闭，通过调节自然风来促使空气由屋顶最高点的天窗排出。

策略三：利用翼墙设计改善通风效果。当窗户开口位置不能形成压力差时，通过翼墙的设计可以改变窗口周围的正压区和负压区，从而引导风进入室内。翼墙出挑的深度至少为窗户宽度的0.5～1倍，翼墙之间的距离至少应为窗户宽度的2倍（图4-14）。翼墙的设计可以有多种形式，如图4-15所示，这些平面示意图可用作布置翼墙的指南，图中的风玫瑰指明了主导风的方向，空间内的风速由于翼墙的设置而得到了提高。

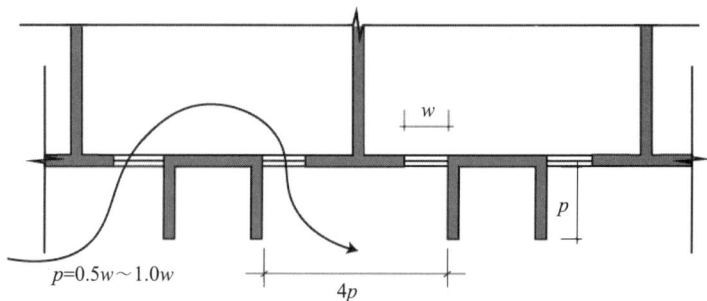

图4-14 翼墙的推荐尺寸
（来源：张心雨自绘）

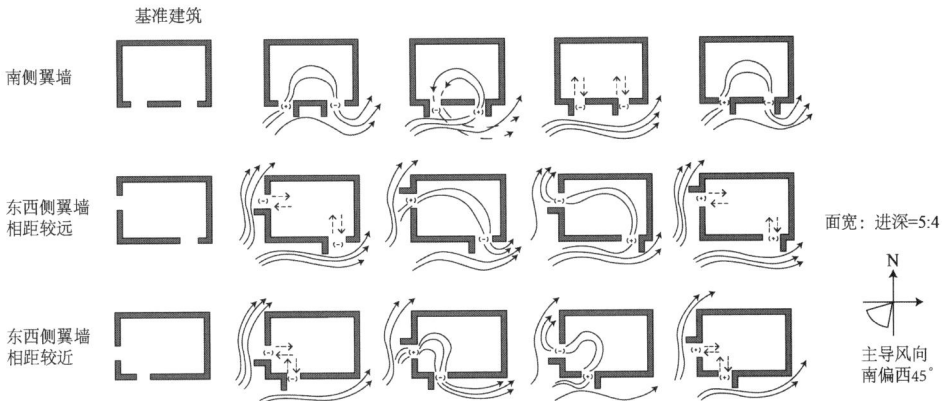

图4-15 翼墙设计的多种形式
（来源：张心雨根据《太阳辐射·风·自然光》改绘）

杨经文（Ken Yeang）在槟榔屿州设计的梅纳拉大厦（Menara Umno）是利用自然通风来创造舒适室内环境的典型建筑（图4-16）。为了使开口处产生风压，从而引入自然风，其采用了"风墙"体系。设计师将两道体量巨大、贯通整个立面的"风墙"安排在有通高推拉门的阳台部位，"风墙"形成喇叭状的口袋，将风捕捉到阳台；阳台内的推拉门可根据所需风量控制开口大小，也可完全关闭，形成"空气锁"。这一构思来自建筑师对当地风向资料的分析。

B. 依据热压通风的工作原理，有以下几种策略来提高热压通风的效率。

策略一：开窗位置——增加高、低开窗间的距离，可以加强热压通风的效果。

策略二：增加高、低窗口位置的温度差，可以加强热压通风的效果。

在利用热压通风的空间里，热空气上升，从空间上部开口流出；冷空气从房间下部开口进入室内，置换上升的热空气，影响其流速的因素包括进风口与出风口的垂直高差，进出风口的大小，以及室外气温与室内平均气温的温度差。热压通风不受建筑朝向的影响，当某些气候条件下室外空气平静时，或者场地受到遮挡、难以形成通风时，热压通风仍然可以起作用。热压通风是一种重力通风系统，主要通过空间剖面形式设计来提高这一系统的性能。

德国北部城市汉诺威是德国和欧洲的展览中心，以举办各种大规模的博览会闻名于世。由托马斯·赫尔佐格及其合伙人（Herzog + Partner）事务所设计的26号展厅（Hall 26 for the Deutsche Messe AG Hannover）充分体现了独具艺术性的结构造型和可持续发展设计观念的完美结合（图4-17）。展厅平面为一个长200m、宽116m的矩形建筑，结构划分成三个单元，由三个巨大的钢架和悬挂式屋面结构构成。悬挂式屋面结构为建筑提供了大面积的无柱空间，剖面设计则保证建筑的空间高度可以摆放大尺度的展品。陡起的造型

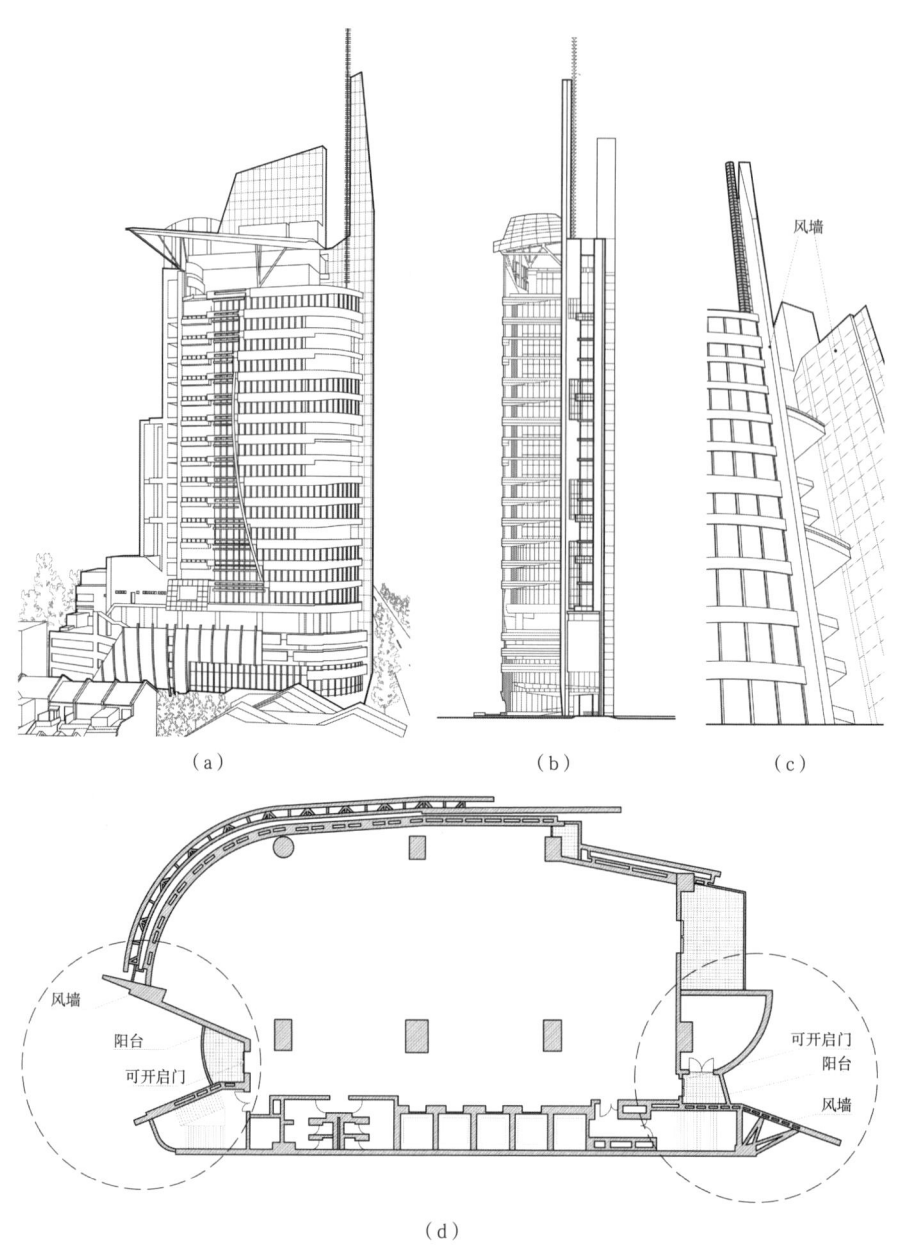

图4-16 槟榔屿州梅纳拉大厦
（a）场景图；（b）翼墙立面图；（c）翼墙局部放大；（d）标准层平面图
来源：（a）樊博通改绘；（b）曹馨怡改绘；（c）樊博通改绘；（d）杜柯成改绘

具备很好的拔风效果，有利于组织室内自然通风。在立面4.7m处设置了通风口，凉爽的新鲜空气进入室内后均匀散布到地面，经人流活动等加热后上升到屋脊处排出。屋脊处的通风口设有可开启的折板，可根据不同的风向调整角度，以确保有效通风。由于合理的通风设计，使该建筑在空调方面的投资费用节省了约50%。

C. 风压通风与热压通风共同作用时，可以通过设置捕风塔增强自然通

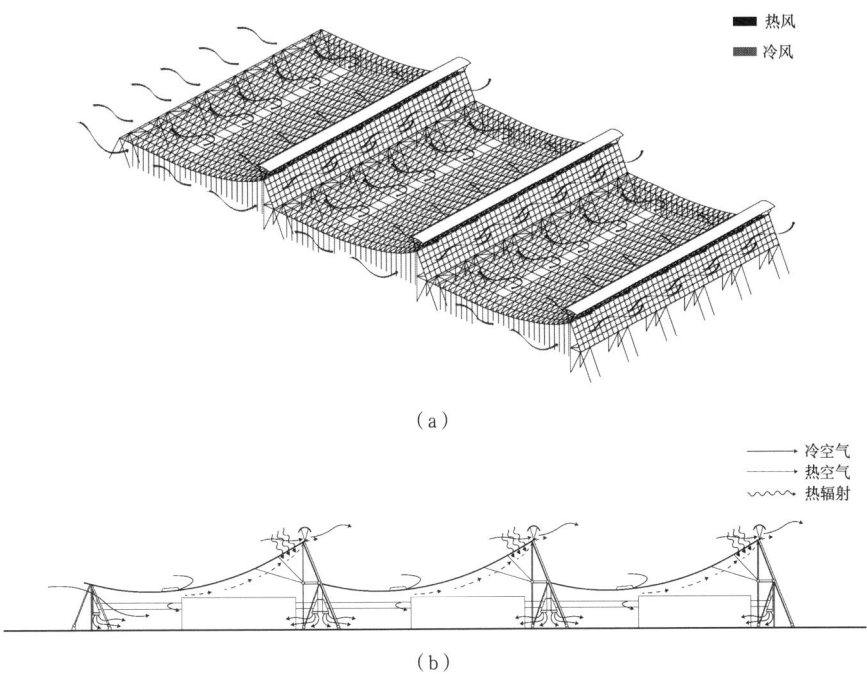

(a)

(b)

图4-17 汉诺威博览会26号展厅
(a)展厅结构体系及热压通风分析图;(b)展厅热压通风剖面分析图
来源:(a)杨涵自绘;(b)王琦改绘

风的效率。

捕风塔已有2000多年的历史,是一种古老的被动式自然通风降温技术,从巴基斯坦到北非的整个中东地区尤为常见。这种结构类似于一个烟囱,是垂直管状结构,由外部的集风口和内部的管道组成。捕风塔的工作原理主要是利用风压和热压的综合作用加强通风效果,形成较强的对流(图4-18)。

捕风塔通常位于建筑屋顶上部,高度从10m到15m不等,开口可以是单向、双向、四向或八向等,通过顶部的开口捕获风。由于高处的风速一般比地面风速大,故捕风塔可以捕获较高处的空气,并经过狭窄的风道将风引入室内,形成室内空气流动,为建筑提供被动通风与降温。此外,捕风塔还具有反烟囱效应,即在夏季早晨,塔内空气温度较低时,冷空气下沉,塔顶形成负压,将外面的新鲜空气吸入室内,形成舒适的空气流动。随着塔内空气逐渐被室外空气加热,气流方向发生改变,室内的热空气上升,由塔顶抽出室外,庭院里的凉爽空气被补充到室内,实现空气的自然调节。

捕风塔在现代建筑设计中仍然有着重要的应用价值,例如卡塔尔大学建筑中的捕风塔设计(图4-19)。

(2)避风策略。

在寒冷气候中,应尽量阻挡冬季冷风进入室内,这时避风策略就发挥了重要的作用。避风策略同样是利用自然通风的工作原理——风压通风与热压

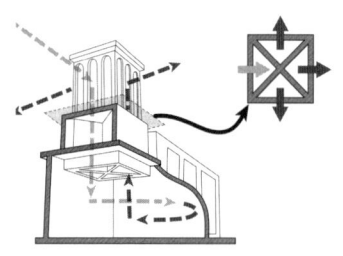

图4-18 捕风塔的工作原理及外观
（来源：仲雨晨改绘）

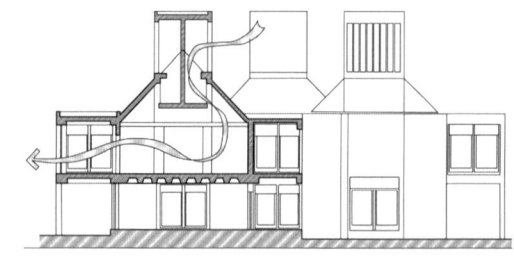

图4-19 卡塔尔大学人类学系的捕风塔
（来源：仲雨晨根据《太阳辐射风自然光》改绘）

通风，采用与通风策略相反的空间设计。例如，选择背风的建筑朝向和更加封闭的空间设计，或者增设附加空间以减少不利风的影响，实现有效的避风效果。

阻止风进入室内的避风策略主要有以下几种。

策略一：空间朝向——空间的主要朝向应尽量避免冬季冷风的主导风向。

策略二：开窗大小——面向冬季主导风向的墙面应尽量不开窗或开小窗，减少进入室内的冷风，从而减少因对流产生的热损失。

因此，在严寒和寒冷地区，一般建筑形态的体量较为厚重，北向不开窗或开小窗，主要是为了防风保暖。中国传统民居河西走廊地区的堡寨建筑都是类似的处理手法。如敦煌山庄的设计承袭了传统民居建筑形态，在立面上严格控制开窗面积，满足了防风、挡沙、保温及隔热等需求（图4-20）。

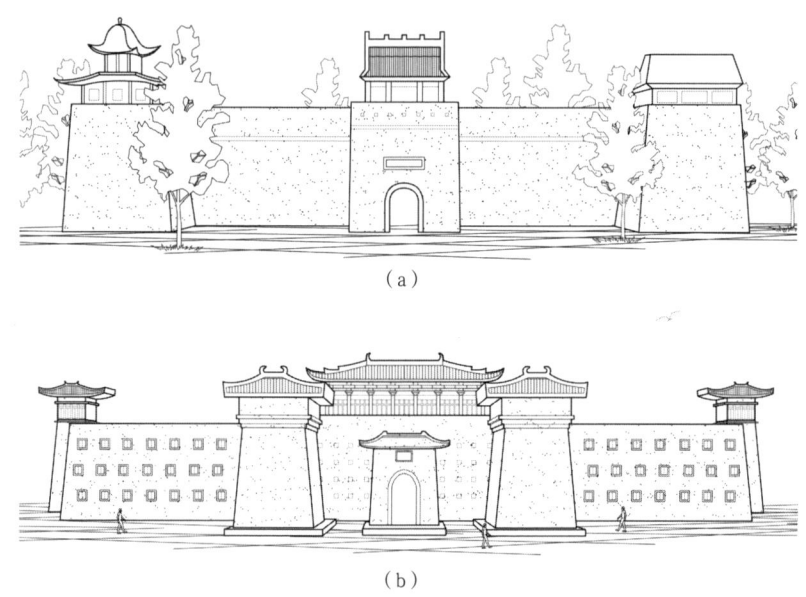

(a)

(b)

图4-20 寒冷地区的建筑空间设计特征
（a）河西走廊庄堡民居——甘肃民勤县瑞安堡；（b）敦煌山庄
来源：(a) 仲雨晨改绘；(b) 仲雨晨改绘

策略三：增设入口门斗设计。

门斗是在建筑或厅室的入口处设置一个必经的小空间，以防止在打开外门时冷或热的空气直接侵入室内，门斗具有保温隔热的作用，利于节能。门斗的设置首先要考虑门斗开门的位置。我国北方许多建筑为了充分利用南向房间，把入口朝向北开，使北风大量灌入，降低了冬季室内温度。因此，加设门斗时，两道开门的位置尽量不要正对，可错开设计或呈90°角转折向东开设，以避开冬季主导风向——北风及西北风直接灌入室内。其次，门斗的设置还应考虑门斗的尺寸。门斗的尺寸不宜过大，因为过大的体量会增大空间的散热面积，虽然具有防风作用，但不利于保温。

4.2.3 单一空间光环境的基本原理及设计策略

1）光环境的基本原理

太阳辐射的可见光是建筑室内采光的主要来源。评价室内光环境的性能指标主要有以下三项。

（1）照度（Illuminance）：指单位面积上接收到的光通量，通常用勒克斯（lx）作为单位。照度是评估室内光照水平的最基本参数，不同活动区域对照度的要求不同。

（2）采光系数（Value of Daylight Factor）：天然采光质量不以照度绝对值为标准，而使用采光系数来评价。

$$C = \frac{E_n}{E_w} \times 100\%$$

式中　C——采光系数；

　　　E_n——室内某一点天然光照度；

　　　E_w——室外同一时间无遮挡天空在水平面上产生的照度。

（3）照度均匀度（Uniformity of Illuminance）：视野内照度分布不均匀，易使得人眼疲劳，视觉功能下降，影响工作效率。照度均匀度以工作面上的最低照度和平均照度之比表示（或采光系数最低值与平均值之比）。

2）设计策略

在空间设计中，需要根据各空间的具体使用需求进行光环境设计策略的选择，即选择采光策略或者避光策略。采光策略通过空间设计引入和调节自然光，在日间提供照明，提升心理舒适度，增加室内温暖感，尤其适用于需要视觉舒适度和节能的空间。自然光的充分利用可以减少对人工照明的依赖，节约能源，同时创造舒适的室内光环境。采光的效率与空间大小、开窗大小及开窗位置相关。而避光策略则是在阳光强烈或炎热的季节及高反射环境下采用,以保护室内环境免受过强光照的不利影响。

(1)采光策略。

策略一:开窗的大小直接影响自然采光的效果。相同房间面积,开窗越大,获得的光照越多。开窗面积通常可以用窗地面积比来进行控制。

窗地面积比指窗洞口面积与地面面积之比。对于侧面采光,应为参考平面以上的窗洞口面积。其计算公式为:

$$窗地面积比 = \frac{窗户总面积}{地面总面积}$$

窗地面积比直接影响室内的自然光照水平。在相同空间体量大小的情况下,较大的窗地面积比可以增加室内的自然光照,提高采光效率(图4-21)。然而,并不是窗地面积比越大越好,过多的窗户可能导致冬季热量损失和夏季过热的问题,从而增加供暖和空调的能耗。因此,需要合理优化窗地面积比,应既减少对人工照明的依赖,又不产生多余的能源消耗。

策略二:空间形式——单面采光时,在相同窗地面积比的情况下,空间的形式不同,采光的效率也不同。在侧窗采光的房间中,靠近窗户的照度水平最高,而随着与窗户距离的增加,照度水平迅速下降。因此,合适的空间形式比例,可以获得均匀的光线分布(图4-22)。

由路易斯·沙利文(Louis Sullivan)设计的位于密苏里州圣路易斯的温莱特(Wainwright)大楼(图4-23)为内走

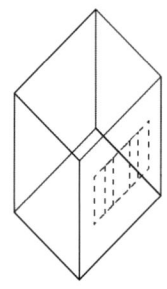

面宽:进深:高度=5:4:5

窗地面积比

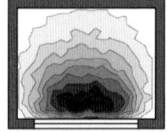 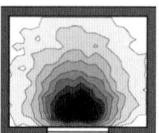

窗地面积比为1/3　　窗地面积比为1/5

图4-21　窗地面积比影响自然采光
(来源:李世萍模拟,张心雨自绘)

空间形式

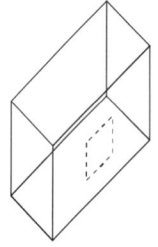 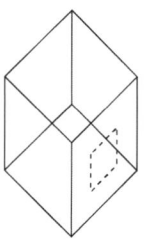 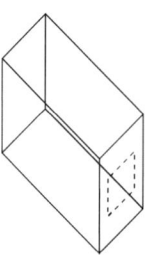

面宽:进深:高度=9:4:6　　面宽:进深:高度=1:1:1　　面宽:进深:高度=4:9:6

窗地面积比为4/25

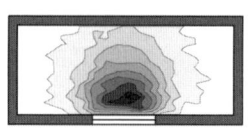 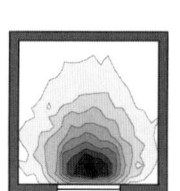

图4-22　相同窗地面积比,不同空间形式采光效果不同
(来源:李世萍模拟,张心雨自绘)

廊式单侧采光的办公室。该大楼呈U形以适应转角场地，在沿街道提供连续立面的同时，对内形成了"采光庭院"。但是，由于其院落尺寸有限，故限制了朝向庭院办公室的采光，通过窗户的采光量减少。于是沙利文在该建筑中，通过减小面向庭院的房间进深、增加面向街道的房间进深来解决了这一问题。

策略三：开窗位置——不同的开窗位置影响采光的效率。当空间的墙面与顶部采光面积相同时，顶部采光的效率大于墙面采光（图4-24）。

顶部光线接受全方位的日照，是非常高效的采光方式。但是，顶部光线的直射光也意味着无遮挡，容易形成强烈的阴影和对比，产生眩光。同时，顶部光线具有较高的热辐射，导致室内温度上升。此外，顶部开窗在寒冷地区还是热量损失的潜在重要原因。因此，顶部采光需要受到限制。《公共建

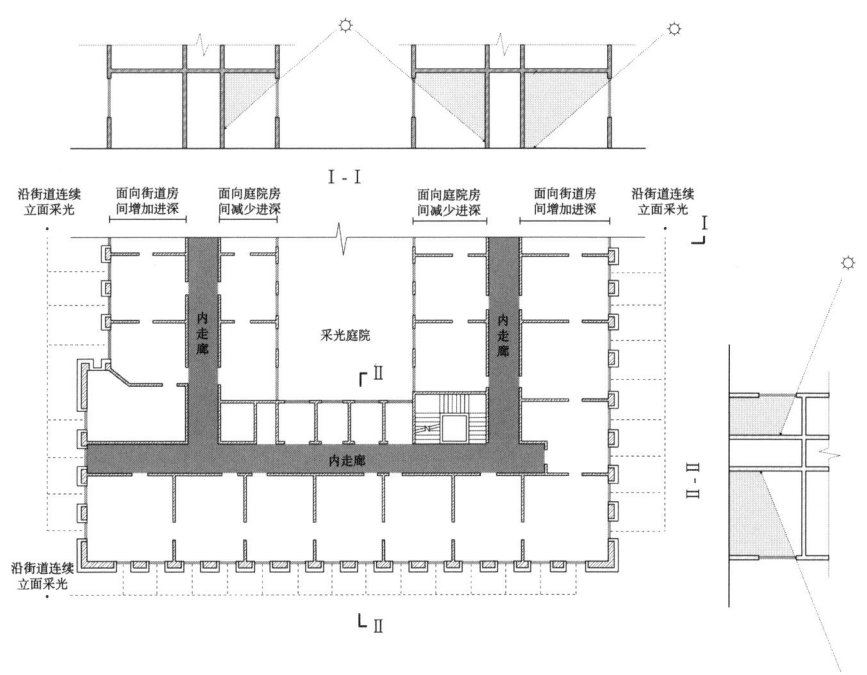

图4-23 温莱特大楼平面采光分析
（来源：薛嘉玮自绘）

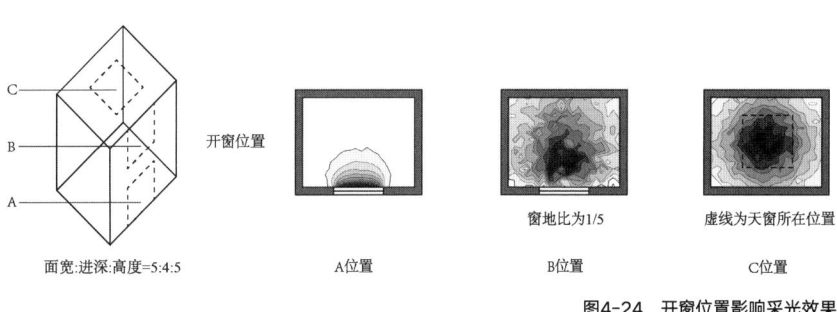

图4-24 开窗位置影响采光效果
（来源：李世萍模拟，张心雨自绘）

筑节能设计标准》规定，甲类公共建筑的屋顶透光部分面积不应大于屋顶总面积的20%。

例如，弗兰克·劳埃德·赖特（Frank Lloyd Wright）设计的约翰逊制蜡公司总部办公楼（The Johnson Wax Headquarters in Racine），其主体办公空间由一组伞状的柱子组成规整的柱网。柱子顶端相互连接，形成稳定的结构体系；四周用实墙围合。顶部圆盘之间用管状玻璃填充，形成了透光屋顶，自然光折射后从上面倾泻下来，创造出一种仿佛置身于海底的漫反射光线效果。由于外墙不承重，故外墙与屋顶相接的地方也通过细玻璃管组成了长条形窗带，为室内提供了柔和的自然光（图4-25）。

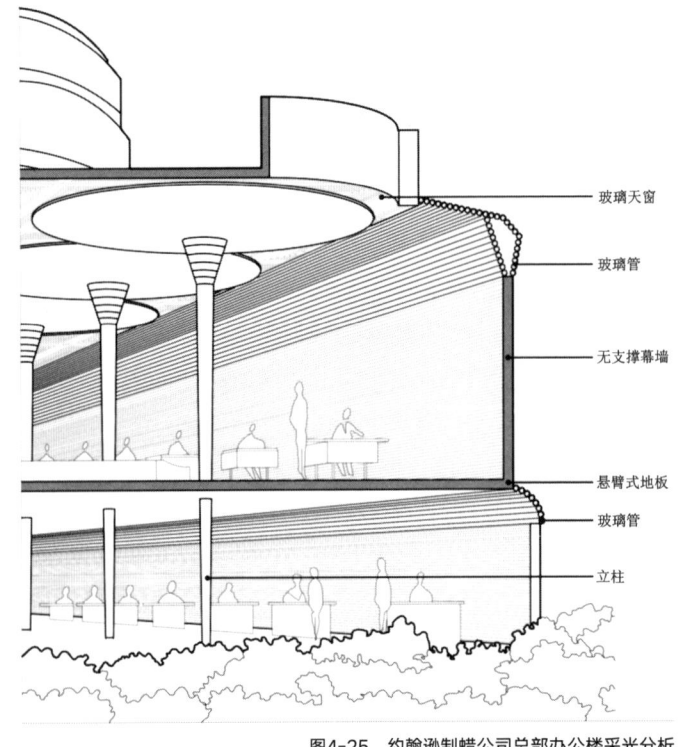

图4-25 约翰逊制蜡公司总部办公楼采光分析
（来源：樊博通自绘）

策略四：采光天井的设计可以有效地引导光线进入室内。采光天井相当于一个导光管，光线通过管壁的多次反射进入室内。采光天井的采光效率与井壁的反射率及天窗井的形状相关。

在加拿大国立美术馆（The National Gallery of Canada）中，又高又窄又长的天窗井沿着拱顶的顶部连续伸展，将天光引入较低层的展厅里。井壁采用了一种反射率非常高的聚酯类高分子物质，在全阴天不用人工照明就能提供可接受的照度（图4-26）。

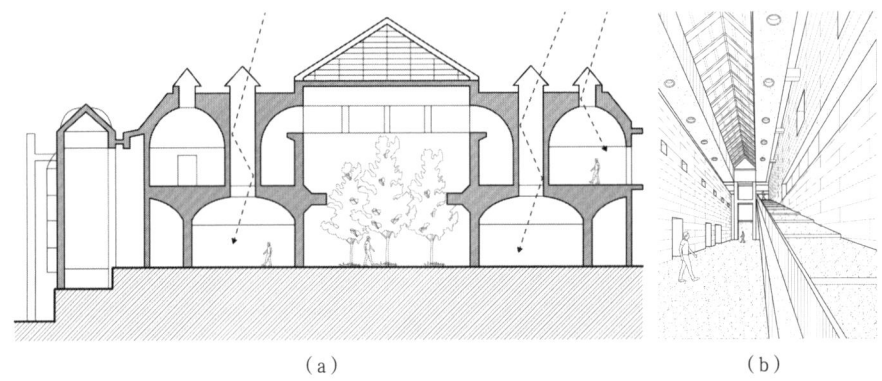

（a） （b）

图4-26 加拿大国立美术馆采光井采光分析
（a）剖面图；（b）室内
来源：（a）仲雨晨根据《太阳辐射风自然光》改绘；（b）仲雨晨改绘

（2）避光策略。

策略一：避免过多的日照。南向日照是建筑获取自然采光的主要来源，但过度的阳光直射可能会对室内的视觉舒适度造成不利影响，因此需要避免室内进入过多的阳光，并进行有效调节以减少眩光。合理设计的遮阳设施是实现这一目标的关键手段。

在托马斯·赫尔佐格（Thomas Herzog）设计的建筑工业养老金基金会办公楼扩建（Extension for the Supplementary Pension Fund of the Building Industry）中，充分考虑了南、北向光线的特性，分别采用了针对性的设计策略。北立面，经过精确角度计算的固定反射铝板将阳光经出挑的楼板底部反射进办公室深处；南立面则装配了由两组镰刀式部件组成的可调节控光系统。在阴天里，可调节控光系统折叠在一起，上部部件同北立面上的反射铝板一样能将自然光反射到天花板，进而引入室内；在阳光过剩的时候，系统内上部部件竖立起来，提供了最大程度的遮阳效果，中间连接上下部件的部分设置有间距紧密的反射铝板，仍可保证有足够的直射阳光被反射进室内。系统的下层部件起到遮阳作用的同时，室内人员还可以看到无遮挡的室外景色（图4-27）。

策略二：避免眩光。当太阳直射光太强时，窗户和其周围墙面的亮度对比太大，就会产生眩光。避免眩光可以通过窗口的设计，例如将窗洞口的墙面设计成倾斜状，从而使墙面被窗户照亮，减少窗户与墙面的亮度对比；或者利用反射的原理，通过遮阳板等构件，使直射光进行一次或多次的漫反射后再进入室内，从而减弱直射光的强度，使光线分布均匀并减少眩光（图4-28）。

路易斯·康（Louis Isadore Kahn）设计的金贝尔艺术博物馆（Kimbell Art Museum）（图4-29）最成功之处就是独具特色的自然采光设计。其不仅满足了展览空间对光线的需求，而且将光线与建筑造型完美结合。金贝尔艺术博物馆为东西向布局。建筑整体造型是由16个独立的摆线形筒壳结构组成，除两边廊道外，每个筒壳顶部为了光线的进入，都开有宽0.9m的通长天窗，东

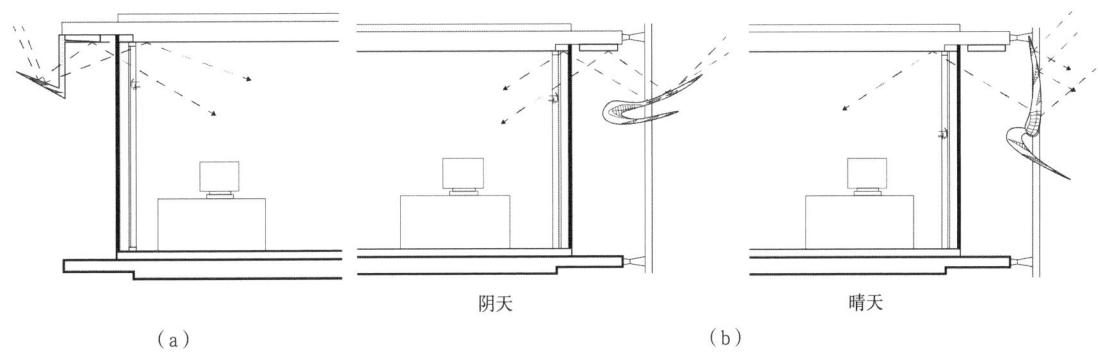

图4-27 建筑工业养老金基金会办公楼遮阳构件
（a）北向固定遮阳构件；（b）南向可动遮阳构件
（来源：张心雨改绘）

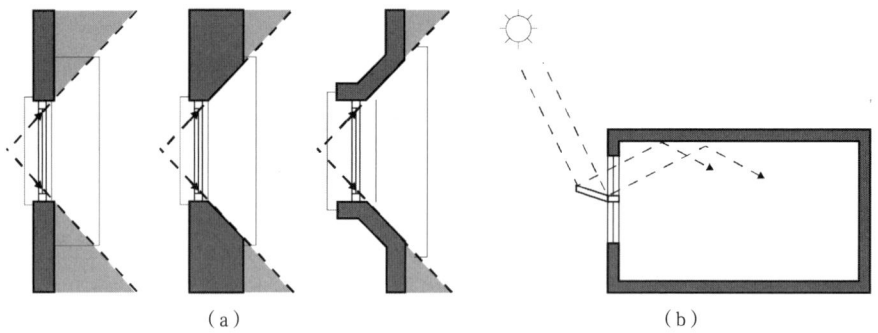

图4-28 避免眩光的策略
（a）扩张窗侧的做法；（b）遮阳板反射太阳光示例
（来源：张心雨自绘）

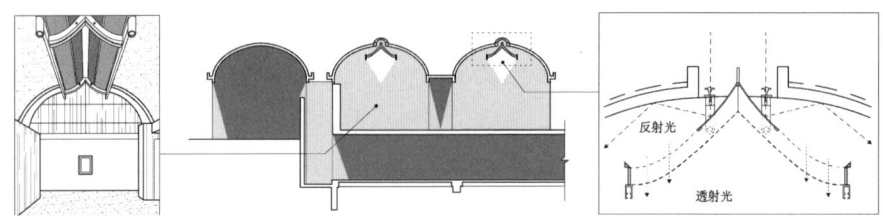

图4-29 金贝尔艺术博物馆顶部采光分析图
（来源：宋蓝青、仲雨晨改绘）

西的朝向使得光线可最大限度地从天窗射入。光线从细长采光天窗进入，经过人字形铝制穿孔板折射后均匀平铺在混凝土拱形天花上，再被多次反射到展品表面，避免了光线直射。整个采光系统的设计不仅在室内产生了柔和均匀的光线，而且将屋顶的结构真实地展现出来。厚重的混凝土拱顶显得十分轻盈，仿佛发光体一般，整个室内空间显得优雅且静谧。

4.2.4 单一空间热环境的基本原理及设计策略

1）热环境的基本原理

热量传递主要通过三种方式进行：传导、对流和辐射。

传导是指热量通过物体内部直接接触的分子振动从高温区域传递到低温区域的过程。传导是固体中主要的热传递方式，也可以在液体和气体中发生，但效率较低。

对流是指在流体（液体或气体）中，由于温度差异引起的密度变化，导致流体流动，从而带动热量传递的过程。对流可以分为自然对流和强制对流。自然对流是由温度差异引起的密度差异所驱动的，而强制对流是由外部力（如泵或风扇）驱动的。

辐射是指热量以电磁波的形式通过空间传递的过程，其不需要任何介质。所有物体都会根据其温度发射热辐射，但只有波长在特定范围内的辐射

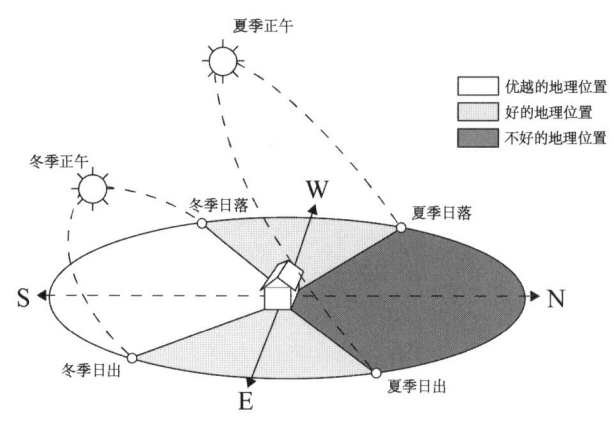

图4-30　太阳的高度角和方位角与建筑朝向
（来源：张心雨改绘）

（主要是红外线）对热传递有显著贡献。

在建筑空间中，这三种热量传递方式共同作用，共同影响着室内的热环境。

对流传热通常由空气流动产生。在前述风环境中已有讲述，通过引导或阻挡空气流动，可以将室内多余热量带走，或者减少室内热量的流失，调节空间内热量分布，提高热舒适度。导热过程主要在建筑的围护结构发生，与围护结构材料的热传导性能密切相关。这部分内容将在第5章的围护结构与材料构造中有所讲述。

本节主要针对辐射热过程对空间的影响加以说明。太阳辐射作为地球上的主要热源，其接收量受到太阳高度角和方位角的影响（图4-30）。太阳高度角决定了太阳光线与地面的垂直程度，太阳方位角则决定了太阳光线一天中照射建筑物的方向。太阳的高度角和方位角随季节变化，影响日照时间和辐射强度。精心考虑太阳高度角和方位角对于实现能源高效率和提升室内热环境质量至关重要。通过这些参数的分析，可以优化建筑物的朝向，开窗的大小、位置和形式，增设遮阳和附加空间等设计内容，以更好地利用太阳能，减少夏季过热和冬季过冷的问题。

2）设计策略

公共建筑空间设计需考虑不同使用功能对热环境的特定需求，主要分为得热和隔热两大设计策略。在寒冷或严寒气候区的冬季，设计应着重于最大化地利用太阳热辐射，以提升室内温度和热舒适度；而在夏季或炎热气候区，设计则应有效阻挡太阳辐射，控制室内温度，防止室内过热。除了得热和隔热之外，保温也是室内热环境设计中的重要目标，其目的是维持室内温度在适宜范围内，避免温度变化过快，从而保证人体舒适度。

（1）得热策略。

建筑空间通过直接接受日照的方式，或者通过其外表面（如窗户、墙壁和屋顶）间接吸收太阳辐射能量转化为热能的过程称为得热。得热又分为直接得热和间接得热。在寒冷的冬季，应尽可能多地利用太阳能来获得热量，以满足室内对热环境的需求。

策略一：直接得热——空间朝向太阳的方向，这样可以在冬季获得更多的日照，从而提高室内温度。

通过南向开窗直接接受日照，将太阳辐射热量收集到空间中，用以加热室内空气和室内蓄热体，这种方式称为直接得热。蓄热体吸收太阳辐射热，防止室内空气温度在白天上升过高,并在晚间将储存的热量释放到空气中。直接得热的效率与朝向太阳方向开窗的形式相关(图4-31)。

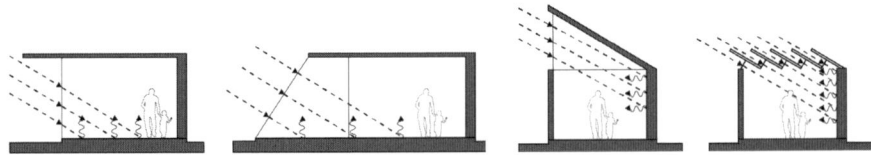

图4-31 通过朝向太阳方向开窗形式与直接得热示例
(来源:张心雨自绘)

策略二:间接得热——通过附加空间,例如增设阳光房,可以收集太阳热量,并集中储存,然后将热量分配到其他房间。附加阳光间通常设置在建筑南侧,其通过透明的外墙和屋顶最大限度地收集太阳能。阳光间内的热空气通过对流或辐射传递到室内,从而提供额外的热量。附加阳光间的工作原理包括以下几点(图4-32)。

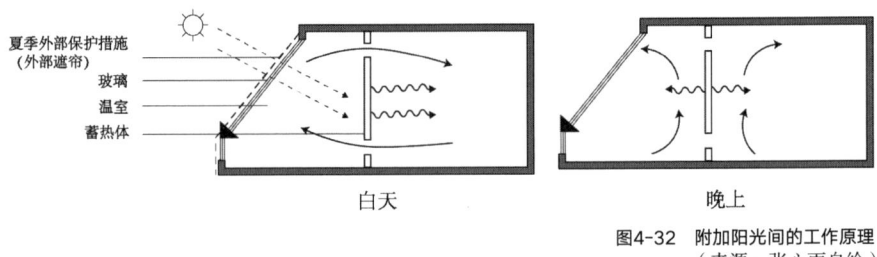

图4-32 附加阳光间的工作原理
(来源:张心雨自绘)

①太阳能收集:阳光间利用大面积玻璃墙和屋顶最大化引入太阳辐射,使阳光直接加热室内空气、地面和墙壁。

②热量储存:阳光间内的地面和墙壁通常使用具有高热容量的材料(如混凝土、砖或石材等),这些材料能够储存白天吸收的热量,并在夜间或温度较低时缓慢释放。

③热量传递:通过对流、传导和辐射将阳光间的热量传递到主要生活空间。可以使用风扇或自然对流来促进热空气流动,增强热量传递效率。

附加阳光间在不同季节的工作过程不同。在夏季,主要目的是避免过热,可通过遮阳措施减少阳光直射,控制阳光间的温度,防止过多的热量进入室内,从而减少空调系统的负荷。在冬季,主要目的是热量收集和储存,可通过白天最大程度地接收阳光并利用高热容量的材料吸收储存热量,而在夜间则通过对流、传导和辐射的方式传递热量(图4-33)。

托马斯·赫尔佐格设计的雷根斯堡住宅(House in Regensburg)是一个朝南倾斜的三角形体量,可最大限度地将太阳能引入室内。建筑南北向布局,北部

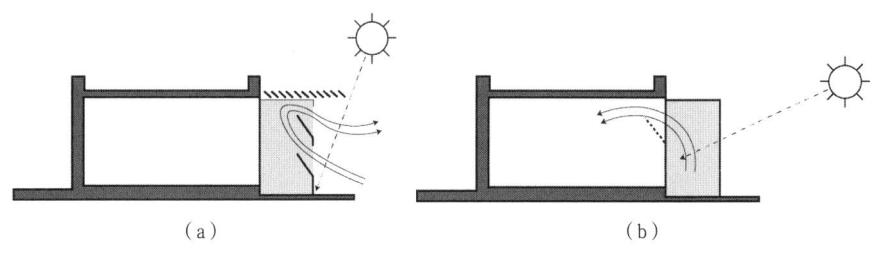

图4-33 附加阳光间不同季节的工作过程
（a）夏季；（b）冬季
（来源：宋蓝青改绘）

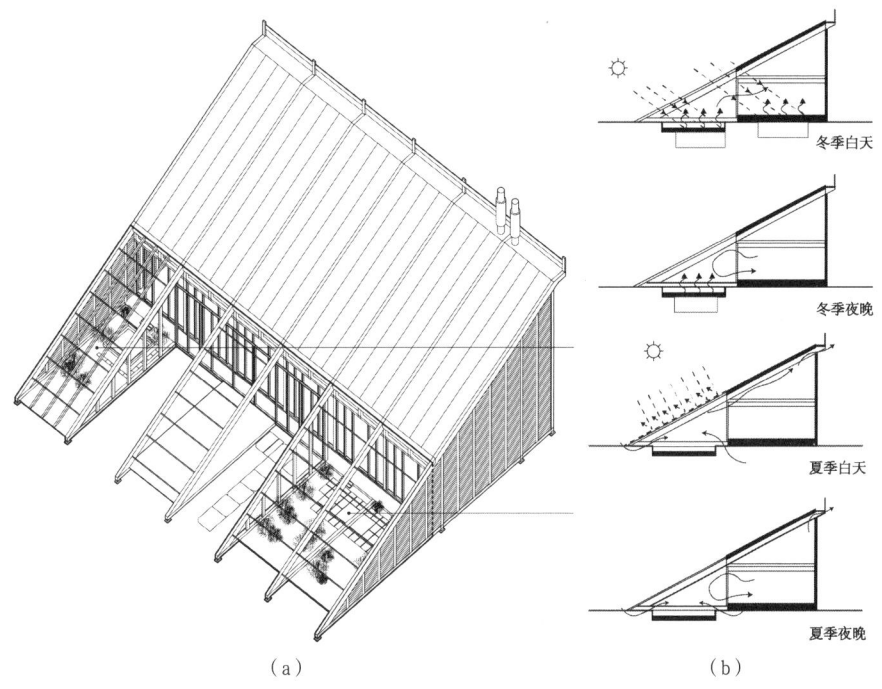

图4-34 雷根斯堡住宅
（a）轴测图；（b）夏季、冬季阳光间工作原理分析图
来源：（a）杨涵自绘；（b）张心雨改绘

是较封闭的服务空间，中部是主要活动空间，南部则是直接利用太阳能的阳光间。阳光间与中部主要活动空间通过可移动的玻璃隔断连接，可使内部空间扩大至阳光间。在冬季的白天，南向阳光间直接接收太阳能，并通过厚重的底板和温室底部的砾石储存热量，到了晚上则释放热量。在夏季，场地周围的树林提供了遮阴的作用，室外凉爽的空气从底部开口进入室内，室内热空气上升从北侧上部出气口流出，从而形成自然通风，并将室内多余热量带走（图4-34）。

（2）防热策略。

在炎热的夏季，需要阻止太阳辐射热进入室内。可通过门窗洞口的遮阳设计控制阳光进入室内的程度，从而减少太阳辐射带来的热量。

策略一：遮阳形式——依据太阳运行轨迹的特征进行遮阳形式的设计。

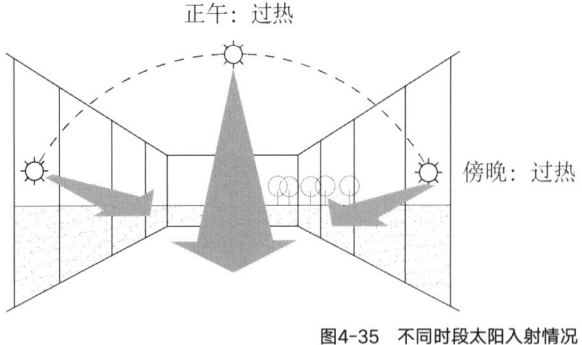

图4-35 不同时段太阳入射情况
（来源：张心雨自绘）

太阳每天从东边升起西边落下，不同时段太阳的高度角和方位角决定了入射室内的太阳辐射量（图4-35）。在正午时，太阳高度角最高，辐射最强。为防止过热，南向需要增加遮阳，并以水平方式为主（图4-36）。太阳在东、西方时，高度角较低，辐射量减弱，但是辐射时间较长，同样也会带来过热的问题。因此，面向东西向的开窗同样需要遮阳，并以垂直方式为主（图4-37）。水平遮阳和垂直遮阳的形式可以根据建筑空间及形态整体考虑。

墨西哥驻德国大使馆（图4-38）主立面和入口均朝向东北面。18m高的主立面上，最为突出的是从上到下贯穿整个高度的垂直遮阳构件。这些混凝土遮阳板位于玻璃幕墙之外，不仅能够有效遮挡阳光，而且倾斜角度逐渐加大，给人一种韵律感。

清华建筑设计院设计的武汉工程大学教育教学综合楼（图4-39），其形式语言和细部都出自对当地气候的回应。由于武汉夏季高温且光热同季，故提

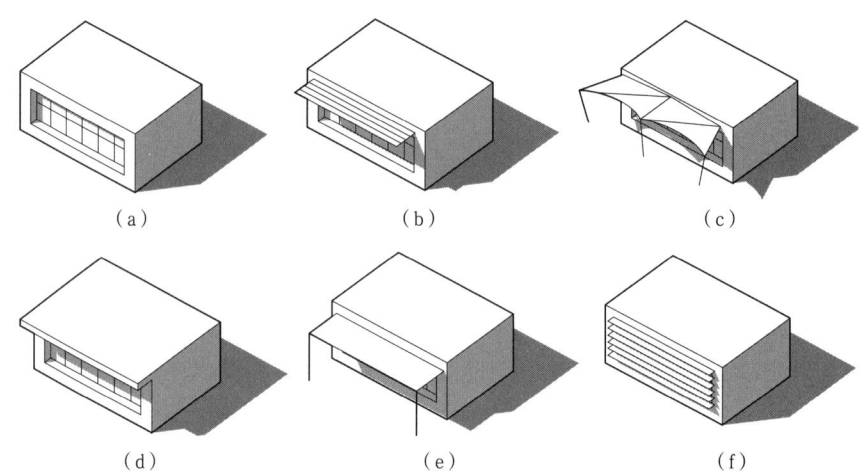

图4-36 南向水平遮阳措施的多种形式
（a）原始模型；（b）水平式遮阳板；（c）遮阳棚；（d）挑檐；（e）棚架；（f）其他防高入射角的遮阳措施
（来源：王琦自绘）

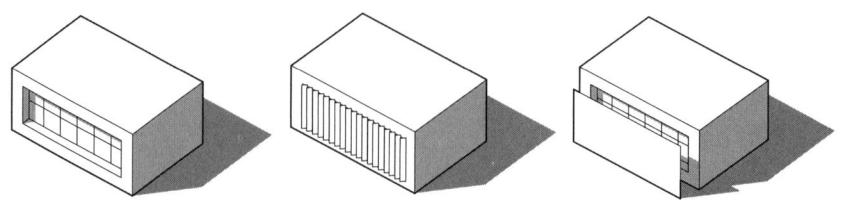

图4-37 东西向垂直遮阳措施的多种形式
（来源：王琦自绘）

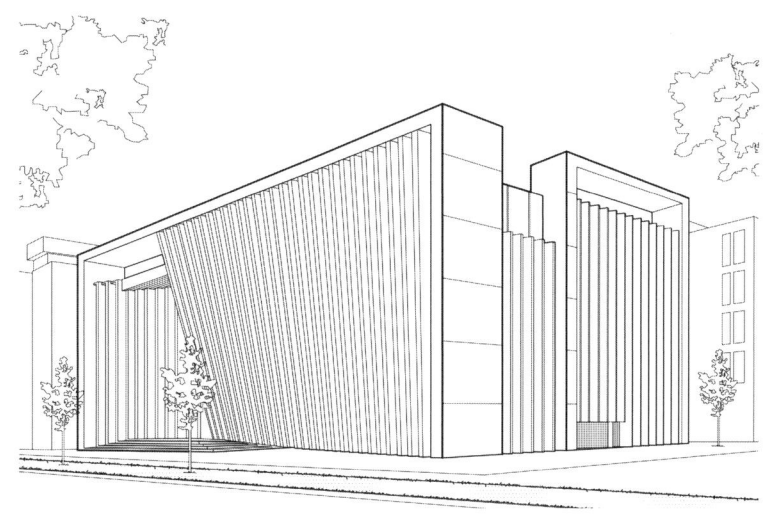

图4-38 墨西哥驻德国大使馆的竖向遮阳
（来源：杨涵改绘）

横向遮阳构造

图4-39 武汉工程大学教育教学综合楼
（来源：樊博通改绘）

供有效遮阳成为建筑围护结构的主要任务之一，对建筑节能和室内热舒适意义重大。建筑南立面统一设置通长水平外遮阳，屋顶设置荫蔽人活动和设备摆放的遮阳廊架，并以此二者作为建筑形象的主要表现对象，形成建筑最具控制力和可识别性的外观特征。建筑东西立面的玻璃部分深深凹入后退，形成事实上的竖向遮阳，解决了贯通观景视线和阻隔东西日晒间的矛盾；而北立面则仅将南立面遮阳自然退化为同位置凸出较少的水平线脚。上述做法实际可以看作是将单层的墙面与屋顶进行拆分，形成具有结构和空间深度的气候边界，建筑立面也因此获得了属于自己的、大小变化的景深，从内外"一刀切"的单薄表皮，变为丰富立体、光影生动的有用空间。

不同地区受到太阳高度角和方位角的影响，气候条件各有差异，因此需要采用灵活多样的遮阳方式来满足对太阳辐射的需求。例如春分和秋分时，太阳高度角是一致的。一般来说，人们希望在早春可以获得太阳的热能，而在秋天则更希望遮挡太阳仍然较强的照射。因此，多种创新的处理手法可以有效地解决该问题（图4-40）。

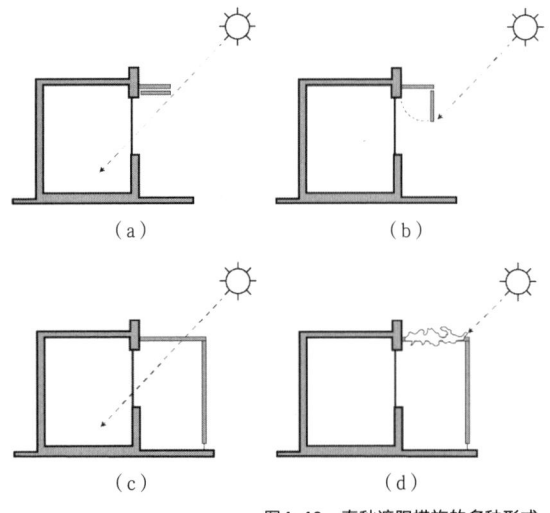

图4-40　春秋遮阳措施的多种形式
（a）活动遮阳构件—春季；（b）活动遮阳构件—秋季；
（c）固定遮阳棚架—春季；（d）固定遮阳棚架+绿植—秋季
（来源：宋蓝青改绘）

中意清华环境节能楼是一座融绿色、生态、环保、节能理念于一体的智能化教学科研办公楼，由意大利建筑设计师马利奥·古奇内拉（Mario Cucinella Architects）设计，意大利政府和中国科技部共同建设。其提供了双方在环境和能源领域发展长期合作的平台，同时也为中国在建筑物的CO_2减排潜能方面建立了模型范本。

中意清华环境节能楼通过先进的智能化控制系统，南外墙的半透明玻璃板根据光照强度自动调节角度，夏季可遮蔽强烈的日光，冬季则吸收阳光中的热量，从而在室内与室外之间创建了一个温度适中的环境，有效地降低了室外温度对室内环境的不利影响。智能化控制不仅使室内冷暖气分布均匀，而且还能通过感应装置合理使用光及供给冷气和热气，在无人时自动停止，故大大地节省了能源。据初步计算，中意清华环境节能楼的能源消耗与同等规模的建筑相比，可节约70%左右的能源（图4-41）。

图4-41　中意清华环境节能楼
（来源：樊博通自绘）

策略二：遮阳尺寸——根据某地区冬季、夏季太阳高度角的不同，可以通过计算得出水平遮阳构件出挑宽度（图4-42）。伦佐·皮亚诺设计的加州科学院，其屋顶大挑檐的尺寸就是通过计算冬季与夏季太阳高度角来确定的（图4-43）。

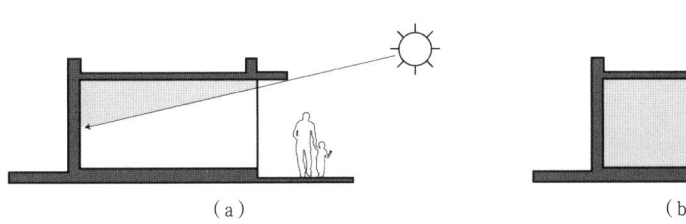

（a） （b）

图4-42 太阳高度角计算水平遮阳构件出挑宽度
（a）冬季太阳高度角低；（b）夏季太阳高度角高
（来源：宋蓝青改绘）

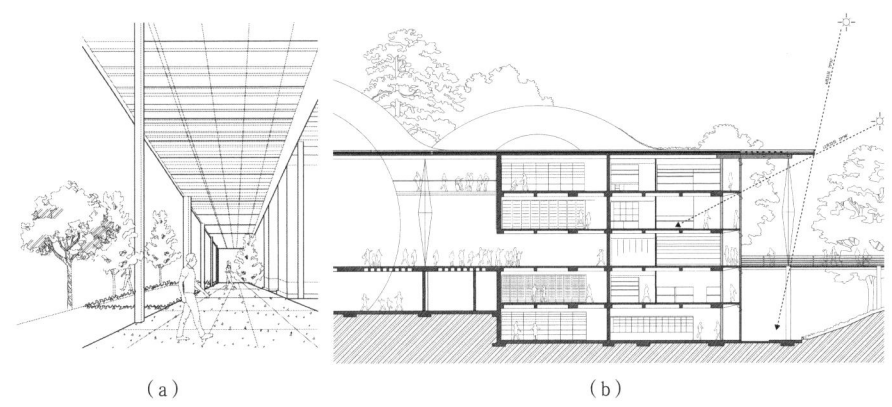

（a） （b）

图4-43 加州科学院
（a）檐廊透视；（b）檐廊太阳高度角分析图
来源：（a）孟钰晨改绘；（b）樊博通改绘

（3）保温策略

保温设计旨在维持室内适宜的热量水平，无论是在冬季减少热损失以保持温暖，还是在夏季防止室外高温影响室内以保持凉爽。这一设计过程遵循热量传递的原理，涵盖多个方面，包括空间界面设计、材料的热惰性及构造设计的热桥阻断等。这些内容将在第五章关于建筑空间的围护结构与材料构造中详细讨论。本部分内容将专注于如何在空间设计中更有效地实现保温效果。

将空间置于地下是一种高效的保温设计策略，因为覆土建筑能够提供稳定的室内热环境。土壤的高热惰性有助于减少建筑物的热量损失和过度得热，从而维持室内温度的稳定（图4-44）。

龙湖超低能耗建筑主题馆项目秉持的设计理念是建筑的可持续性发展。考虑到建筑对供暖能耗的限制和对保温的要求，结合"消隐于环境"的设计初

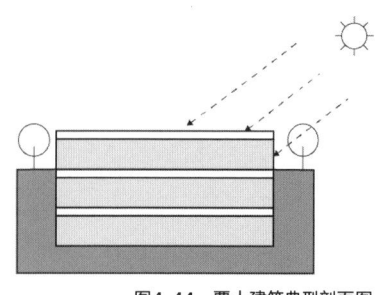

图4-44 覆土建筑典型剖面图
（来源：张心雨自绘）

衷，建筑师将建筑北侧压低到景观土坡里，与场地改造后的微地形连为一体，让北立面消失；而南侧则利用全玻璃幕墙在冬季最大可能地收集太阳的辐射热。如此一来，建筑从技术上实现了借助覆土的北侧保温和减少外墙散热，同时也减少了采暖空间体积；从建筑空间上，主题馆提供了室内展陈空间流线以外的一套户外景观空间体验，尤其借助中庭立体台阶，将室内外的空间流线串为一体，模糊了室内和室外、一层和二层、人工环境与自然环境之间的界线。该设计让建筑的北侧借景观消隐于场地，建筑的南侧借幕墙的镜面反光消隐于自然（图4-45）。

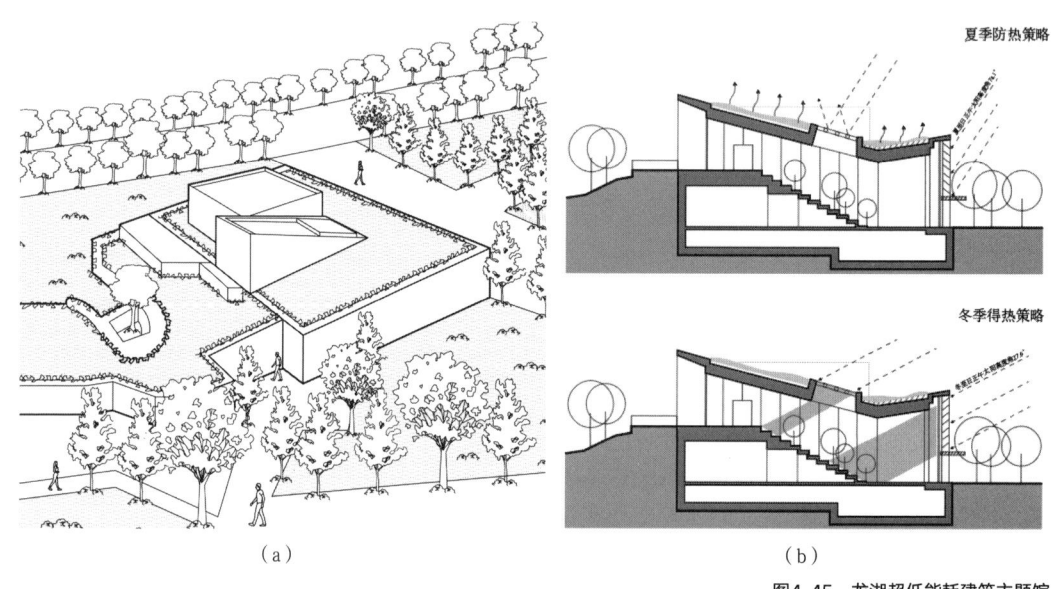

图4-45 龙湖超低能耗建筑主题馆
（a）外观；（b）夏季防热、冬季得热策略分析图
（来源：孟钰晨改绘）

4.3 建筑性能空间的低碳组织设计方法

空间组织是指将多个单一空间有机地组合在一起，形成一幢完整的建筑。全面综合地考虑各房间之间使用功能的联系特点，通过合理的功能分区与流线组织，把所有的房间都安排在最适宜的位置上而使之各得其所，这是以使用功能为导向的空间组织方法。

前文将公共建筑空间依据性能属性特征进行分类，其空间组织方法是以性能为导向进行再组织的过程，根据不同性能空间应对气候环境的需求差异特征进行有效的组织与联系，目的是有针对性地、最大程度地利用所在地区的风、光及热等自然气候要素，同时控制不利气候因素的影响，以气候适应性为原则，实现降低建筑的总能耗。

以性能为导向进行空间组织的方法有以下三种。

4.3.1 依据性能空间属性的分区组织

性能分区是对建筑功能分区的精细化调整，它在不牺牲使用功能的前提下，通过考虑空间的物理性能需求，增强了建筑对不同环境条件下的适应能力，提升了建筑的使用能效。性能分区不仅确保了人们在不同空间享受到适宜的舒适度，而且通过优化技术设备的配置和减少能源损耗，为建筑的绿色可持续运营提供了支持。

总的来说，高性能空间对物理环境有较高的标准要求，通常需要与外界气候相对隔离，并依赖技术设备来维持室内物理环境的稳定性；低性能空间对室内物理环境的稳定性要求不高，具有更强的气候适应性，且不需要过多的技术设备支持。因此，为了提高空间的性能效率，可以将高性能空间安排在远离气候边界的区域并相对集中布置，低性能空间则安排在靠近气候边界的区域。这样的布局不仅减少了高性能空间所需的设备和管道铺设，还有助于降低整体的能源消耗和碳排放。

可根据使用空间对室内风环境、光环境及热环境性能的具体需求进行性能分区。

1）应对风环境的性能分区布局

依据空间对风环境性能需求的等级差异进行分区布局。辅助功能空间通常对室内物理环境的波动有较高的容忍度，包括风环境的影响。设计时，将这些低性能需求的辅助空间布置在不利风的迎风侧，从而为使用者密集的主要功能空间提供保护，避免冷风的直接侵袭。这种布局不仅确保了主要功能空间的舒适度，而且能有效利用辅助空间阻挡强冷风的不利影响。

在青年教育中心客房的设计中，托马斯·赫尔佐格将频繁使用的客房空间安排在南侧，以便充分利用良好的日照和自然通风。与此同时，不常使用的辅助空间，例如卫浴空间，以及整个建筑的循环设备系统，则被布置在北向，并且在体量上比南向客房设计得更为突出，从而有效地构建了一个挡风屏障。这样的性能分区布局对遮挡北向寒风有重要作用，不仅减少了热量损失，而且通过仅在使用时对辅助区域进行升温，实现了分时供能，提升了建筑的整体性能，有效节约了能源（图4-46）。

2）应对光环境的性能分区布局

依据空间对光环境性能需求的等级差异进行分区布局。对于那些对自然采光有较高要求的空间，应优先考虑将其布置在利于设置窗户的位置，以最

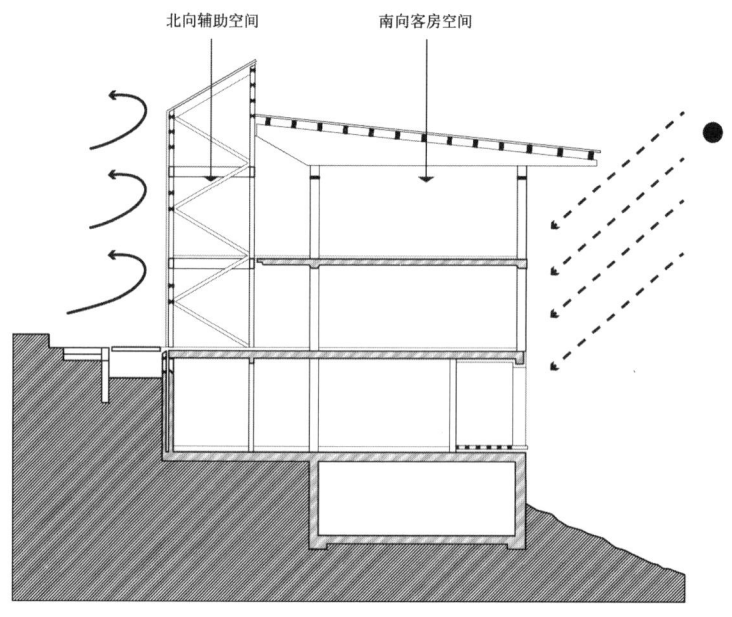

图4-46 青年教育中心客房分析图
（来源：刘蓓根据《托马斯·赫尔佐格的作品与思想》改绘）

大化引入自然光。相反，对于那些对采光需求较低的空间，则可以合理地安排在建筑的内部区域，远离直接日照的边界。通过这样的性能分区布局，能够更有效地利用自然光照资源，同时确保每个空间的光照条件符合其功能需求和使用者的舒适度。这种分区方法不仅增强了室内光环境的质量，而且提升了建筑的能源效率。

阿尔瓦·阿尔托在洛瓦涅米图书馆的设计中，采用了扇形的平面布局，将三个独立的环形下沉阅览区沿扇形排列。这些阅览区共同朝向中心点——图书借还处，整体形成了一个集中而和谐的空间序列。建筑的天花板采用弧线造型，使得自然光通过漫反射均匀地分布在主楼层的书架上，并逐渐过渡到下沉阅览区，为阅读空间创造了一个柔和而充满自然光的环境。同时，将书库安置在空间的中部区域，平衡了采光和存储的需求。丹麦皇家艺术学院的学者对图书馆的自然光进行了数据分析，结果显示颜色越浅的区域接收到的自然光越多，而这里也就是阿瓦尔·阿尔托设置书架以及阅览的区域（图4-47）。

3）应对热环境的性能分区布局

依据空间对热环境性能需求的等级差异进行细致的分区布局。将需要较高热舒适性的空间，如主要居住和工作区域，布置在南向或东向以获取充足的太阳辐射；而将热舒适性要求较低的辅助空间或允许热环境波动较大的区域，如储藏室、走廊空间，布置在西向或北向，利用这些空间作为缓冲带，减少外界气候对内部空间的直接影响。

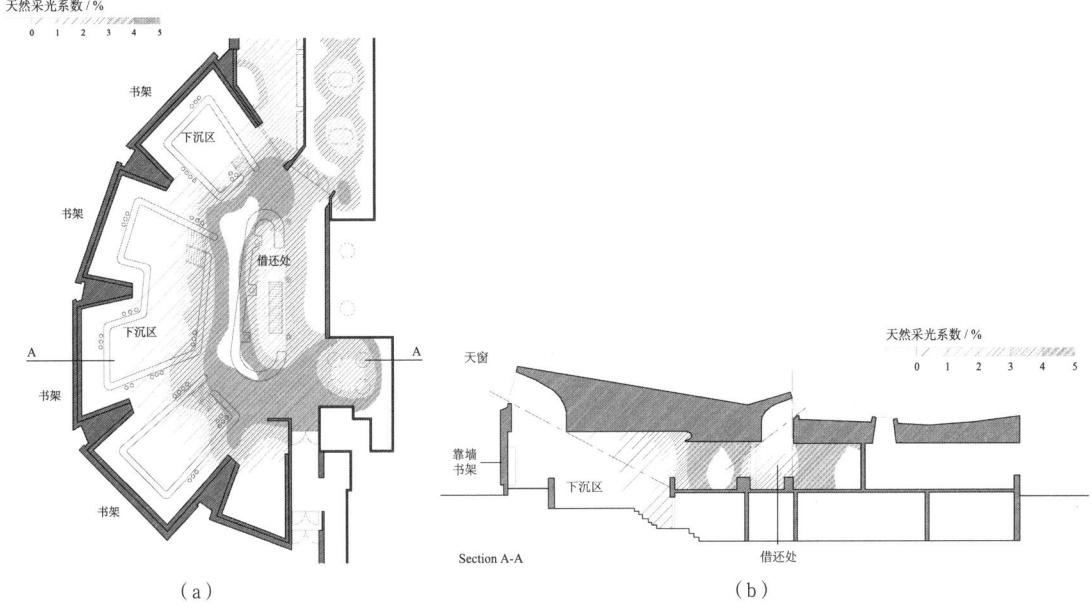

图4-47 洛瓦涅米图书馆
（a）自然光线分布平面分析图；（b）自然光线分布剖面分析图
（来源：刘蓓改绘）

托马斯·赫尔佐格提出的"温度洋葱"理念，通过将空间按照其使用功能所需的温度环境进行组织布置，实现了建筑内部的温度分区。这种组织设计方法是从建筑核心开始，将对温度稳定性要求较高的空间置于内部，而将对温度变化容忍度较高的空间安排在外围。通过这种由内而外的温度分布，不仅优化了热能的使用效率，而且有效降低了建筑的能源消耗，达到了节能减排的目的（图4-48）。

这个理念在Pfalz小别墅案例中进行了具体的实践。设计中将对于温度要求最高的浴室布置在建筑的核心位置，其他空间就像洋葱皮似的一层一层布置在外层，最外层布置阳光房作为缓冲空间，以保证室内温度的稳定（图4-49）。

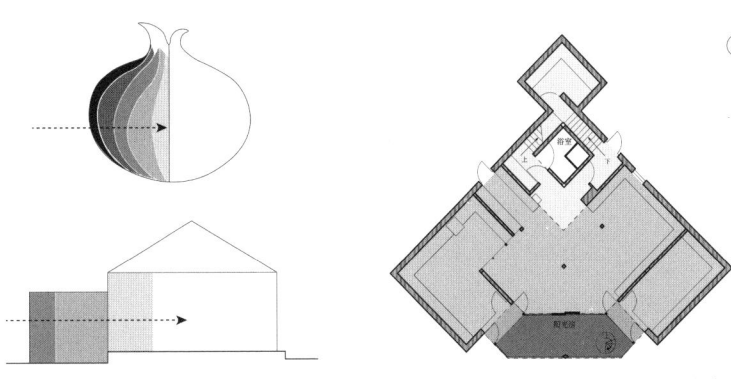

图4-48 "温度洋葱"理论示意图
（来源：刘蓓根据《寒地建筑缓冲腔体的生态设计研究》改绘）

图4-49 Pfalz小别墅
（来源：刘蓓根据《托马斯·赫尔佐格的作品与思想》改绘）

剑桥大学法律系馆（The Law Faculty of University of Cambridge）是由福斯特建筑事务所（Foster+Partners）设计的基于气候适应性策略，利用低性能的边厅空间改善室内环境的建筑典范。鉴于剑桥地区冬季和春季日夜温差较大的特点，结合图书馆作为该馆的核心功能，对自然采光要求较高，建筑在北侧设置了四层通高的边庭，主要利用北向采光，避免了南向阳光直射。同时，为了减少夏季太阳热辐射的影响，设计师根据剑桥夏至日太阳高度角入射光线斜切角度确定北向拱形玻璃幕墙的空间形态，并辅以屋面横向遮阳板，力求使建筑在夏季受到热辐射面积最小。在冬季气候寒冷时，边庭阻挡了北向寒风的侵袭，同时使内部主要功能空间避免直接与外界接触，从而有效滞留了室内空间的热量。基地北面相邻绿地景观，大面积玻璃幕墙界面在获取最大限度自然采光的同时，也体现了人与自然环境密切相依、和谐共生的属性（图4-50）。

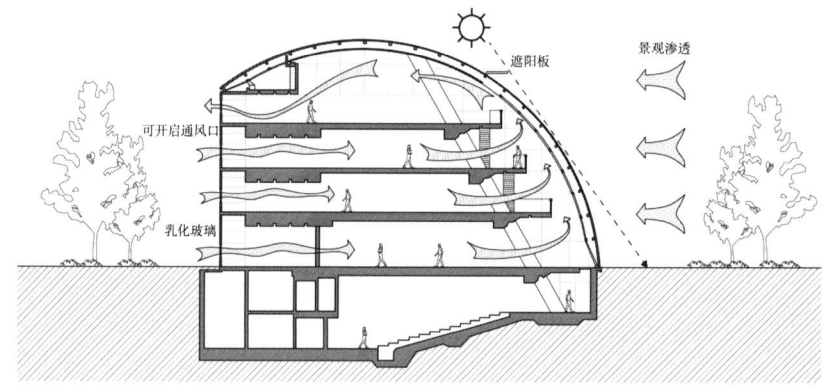

图4-50　剑桥大学法律系馆
（来源：杜柯成根据《剑桥大学法律系馆，英国》改绘）

4.3.2　利用气候缓冲空间的介入组织

性能空间组织的关键在于对不同性能需求的空间——高性能空间、低性能空间和特殊性能空间的合理布局和优化组织。气候缓冲空间是介于室内环境与室外自然气候的过渡空间，其不仅增加了建筑与外界气候环境接触的维度，还能缓解不利气候条件的影响，同时增强或利用有利气候条件，调节室内物理环境。因此，气候缓冲空间充当了其他三类空间之间的联系纽带。如何巧妙地组织气候缓冲空间，成为性能空间组织设计的重要问题。

气候缓冲空间的配置，从组织形式上可以分为水平穿越式、垂直贯通式及立体连续式。

1）水平穿越式组织

所谓水平穿越式组织，是指在水平方向上设置连续贯通的气候缓冲空间,以引导风的水平流动,促进光线的水平穿透,以及调节热量在水平方向的分布和传递,进而调节气候因素的影响,优化室内环境。

(1)底层架空的水平穿越式性能空间组织形式(图4-51)。

斯蒂文·霍尔(Steven Holl)的杰作——深圳万科中心大楼被称为"水平摩天楼",其设计巧妙地将建筑"悬浮"于地面之上,释放出场地空间,形成一个向公众开放的城市绿洲。霍尔事务所不仅负责建筑设计,而且亲自操刀景观设计,将生态理念贯穿始终。建筑的架空设计不仅为地面带来凉爽的阴影,还促进了海风的自由流动;同时场地中的水池使掠过的海风自然降温,改善了局部小气候。这种底层架空的设计在提升高密度区域的风环境方面尤为有效,特别是在湿热气候下,增强了地面层空气的流动性,为步行区带来更加舒适的微气候(图4-52)。

(2)屋顶平台的水平穿越式性能空间组织形式(图4-53)。

杨经文设计的双顶屋(The Roof-Roof House)(图4-54)历时11年,于1984年完工。该建筑是杨经文将生物气候设计理念贯彻到建筑的实验品,是

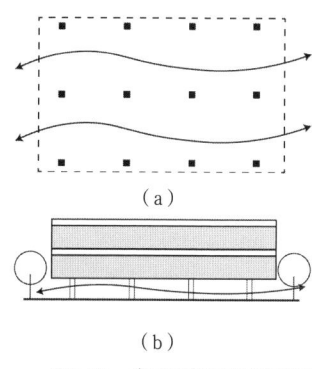

图4-51 底层架空引导通风策略
(a)典型平面图;(b)典型剖面图
(来源:张心雨自绘)

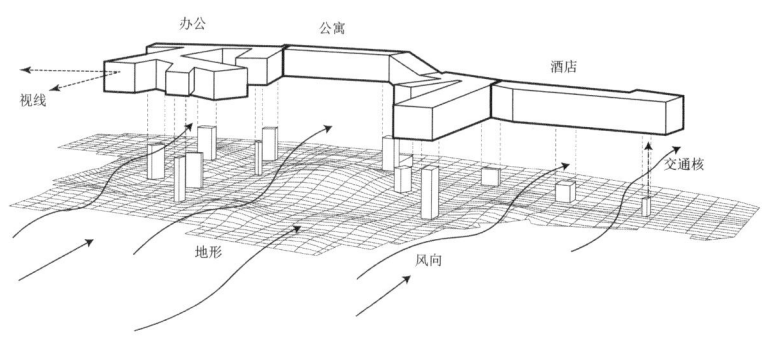

图4-52 深圳万科中心大楼
(来源:武长乐改绘)

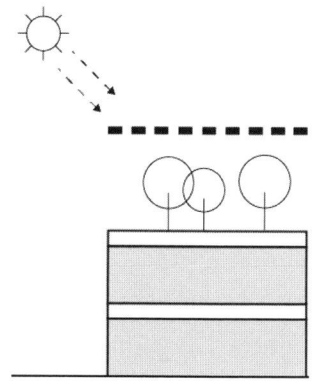

图4-53 架空屋面抵御强自然光剖面
示意图
(来源:张心雨自绘)

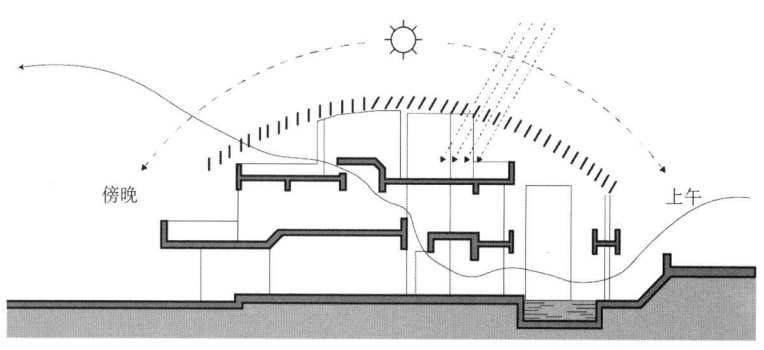

图4-54 双顶屋剖面图
(来源:宋蓝青根据《太阳辐射·风·自然光》改绘)

123

把生态建筑扩展到城市高层的一个雏形。双顶屋位于马来西亚吉隆坡橡胶种植园的附近，位于赤道地带，海拔约22m。该地区全年无明显季节变化，属热带雨林气候；白天通常阳光普照，气候温暖，平均温度为26～32℃，太阳辐射严重；主导风向为南风和东南风。

建筑设置了一个"伞式结构"的大屋顶，从南到北几乎覆盖了整个建筑，保护了众多空间（如生活空间、餐饮空间和家庭厅等）免受白天强烈的太阳辐射。屋顶上设置了固定的遮阳格片，根据太阳从东到西各季节运行的轨迹，将格片做成不同的角度，以控制不同季节和时间阳光进入的多少。巨大的遮阳屋顶构架使得屋面平台成为了很好的活动空间，同时减少了屋面暴晒，有利于节能。

（3）分散切割的水平穿越式性能空间组织形式。

分散的空间组织是通过将建筑空间体量打散分割开来，在水平方向上实现空间的连续性与通透性。这种组织形式更适用于寒冷时节短暂的亚热带地区，在此区域不需要过多考虑冬季冷风的影响，故而分散的布局更加自由灵活（图4-55）。

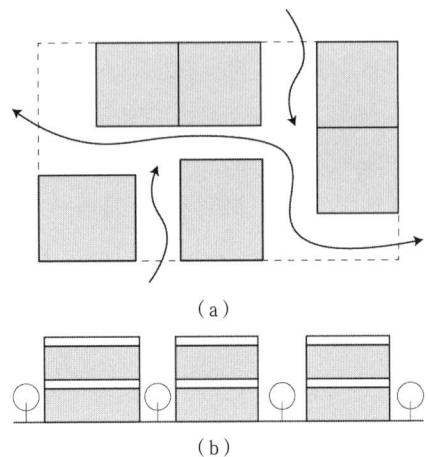

图4-55 水平方向分散体量引导通风策略
（a）典型平面图；（b）典型剖面图
（来源：张心雨自绘）

以华南理工大学逸夫楼人文馆为例。根据场地在校园中的特殊位置及校园生态的空间设计要求，建筑的总体设计思想是"少一些、空一些、透一些、低一些"。该建筑以三组建筑围合中心庭院为基本空间格局：东侧规整的南北走向的展览体量应对东侧南北向道路和矩形湖面，由排列整齐的圆柱支撑顶部的条形遮阳构件，覆盖其下部基座层之上的方形与椭圆两个体量，之间的平台营造入口灰空间；西侧采取自由的体量布局，以南北两处较小的体量围合庭院，并结合景观和亲水设计使建筑与环境融为一体；建筑体量中间穿插院落，并用开敞连廊连通。空透的分散体量和屋顶遮阳构架回应了南方湿热地区建筑的通风、采光和遮阳问题（图4-56）。

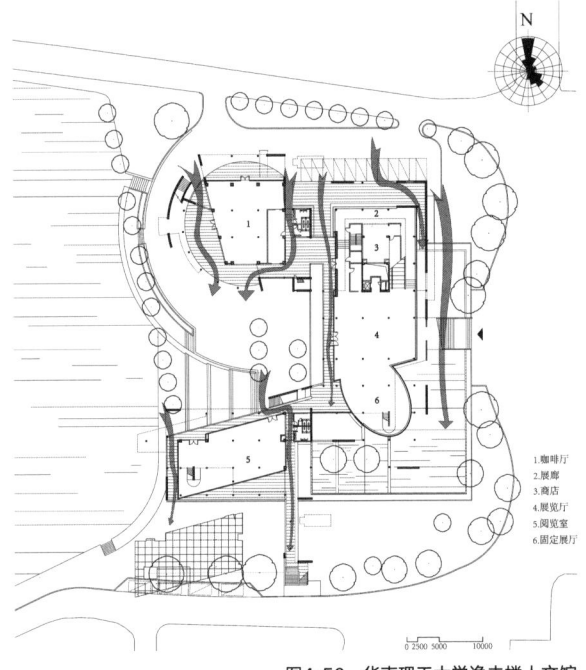

1. 咖啡厅
2. 展廊
3. 商店
4. 展览厅
5. 阅览室
6. 固定展厅

图4-56 华南理工大学逸夫楼人文馆
（来源：武长乐改绘）

分散的空间组织不仅仅适用于低层空间，其在高度方向上也同样发挥作用（图4-57）。OPEN建筑事务所设计的深圳清华大学海洋中心，其核心概念是将传统的水平方向的校园合院模式引入到高度方向中。将一个巨大的建筑体块通过切割分解为多个规模各异的办公和实验室单元，并在这些单元间嵌入园林式的共享空间，如自习室、会议室和半室外交流区。这些空间不仅在高度方向上形成了连续的半室外公共空间，而且打通了南北向的通风路径，优化了微气候环境。通过有效屏蔽强烈日照并维持自然通风，这些共享空间提供了舒适的热环境，成为研究人员休息和学术交流的理想场所（图4-58）。

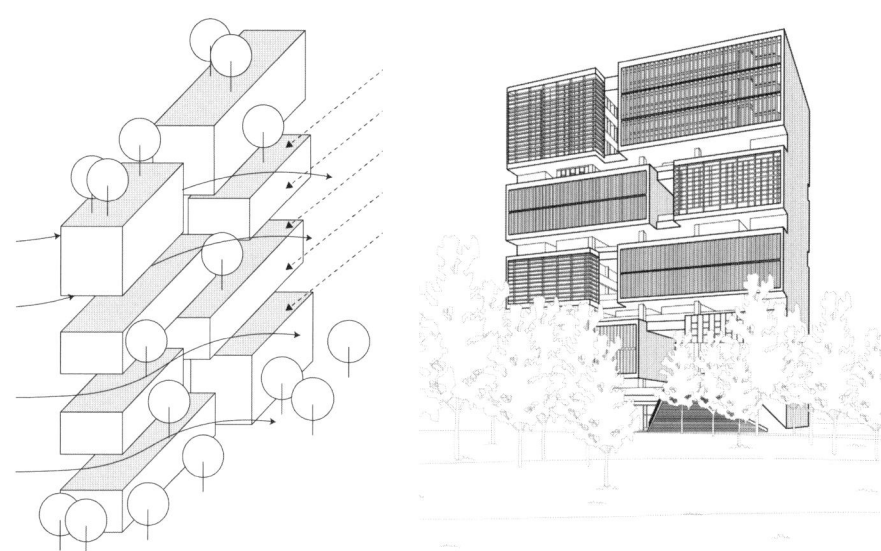

图4-57　高度方向分散体量引导通风策略
（来源：王琦改绘）

图4-58　深圳清华大学海洋中心
（来源：曹馨怡改绘）

2）垂直贯通式组织气候缓冲空间

所谓垂直贯通式组织气候缓冲空间，是指以竖向连续的空间作为室内主要使用空间与室外气候之间的阻隔或缓冲，一般包括内庭院、边庭等空间。此类空间可以有效调节气候因素的影响，例如引导风的垂直流动，促进光线的垂直穿越，以及调节热量的垂直分布和传递，从而提升整体室内环境质量。

垂直贯通式性能空间按照其在空间组织中插入的位置可以细分为核心区域和边界区域。

（1）核心区域的垂直贯通式组织。

核心区域的垂直贯通式性能空间组织是指在建筑空间组织的内部核心区域位置插入气候缓冲空间，用以调节室内环境。其最主要的形式为内庭院，即以内庭院为核心空间，组织各功能空间的同时调节气候因素的影响。

以托马斯·亚历山大·赫斯维克（Thomas Alexander Heatherwick）设计的南洋理工大学教学中心（Nanyang Technological University – Learning Hub）

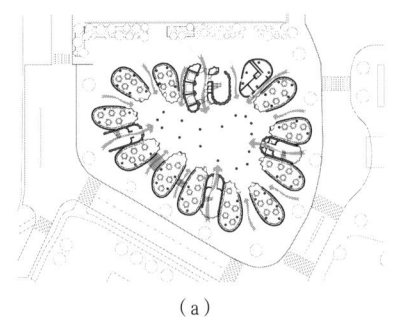
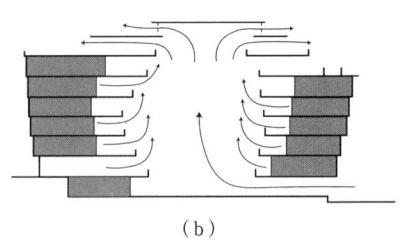

(a) (b)

图4-59 南洋理工大学教学中心
(a) 平面图；(b) 剖面分析图
来源：(a) 曹馨怡改绘；(b) 张心雨自绘

（图4-59）为例，其主要功能是为学生提供自习和交流的空间。12座逐渐向底部收拢的塔楼，有序地环绕着巨大的中庭空间。为了适应该地区整年的高温，建筑采用开放的、可渗透的中庭。塔楼之间相互间隔，形成漏斗状的通风洞口，从而在最大限度地利用各个方向渗透自然风的同时，加速了流过狭窄风道的空气。建筑东南侧局部底部架空，促进了地面风进入中庭。较高的竖向中庭形成向上拔风的烟囱效应，整个中庭形成了天然的换气口，使人感到凉爽舒适。

该项目获得了新加坡建筑管理学院颁发的绿色建筑标志金奖（Green Mark Platinum Status）。

建筑空间体量过大时，在局部插入内庭院，过滤室外不利的环境因素，选择自然通风和自然采光等有利因素进行利用，可起到降低能耗的作用，并同时为使用者提供感官、精神上的愉悦。

路易斯·康在金贝尔艺术博物馆中设置了三个采光庭院，打断了连续的拱顶结构。观众在参观过程中，可以在室内和室外变换视野，消除疲劳感。三个院落不同的空间比例，产生不同的光线效果。同时，为了确保光线的适度引入和视觉的舒适，康在内庭种植了景观树。这些树木在阳光的照射下产生柔和的光影效果，从而使光线更加温柔和自然（图4-60）。

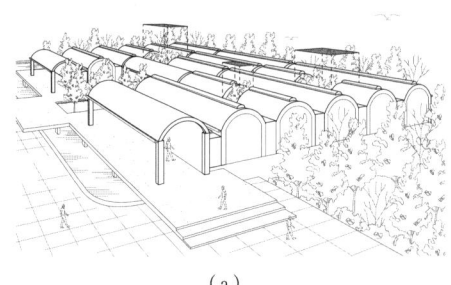
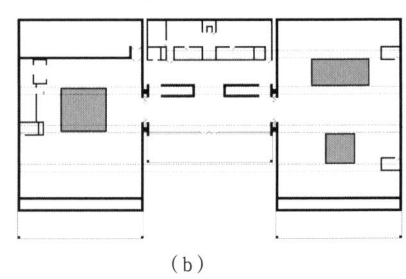

(a) (b)

图4-60 金贝尔艺术博物馆
(a) 金贝尔艺术博物馆鸟瞰图；(b) 平面图
来源：(a) 仲雨晨改绘；(b) 王琦改绘

（2）边界区域的垂直贯通式组织。

垂直贯通式组织气候缓冲空间不仅仅适用于建筑空间的核心位置，在建筑的边界区域组织气候缓冲空间同样可以有效调节室内物理环境。对于边庭、边院等空间的组织，需要结合地域具体环境气候条件进行详细分析，充分发挥其调节气候因素影响的作用，优化室内环境。

①边院：由史蒂文·霍尔建筑事务所（Steven Holl Architects）设计的休斯顿当代艺术博物馆Nancy and Rich Kinder新馆，其底层各个方向均对外开放。建筑四周由七个花园分割，形成入口空间，打断了立面的连续性。自然光线通过花园引入底层空间，在让人们观赏室外景观的同时，也使底层空间获得了柔和充足的光线（图4-61）。

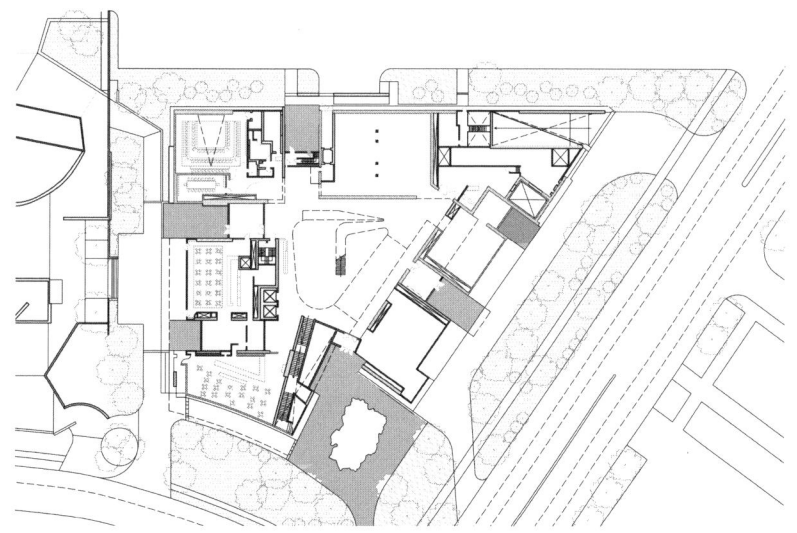

图4-61　休斯顿当代艺术博物馆Nancy and Rich Kinder新馆平面图
（来源：杜柯成改绘）

②敞廊：新加坡国立大学设计与环境学院新楼（School of Design and Environment of the National University of Singapore）的设计目的有两个：第一，建筑师希望设计一个零能耗建筑；第二，将建筑作为一个现实中的实验室，用来学习、测试各种技术和应对严酷热带气候的建筑措施。建筑设计利用了东南亚本土热带建筑的基本原理，采用巨大的出挑屋顶形成敞廊，为内部房间遮阳，同时采用松散的房间布局引导通风等设计策略（图4-62）。

③退台：建筑空间退台的组织形式实则是通过在界面处层层引入边院等气候缓冲空间，调节气候因素的影响，引导自然通风，促进自然光线引入深处空间，以及对热量进行调节，使之均匀分布（图4-63）。纽约曼哈顿甘斯沃特区的惠特尼美国艺术博物馆（Whitney Museum of American Art）由伦佐·皮亚诺设计。博物馆的设计旨在最大限度地利用自然光，从五层开始设

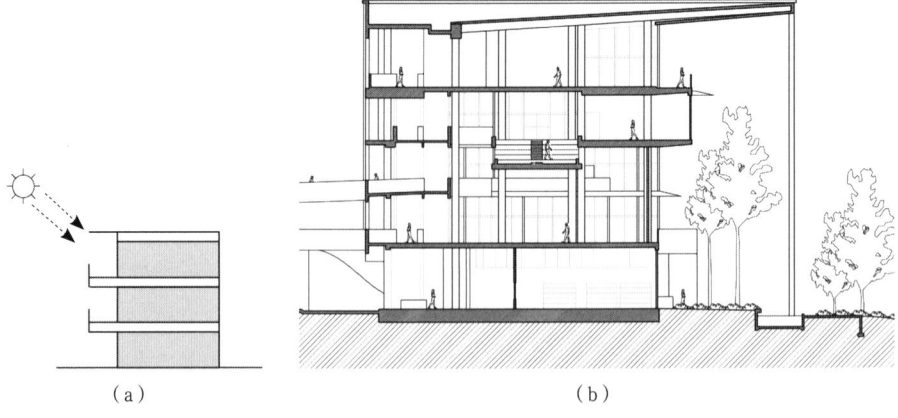

图4-62 新加坡国立大学设计与环境学院新楼
（a）敞廊抵御强自然光剖面示意图；（b）剖面图
来源：（a）张心雨自绘；（b）杜柯成改绘

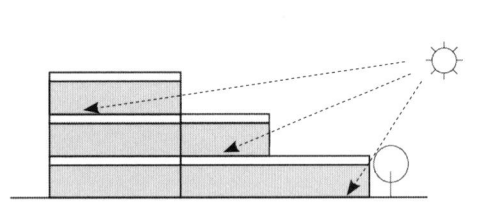

图4-63 退台调节气候因素影响策略示意图
（来源：张心雨自绘）

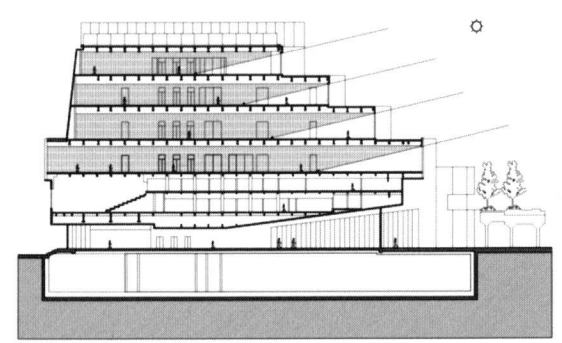

图4-64 纽约惠特尼美国艺术博物馆
（来源：薛嘉玮改绘）

置了多个户外露台，战略性地放置了大窗户和天窗，使日光深入内部空间。这一设计减少了白天对人工照明的依赖，降低了能耗，并为观赏艺术品提供了更宜人的自然光环境。窗户进行了外部遮阳装置的设计，可防止过度的热增益，减少了制冷负荷（图4-64）。

采用层层内退的建筑剖面组织形式，同样是通过边界的气候缓冲空间，调节室内物理环境（图4-65）。诺曼·福斯特设计的伦敦市政厅（London City Hall）（图4-66），其整个建筑造型独特，为倾斜的螺旋状玻璃球体，由下至上向南倾斜31°。伦敦市政厅的造型并不是随意得来的，其在设计过程中通过对全年阳光照射规律分析得到了建筑表面的热量分布图，建筑物朝南倾斜，尽量减小建筑暴露在阳光直射下的面积，以获得最优化的能源利用效率。采用这种处理可在保证内部空间自然通风和换气的同时，巧妙地使楼板成为重要的遮光装置之一。同时，建筑在北面投下的阴影区面积也减小了，使得北侧的人行道尽可能多地得到阳光。此外，出挑形成的阴影区也加速了空气的流通，改善通风条件。

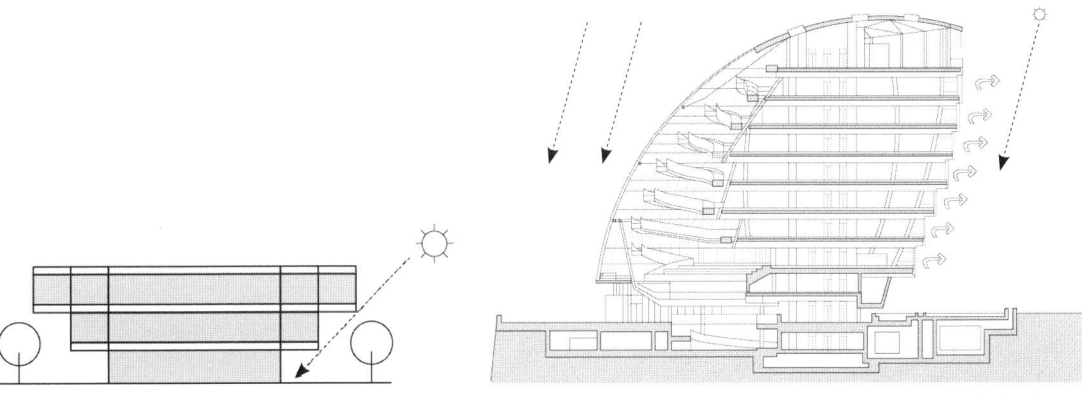

图4-65 内退台调节气候因素影响策略示意图
（来源：张心雨自绘）

图4-66 伦敦市政厅剖面图
（来源：薛嘉玮改绘）

3）立体连续式性能空间组织的低碳优化设计策略

不管是水平穿越式还是垂直贯通式的性能空间组织，其设计的核心目的是在空间组织中形成连续的空间，以促进空气流通、增强自然光照，并实现热量的均衡分布。通过水平穿越式与垂直贯通式共同构建形成立体连续的空间系统，可以更好地响应气候机制，对风流、光线和热流进行立体全方位的优化组织，从而得到最优解，满足室内物理环境的舒适性。

以风环境为例。风压通风在气流流动速度较大时起作用，可在朝向主导风向设置水平穿越的空间，引入自然风；而当在炎热气候或空气流动较慢时，热压通风成为重要的通风策略，可在剖面垂直方向设置贯通空间，组织气流流动的路径，形成热压通风。一般来说，风压通风在水平方向上起作用，在迎风面和上层空间使用；热压通风在垂直方向上起作用，在背风面和无风的下层房间使用。因此，可将水平穿越空间与垂直贯通空间相组合，在平面与剖面的空间组织中为空气流动设置连续的路径及开口，形成复合化的连续流动空间，使风压通风与热压通风共同作用，引导风的流动。

光线的传播和热量的传递与风流动的组织原理具有相似性，它们都可以在立体连续的空间中得到有效的组织和优化。这种空间组织形式以光线和热量传递的分析为基础，结合对特定地域气候环境特征的深入理解，实现与气候适应性设计相协调的组织形式。

以诺曼·福斯特设计的法兰克福商业银行大厦（Commerzbank Tower），其53层高的塔楼采用三角形平面，中间核心部分围合出垂直通高的三角形中庭，如同一个大烟囱，形成稳定的热压通风道。三角形三个边上的办公空间每隔八层设置一个四层高的空中花园，围绕中庭盘旋向上旋转；多个空中花园分布在三个方向、不同标高上。花园外侧面为可电控调节开启程度的双层玻璃幕墙，花园面对大厅完全敞开，并根据方位种植各种植物和花草，这样

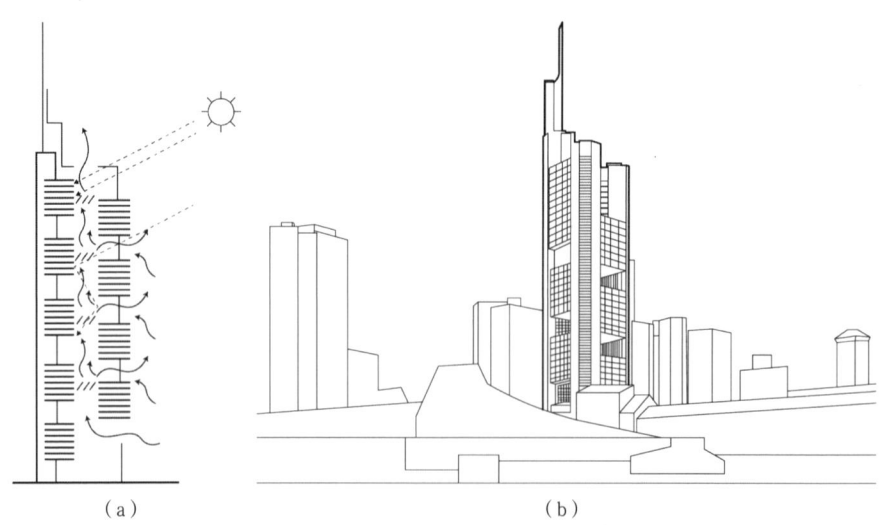

图4-67 法兰克福商业银行大厦
（a）剖面分析图；（b）外观
来源：（a）张心雨改绘；（b）孙启薇自绘

既可以给建筑内每一个办公空间都带来令人愉悦和舒适的自然绿色景观，又能成为"烟囱"的进、出风口，从而有效地组织了办公空间的自然通风，并可使阳光最大限度进入建筑内部，减少了不可再生能源的消耗和机械耗能（图4-67）。

4.3.3 应对气候多变性和功能动态性的灵活组织

如前文所述，性能空间的划分是根据环境条件和人们的具体使用功能灵活界定的，具体表现在应对气候的多变性和使用功能的动态性两个方面。因此，在回应气候因素与功能特征双重影响下，建筑空间的组织就需要更敏锐、更精细、更灵活的方式进行综合性的设计。

1）应对气候因素的复杂多变性

公共建筑中的各类空间回应气候要素的需求往往不是单一的，大多数情况下都是多种气候要素的综合影响。对待气候要素，一般有相反的两种态度：引入并加以利用；排斥并加以控制。当应对不同的气候因素，室内物理环境需求目标一致时，称之为同向叠加，一般有通风+采光，采光+得热，防风+得热等；当需求目标是相反或相互矛盾时，称之为反向矛盾，一般有通风-得热保温，避光-得热，采光-防热等，其设计需要结合具体场地环境和使用功能综合分析判断。

例如，中国建筑设计研究院创新科研示范中心地处我国寒冷气候区，除满足空间的采光需求外，如何在夏季疏导自然风并防止西晒，以及在冬季防止冷风渗透并尽量争取辐射热，是该建筑设计所面临的现实问题。该建筑在空间形态组织上，核心筒及相关辅助空间被置于西侧，利用低性能空间阻挡西北向冬季风，并有效阻止西晒；办公空间等对采光、通风需求较高的高性能空间置于东南侧，通过减少隔墙和隔断以加强或疏导自然风；模型室和会议室等对采光需求不高的空间则置于平面中心，以退台的形式布置在北向的连续中庭，起到有效组织建筑内部空间、增强能量循环和畅通风流的作用；屋顶花园和篮球等休闲运动空间置于屋顶。该案例是以空间组织模式解决防风-采光-得热问题的代表性案例（表4-2）。

中国建筑设计研究院创新科研示范中心平面分析　　　　表4-2

基于风环境的空间组织	基于光环境的空间组织	基于热环境的空间组织
设备间、楼梯间等低性能空间置于西北侧，同北向中庭共同抵抗冬季西北寒风，以降低冬季采暖能耗	中庭为大进深建筑室内提供了充足的采光	办公等高性能空间置于东南向，以获取充足的光线和热量，降低冬季采暖能耗

（来源：王琦根据《气候适应型绿色公共建筑集成设计方法》改绘）

又如，深圳市建筑科学研究院办公大楼地处我国夏热冬暖地区，需要面对夏季防热和自然通风需求，而不需要考虑冬季保温和防风问题。由于进深较大，为获得充足的自然光，大楼通过东向凹口将平面分为南北两部分，进深均控制在15m以内，由此获得三面自然采光；同时，夏季东南风通过凹口进入建筑内部，整体实现自然通风。大楼内的交通和休闲等公共空间多为气候缓冲空间，增加了与外界自然接触的层次，避免了人工环境所产生的巨大建筑能耗，为使用者创造了优良的心理及生理环境。该案例是以空间组织模式解决通风-采光-隔热问题的代表性案例（表4-3）。

2）应对使用功能的灵活多样性

性能空间的划分以使用功能对室内物理环境性能的需求为依据，然而，空间的使用功能具有灵活多样性特征。同一个空间在不同时间承担不同的使用功能，例如公共建筑中的多功能厅；或者同一功能在不同时间有不同的

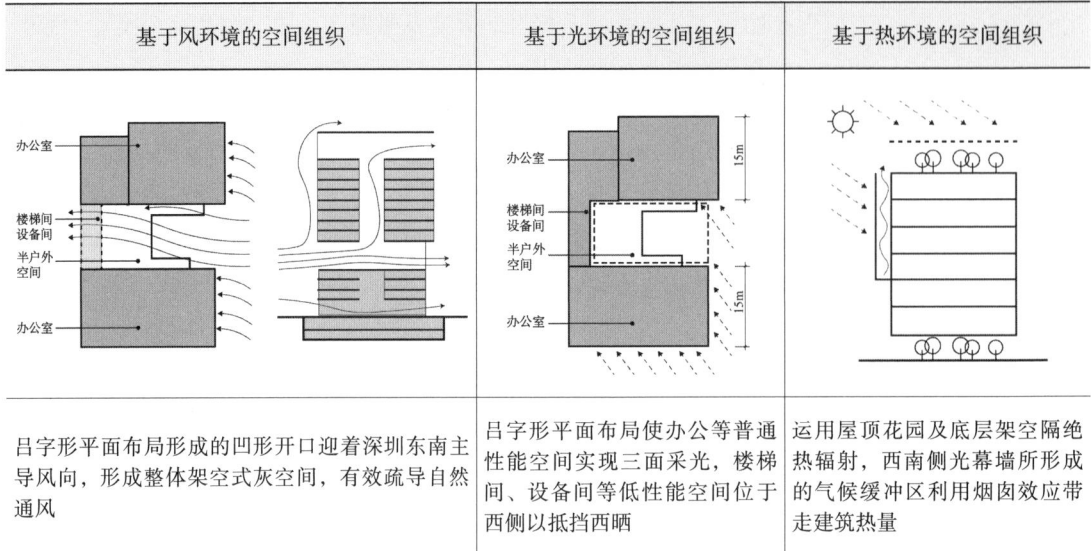

深圳市建筑科学研究院办公大楼剖面分析　　　　表4-3

基于风环境的空间组织	基于光环境的空间组织	基于热环境的空间组织
吕字形平面布局形成的凹形开口迎着深圳东南主导风向，形成整体架空式灰空间，有效疏导自然通风	吕字形平面布局使办公等普通性能空间实现三面采光，楼梯间、设备间等低性能空间位于西侧以抵挡西晒	运用屋顶花园及底层架空隔绝热辐射，西南侧光幕墙所形成的气候缓冲区利用烟囱效应带走建筑热量

（来源：宋蓝青改绘）

使用人群，例如办公空间在夜间下班后基本空置。不同的使用功能和行为方式，以及不同的使用人群和规模，都对室内物理环境性能提出了不同的需求。这些功能的使用行为在实践维度上呈现多样性差异，有的具有周期性规律，有的则是随机的和间歇性的。

因此，应根据时间维度下不同空间的使用状况，采用"分时用能"的空间组织方式，既包括不同时态下自然能的利用，也包括非自然能的有节制使用，从而实现减少建筑整体能耗的目标。

位于印度艾哈迈达巴德的帕里克哈（Parekh）住宅中，查尔斯·柯里亚设计了两个相互平行却适合不同气候的空间区域。位于住宅东面的"冬季区"充分利用上午的阳光采暖，是在冬季和夏季夜间使用。"冬季区"的屋顶平台局部覆盖了遮阳棚盖，避免夏季过热。设于住宅中部的"夏季区"夹在"冬季区"和"服务核"之间，减少了其外露面积，以避开夏季下午强烈的太阳照射。"夏季区"的空间高度较高，并开有通风口，用来产生热压通风（图4-68）。设置不同的空间以充分利用自然能，并以此来应对季节的变化，这种传统智慧对于今天的设计仍具有启示意义。

在当代公共建筑空间设计中，应对气候和多元使用活动的变化时，可在细分用能时间的基础上，探讨更集约、高效和整合的空间组织方法。例如福州五四北泰禾广场，为应对商业娱乐活动的时间差异，将电影院和24小时营业的餐饮商铺等，结合交通流线，组织为相对独立紧凑的区域，从而以空间分区的手法实现分时用能（图4-69）。

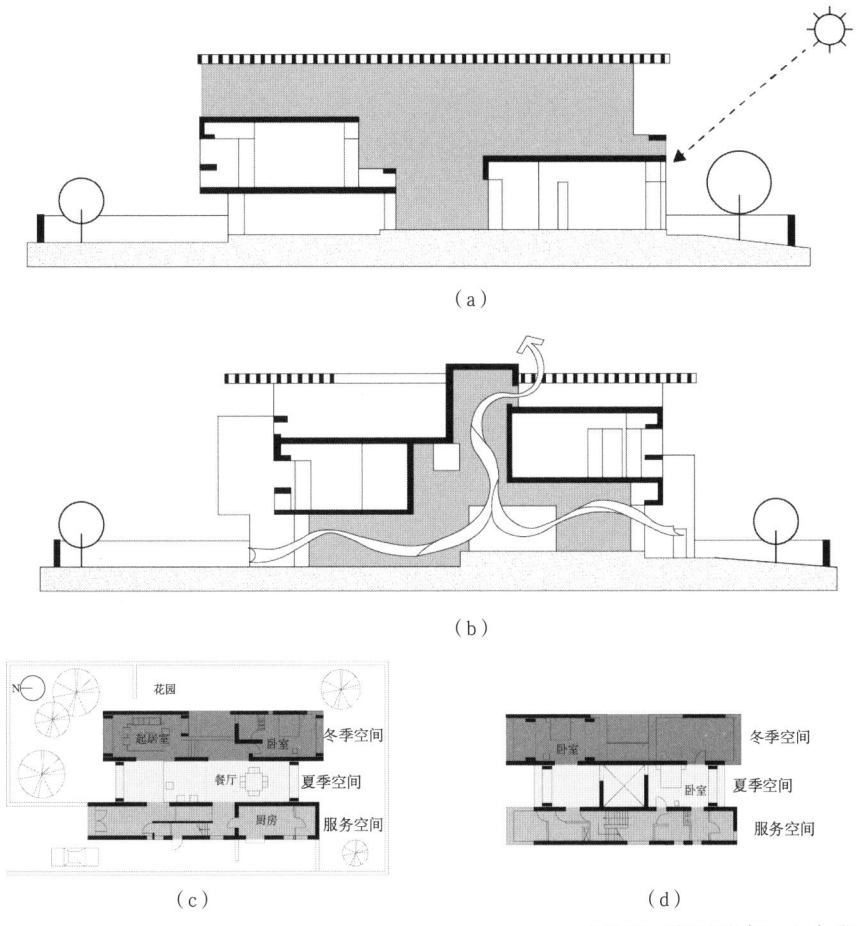

图4-68 帕里克哈（Parekh）住宅
（a）冬季区剖面；（b）夏季区剖面；（c）一层平面；（d）二层平面
（来源：王琦根据《太阳辐射·风·自然光》改绘）

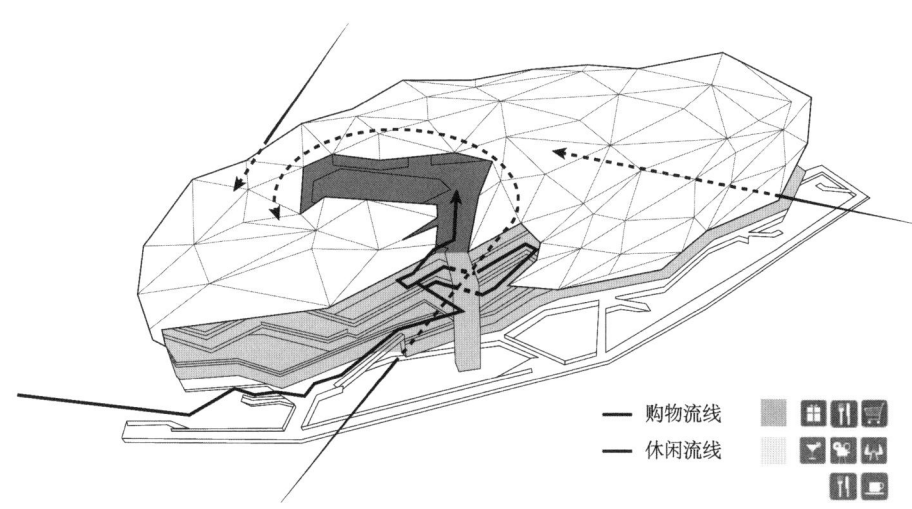

图4-69 福州五四北泰禾广场的独立24小时流线及使用分区
（来源：刘蓓改绘）

133

4.4 本章小结

空间设计是公共建筑设计的核心。为了保持空间的正常运作并满足舒适性要求，公共建筑通常会采用多种设备，如供暖、空调、通风和照明系统等，以控制室内环境。这些技术手段虽然提高了室内环境质量，但同时也导致了能源消耗和碳排放量的增加。本章以传统建筑学从使用功能角度对空间进行分类定义及组织设计为基础，在满足空间使用功能的基础上，提出了以降低能源消耗和减碳为目标，依据空间对室内物理环境性能需求为依据的空间分类及定义方法。同时依据室内物理环境与室外气候的紧密联系，研究空间设计及组织对气候的响应机制，采用被动式策略优化空间设计，架构以性能为导向的空间组织方法。这有助于在空间设计阶段就打下绿色低碳的基础，为实现可持续发展目标提供坚实的基石。

第 5 章 低碳公共建筑的技术设计原理

▶ 低碳公共建筑的技术设计包括哪些方面？
▶ 建筑结构中哪些结构体系碳排放量少？
▶ 低碳公共建筑围护结构中的减碳策略有哪些？
▶ 低碳公共建筑的设备系统中空调系统如何节能减碳？
▶ 低碳公共建筑中可再生能源利用的方式有哪些？

建筑技术是根据建筑领域的自然科学原理和生产实践经验发展而成的各种技术手段和设计方法，是有关房屋设计与建造中相关技术的总称。实践中，建筑技术设计主要包括建筑结构、材料构造、给水排水、暖通空调以及电气照明等方面。本章中，低碳公共建筑的技术设计主要涵盖建筑结构、围护结构、建筑设备和可再生能源利用等相关内容。建筑结构和围护结构等建筑实体需要使用大量的建筑材料，而建筑材料的生产和运输过程产生的碳排放构成了建筑中的主要隐含碳；建筑设备系统的应用决定了建筑在使用阶段的能源消耗，从而产生了建筑的运行碳；可再生能源利用是实现碳中和的重要手段。因此，在低碳公共建筑设计中，相关建筑技术设计是实现低碳的重要途径，应充分被重视。

5.1 低碳建筑技术观

5.1.1 工业时代建筑技术观——以满足人的需求为单一目标

纵观建筑历史的发展，在手工业时代，由于技术手段有限，传统建筑以就地取材、因地制宜为原则，通过适宜的建筑布局、地域材料的选择和合理的构造做法等，使传统建筑既能满足人类的使用需求，又能与自然环境和谐共存。例如，西北传统民居土窑充分利用黄河流域的地理条件，适应黄土高原的干旱气候，结合当地土壤条件，通过横向挖掘地形来创造室内空间。这种传统民居形式不仅节省建筑材料，又与自然融为一体，形成了冬暖夏凉的宜居环境。

随着近代科技的发展，工业化进程加速，人类成功实现了从手工业时代到工业时代的跨越。工业化大生产带来了新材料和新技术的应用。混凝土、钢铁和玻璃等现代材料的广泛使用，使得建筑的建造方式不再受自然资源的限制；空调、通风和照明等建筑设备的应用，使建筑不再受自然气候的制约。为了满足使用者对建筑空间舒适性的要求，更多依赖建筑设备的调节，导致了能源消耗的加剧，并加速了全球气候的恶化。因此，在工业时代，是以满足人的需求为单一目标，使人与自然环境的矛盾日益激化，人类面临能源危机、环境污染和气候变化的严峻挑战。

5.1.2 低碳建筑技术观——人的需求与自然环境双目标耦合

为了应对全球气候变化，实现碳中和目标，工业时代以满足人的需求为单一目标的建筑技术观已不再适用。树立人与自然和谐共生、建筑功能需求与可持续发展并存的低碳建筑技术观，是实现建筑节能降碳的必然选择。低碳建筑技术观旨在减少建筑全寿命期的碳排放，通过优化设计、节约材料且尽量采用低碳材料、利用可再生能源并提高能源效率，以及延长建筑使用寿命来降低碳排放。低碳建筑技术观的转变主要体现在以下几个方面：

1）主—被动式设计的结合

从过度依赖主动式设计，转变为主动式设计与被动式设计相结合的模式。主动式设计（Active Design）主要指建筑中依赖化石燃料等不可再生能源的空调和照明系统，还包括利用太阳能、风能等转换为电能的方式，以及依赖于辅助机械和动力设备的太阳热能利用设备。被动式设计（Passive Design）主要是指建筑通过合理的朝向设计、蓄热材料的使用、建筑遮阳和自然通风等策略，以最大限度地利用自然条件满足室内环境需求。被动式设计是被动接受或直接利用可再生能源，很少或不使用机械和动力设备，低碳建筑设计应继承并发展被动式设计，同时合理运用主动式设计，将主动与被动式设计相结合，实现建筑的可持续发展，以降低建筑运行中的能耗和碳排放。

2）绿色建材的应用

从单纯追求新材料的使用，转向新材料与绿色建材的合理应用。绿色建材在全寿命期内可减少对资源的消耗、减轻对生态环境的影响，是具有节能、减排、安全、健康、便利和可循环等特征的建材产品。低碳建筑设计可优先选择当地绿色材料，就地取材不仅可减少运输过程中的碳排放，还能彰显建筑地域特色。同时，尽量选择可回收利用的材料，可以减少新建筑材料的原料开采产业的碳排放。

3）可再生能源利用

从主要依赖化石能源转向广泛利用各类可再生能源。可再生能源是自然界可循环再生、取之不尽、用之不竭的清洁能源，包括太阳能、风能、地热能和生物质能等。通过应用可再生能源、可减少建筑运行阶段的碳排放以及其他能源转化为电能所产生的碳排放。这不仅能改善空气质量，减少环境污染，并有助于减少温室气体排放，缓解全球气候变化的影响，助力建筑向低碳乃至零碳方向演进。

4）建筑延寿

从大拆大建转向通过优化设计以实现建筑延寿。建筑延寿是通过延长建筑的使用寿命，减少了因新建建筑所需的材料生产、运输和施工过程中的碳排放，使建筑的年平均碳排放量显著下降。因此，延长建筑寿命不仅有助于节约资源和减少环境污染,还能实现经济效益与生态效益的双赢。

低碳公共建筑的技术设计是在公共建筑设计中,遵循低碳建筑技术观,通过建筑结构、材料、构造、设备及可再生能源利用等各个方面的优化设计,最大限度地减少建筑对自然环境的影响,从而实现低碳乃至零碳的可持续发展目标。

5.2 低碳公共建筑的结构体系设计

建筑结构的碳排放主要取决于材料的类型。据《中国建筑能耗与碳排放研究报告(2023年)》统计,2021年我国建材生产阶段碳排放17.0亿tCO_2,占全国能源相关碳排放的比重为16.0%,比例较大。而建筑材料大部分用于建筑结构,因此建筑师在低碳公共建筑的结构选型中,除了要考虑建筑结构的安全性、适用性、合理性及经济性以外,还要评估所选结构材料的低碳性能,以减少建筑结构中的碳排。

建筑结构类型按照所采用的材料主要分为:砌体结构、混凝土结构、钢结构和木结构。不同结构类型的建筑其主结构的建材在生产阶段碳排放强度差异较大,砌体结构以砖混结构为例,混凝土结构多为钢筋混凝土框架结构。根据图5-1所示,碳排放强度从大到小依次为:钢筋混凝土框架结构＞钢结构＞砖混结构＞木结构。其中,碳排放强度最大的钢筋混凝土框架结构是最小的木结构的2倍多。

以上四种主要建筑结构中,不同结构类型的建材在建筑全寿命期的碳排放与碳汇存在差异。如表5-1所示,砖混结构和混凝土结构在碳化过程中可

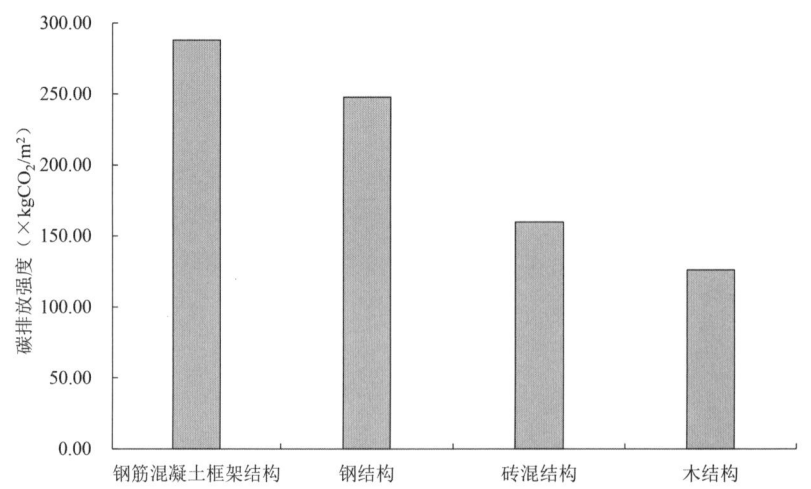

图5-1 四种结构类型建筑碳排放强度对比图
(来源:刘竞男根据《建筑全生命周期的碳足迹》改绘)

不同结构类型的建材在建筑全寿命期的碳排放与固碳作用　　　　　表5-1

结构类型	建造物化阶段				使用维护阶段		拆解回收阶段		
	建材原料	工厂加工	材料运输	施工建造	建筑运维	建筑拆除	回收使用	彻底废弃	
砖混结构				↑ CO_2	↑↓ CO_2	↑↓ CO_2	↑↓ CO_2	↓ CO_2	
混凝土结构	↑ CO_2	↑ CO_2	↑ CO_2						
钢结构				↑ CO_2	↑ CO_2	↑ CO_2	↓ CO_2	↓ CO_2	
木结构	↓ CO_2								

（来源：李世萍自绘）

吸收少量CO_2，但总体固碳作用并不明显，产生的碳减量有限。钢结构建筑的全寿命周期内只有碳排放，而没有固碳作用，但钢结构的材料回收率高，钢材可通过循环利用回收部分碳排放，从而在一定程度上减少了整体碳排放量。相比之下，木结构中主要使用的木材，其通过植物生长阶段的光合作用大量吸收CO_2，具有显著的固碳作用。因此，不同结构类型的建材在建筑全寿命周期中的固碳作用存在显著差异。

综上所述，合理选择建筑结构类型能够相应减少碳排放量。每种结构都有其独特的适应性，因此在建筑结构设计时应综合考虑多方面的设计因素。针对不同结构形式和碳排放的特点，选择适宜的减碳策略，是实现低碳建筑的重要途径。

5.2.1 砌体结构的低碳设计策略

砌体结构由砖、石或土坯砖等材料砌筑而成，是可以作为竖向承重构件的建筑结构。砌体材料，如土、石和砂是天然材料，具有分布广、易广泛获得，且保温隔热性能好等特点，因而被大量使用，是传统建筑常用的建筑结构类型。砌体结构的缺点是自重大、强度较低且抗震性能差，因此，砌体结构建筑在抗震区受到一定使用限制。砌体结构的低碳策略主要包括以下几点：

1）优先选用碳排放因子小的砌体材料

砌体结构建筑通常使用三种不同类型的砌体材料，分别为普通烧结砖、复合砖以及生土砖。如表5-2所示，复合砖的碳排放量大小介于普通烧结砖和生土砖之间。相比普通烧结砖,复合砖的碳排放量可以减少约32%,这主要是因为复合砖本身具有大于45%的孔洞率,且复合砖保温填料配比中约有1/3的粉煤灰,减少了原料页岩的消耗量,从而降低了碳排放量。因此,在砌体结构建筑中可以使用复合砖代替普通烧结砖,从而可减少约30%的碳排放量。砌体结构建筑不同种类砖的碳排放因子不同,在满足要求的前提下,设计中可尽量选择碳排放因子小的砖。

不同种类砌体的碳排放因子　　　　表5-2

材料名称	普通烧结砖	复合砖	生土砖
碳排放因子($kgCO_2e/m^3$)	488.79	332.22	14.66

生土砖和石砌块是传统建筑的主要建筑材料之一,其无须焙烧,通过简单物理加工后便可用于房屋的建造,生土砖的碳排放因子仅为$14.66kgCO_2e/m^3$。例如,甘肃省庆阳市毛寺村的毛寺生态小学使用了大尺寸土坯砖来搭建形成了厚重的墙体,如图5-2所示。土坯砖是由地基挖掘出来的黄土压制而成,而土坯砖的碎块废料还可混合到麦草泥中作为粘接材料,据统计,其产生的碳排放仅是240mm厚的普通烧结砖墙的12.5%。

2)就地取材

砌体结构的材料尽量选择当地的天然材料,这样可以减少长途运输所需的能源消耗,从而降低二氧化碳的排放。当地材料通常更适应当地的气候和环境条件,具有更好的耐久性和稳定性。在建筑全寿命期中,天然材料更容易回收和再利用,从而减少建筑废弃物的产生。因此,通过选择当地的天然材料进行砌筑,不仅可实现减碳和可持续发展,还能推动地域文化传承。

多明纳斯酒庄(Dominus Estate)的整体结构中最突出特征是其石笼墙(图5-3)。石笼墙是在金属笼子中堆叠石材而成,这些石材都是在当地采购的各种尺寸的石头。石笼墙过滤自然光到室内,同时实现温度控制,这对葡萄酒酿造过程至关重要。

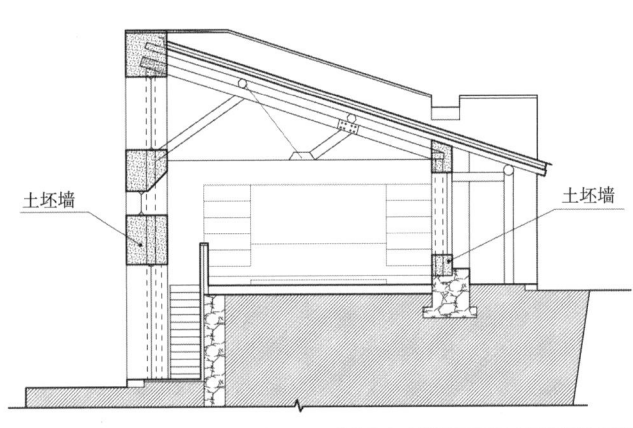

图5-2　毛寺生态小学建筑采用土坯砖墙体承重
(来源:武洋禾改绘)

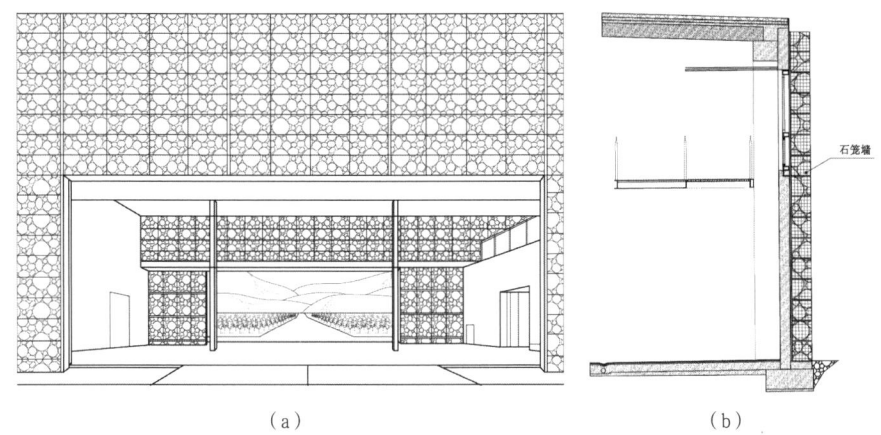

图5-3 多明纳斯酒庄采用石笼墙
（a）石笼墙立面外观；（b）石笼墙剖面构造
（来源：武洋禾改绘）

5.2.2 钢筋混凝土结构的低碳设计策略

钢筋混凝土结构具有高强度、耐久性、可塑性和整体性好等优点，是当前公共建筑中应用最广泛的结构形式。其缺点包括自重大、施工复杂、回收利用难和较高的碳排放。针对钢筋混凝土结构碳排高的特点，其低碳策略主要包括：

1）延长建筑使用寿命

钢筋混凝土结构的主材是钢材和混凝土，在物化阶段，约35%的碳排放是由钢材所产生的。虽然在物化阶段钢材的碳排放无法直接减少，但是因为钢材的耐久性与耐候性强的优势，可以在设计阶段增加建筑使用年限，从而减少建筑年碳排放强度。钢筋混凝土结构中混凝土的强度随时间的增长而增长（图5-4），这决定了钢筋混凝土结构良好的耐久性。

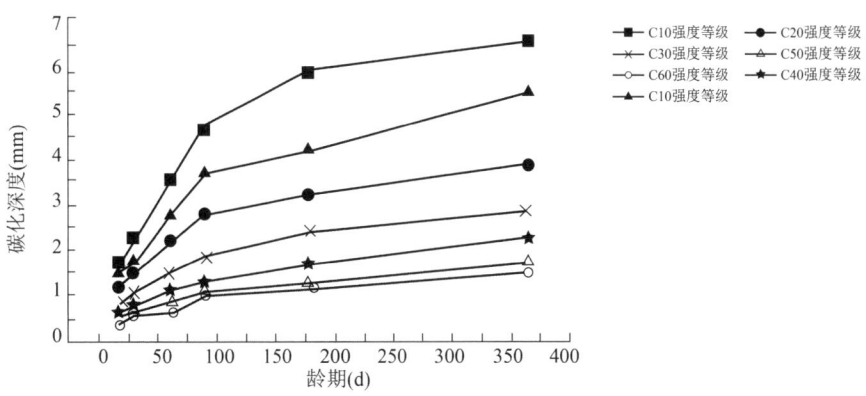

图5-4 混凝土强度随龄期的变化
（来源：张焰文根据《建筑全生命周期的碳足迹》改绘）

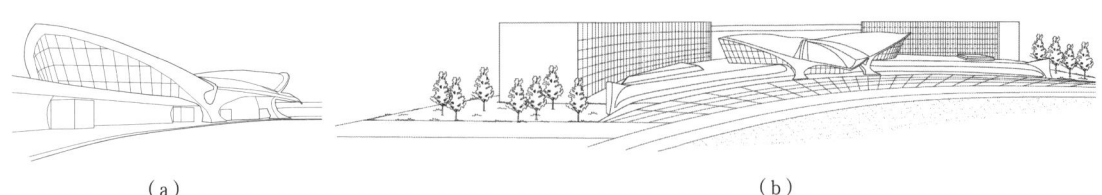

图5-5 纽约肯尼迪机场改造前后
(a) 改造前为候机楼；(b) 候机楼改造为酒店大堂加建客房部分
来源：(a)《建筑设计资料集第三版第7分册》；(b) 崔世雯、孙启薇改绘

混凝土结构稳定，使用年限长，往往过早拆除是因为其建筑功能不再适用。故延长混凝土结构使用年限就要求建筑师在设计阶段应充分考虑建筑空间的可变性和使用的灵活性，使建筑适用于不同时代的需求，从而实现延寿以达到低碳设计的目标。例如，1962年建成的纽约肯尼迪机场第五航站楼在2019年完成改造（图5-5）。建筑改造保留了原航站楼的大部分内部结构，将其独特的建筑特色融入改造后的酒店设计中。其中，酒店的大堂空间巧妙地由原候机休息区域改造而成，既延续了建筑的历史记忆，又赋予其全新的功能和活力。

2）降低混凝土的用量

混凝土作为钢筋混凝土结构中的主要材料，可通过优化结构设计来降低混凝土的用量，从而实现减碳的目的。例如混凝土薄壳结构，是一种通过减少混凝土结构的厚度来达到减少混凝土用量的设计方法，它通常应用于屋面和墙面等大面积结构上。

霍奇米洛克餐厅（Los Manantiales）采用了混凝土薄壳结构设计。它由4组32m跨度的交叉拱相交形成，支撑着4个双曲抛物屋面的荷载。屋面在重力荷载下是纯压的薄壳，仅为抵抗温度作用和混凝土徐变配置少量钢筋。整个屋面未设置边梁，顶端最薄处混凝土壳体才4cm厚，V形交叉拱最厚处也仅有12cm厚（图5-6）。

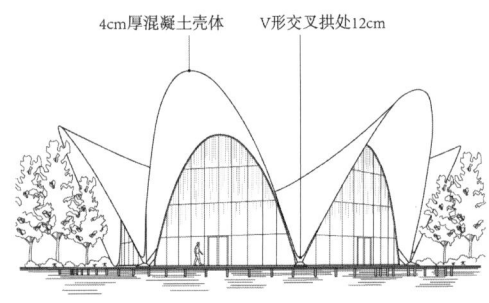

图5-6 霍奇米洛克餐厅采用混凝土薄壳结构
（来源：孙启薇改绘）

3）采用预制混凝土构件，提高装配率

采用预制混凝土构件能够提高建筑的装配率，减少施工过程中的碳排放。预制混凝土构件在工厂内生产，可以精确控制生产过程，减少材料浪费和能源消耗。此外，预制构件的标准化设计能够提高施工效率，缩短工期，进而减少施工现场的碳排放。例如，意大利巴里市的圣·尼古拉体育场（Stadio San Nicola）的观众席整体呈椭圆形，如图5-7所示，是通过预制310根新月牙混凝土梁和预制

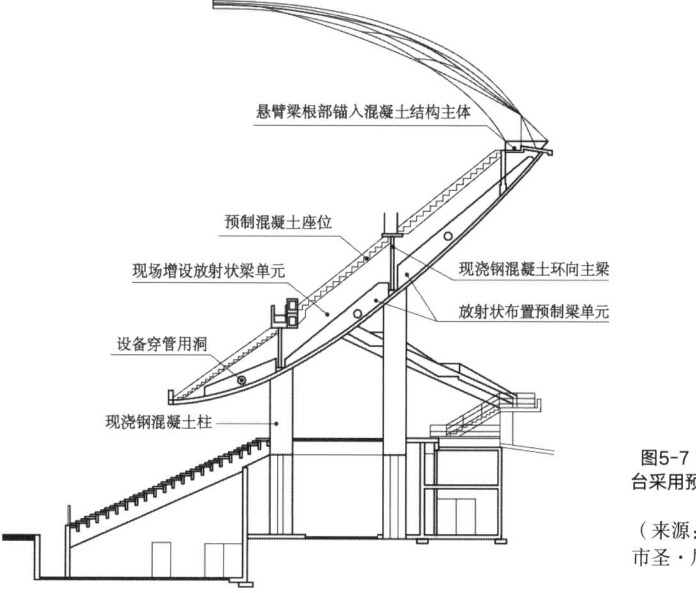

图5-7 圣·尼古拉体育场看台采用预制新月牙混凝土梁和预制混凝土座位
(来源：武洋禾根据《巴里市圣·尼古拉体育场，意大利》改绘)

混凝土座位，现场组合而建成的，预制构件减少了现场施工的时间和施工污染，降低了碳排放。另外预制混凝土构件通常采用再生材料，如再生骨料和粉煤灰，因此能够减少对原始资源的需求，促进可持续发展。

5.2.3 钢结构的低碳设计策略

钢结构是以钢材为主要承重骨架的结构形式。因钢材具有较高的抗拉、抗压和抗剪强度，钢结构构件截面尺寸小且自重轻，钢结构的基础负载相对减少。同时，钢结构建造过程节能、节水、节地且施工周期短，其材料钢材可拆装和循环利用，是理想的低碳公共建筑结构形式。钢结构的低碳策略主要包括以下几个方面：

1) 钢结构的轻量化设计

钢结构中主要的碳排放是由钢材产生的。钢结构建筑具有轻质高强的特点，在满足功能使用的前提下，可以优先考虑通过自身结构轻量化来实现减碳优化策略。例如，张拉膜结构中的支撑钢结构是依靠支撑杆和拉索与膜的张拉应力共同构成的结构体系，通过施加预应力的拉索支撑膜材，形成稳定的建筑形式，因此不需要大量的钢材作为支撑。轻型张拉膜结构在满足稳定性的前提下达到了最轻的自重比例。

1957年科隆园艺展舞场（Tanzbrunnen für die Bundesgartenschau），由6根梭形柱撑吊起张拉膜，再以6根稳定索向下压住膜材以平衡受力，覆盖了直

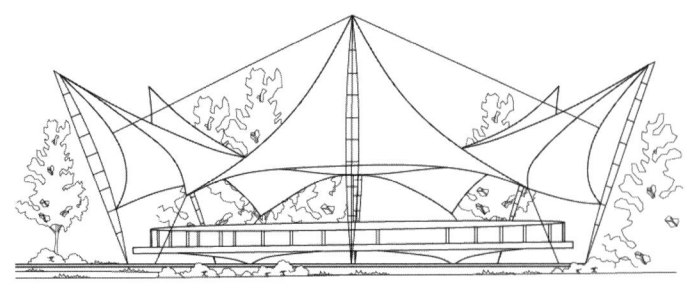

图5-8 科隆园艺展舞场采用轻型张拉膜结构
（来源：孙启薇、崔世雯改绘）

径33m的室外舞场区域。轻型张拉膜的应用实现了建筑的轻量化，减少了钢材的使用量从而实现节能减碳（图5-8）。

2）建立标准构件，提高装配率

建立标准化的钢结构构件并提高装配率，是进一步提升钢结构效率和减少碳排放的关键措施。标准化构件批量生产可降低制造成本，同时钢结构标准化构件具有较高的灵活性和可扩展性，便于未来建筑的扩建和改造。同时，标准化构件可提高装配率，通过工厂的提前预制和现场快速组装，显著缩短钢结构的施工周期，减少施工过程中的能源消耗和碳排放。此外，标准化构件利于拆卸后组装再利用。

大疆天空之城大厦由东、西两栋塔楼组成，两塔均以巨型钢架支撑，并通过玻璃桥相连。每座塔外悬挂6个钢结构玻璃立面箱体，采用全钢结构，带悬挂层的支撑框架筒结构体系，形成基于强壮核心筒的传力逻辑，建筑物整体装配率高达80%以上，广泛应用了装配式施工和信息化智慧建造的新技术（图5-9）。

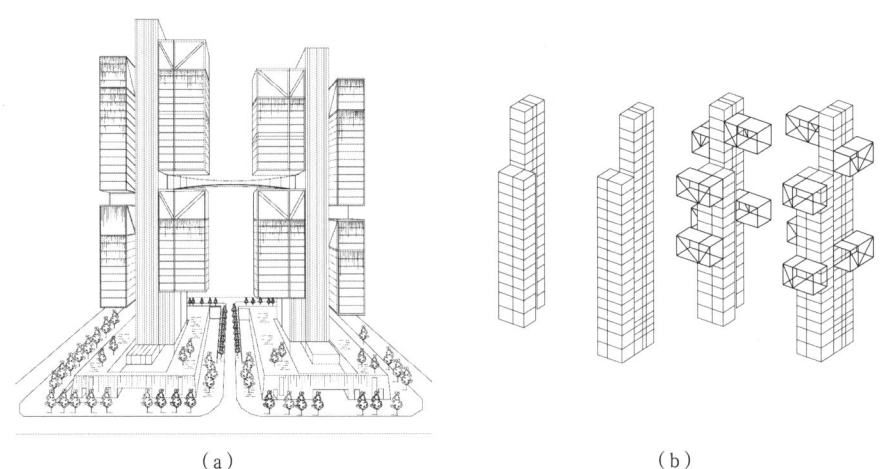

（a）　　　　　　　　　（b）

图5-9 大疆天空之城大厦应用了装配式施工
（a）东、西两栋塔楼；（b）带悬挂层的支撑框架筒结构体系
（来源：武洋禾改绘）

3）增加空间灵活度，延长寿命

钢结构在设计时可以考虑未来的扩展和改造需求，利用钢结构自身较高的灵活性，尽量保证内部空间开阔。这使得建筑可以根据需求进行重新布局和改造，实现功能转变和扩展，而无须大规模拆除和重建，进一步延长建筑的生命周期，从而减少建筑材料的浪费和施工过程中的碳排放。

深圳国际低碳城会展中心升级改造中，保留了原有的钢结构框架并重新涂装。原有外墙在框架之内局部后退，立面表皮由封闭转为开放，同时留出大量介于场地与室内空间的过渡区域，更适于会展中心的功能和形式需求（图5-10）。在建筑改造更新中，建筑师的低碳化理念推动了结构实现长寿命的可能性。

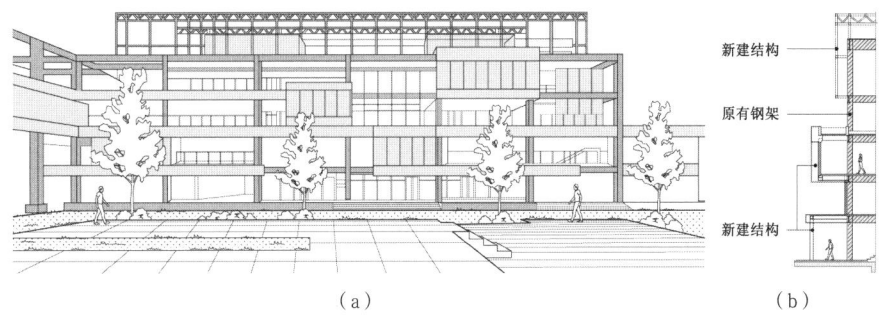

图5-10 深圳国际低碳城会展中心改造
（a）改造后表皮由封闭转为开放；（b）保留原有结构
（来源：孙启薇、李双羽改绘）

5.2.4 木结构的低碳设计策略

木结构是指以木材为主要受力骨架而建造的结构，适用于中低层建筑，也可用于大跨度和高层建筑中。木结构具有较好的保温隔热性能、重量较轻、建造方便及抗震性能良好等优点；它的缺点是材料受力性能各向异性明显，容易腐蚀，且容易燃烧。木结构建筑在物化阶段约90%以上的碳排放由木材产生。木材是一种最为绿色的环保材料，资源再生产容易。树木生长过程中，将空气中的CO_2吸收并加以固定，每1m³木材可吸收并固定约0.9t二氧化碳，故使用固碳的木质建筑材料可以有效减少碳排放量，木结构的低碳策略有：

1）选择合适木材

虽然木结构建筑本身具有极低的碳排放量，但是存在易遭受火灾、白蚁侵蚀以及雨水腐蚀等问题，其相比砖石建筑维持时间不长，且成材的木料由于施工量的增加而紧缺。针对木材本身性能问题，除了利用新的技术优化木材性能，同时也要求设计师因地制宜选择合适的材料，不能一味地因为木建筑能耗低就选用木材作为建筑主要结构，如果外部环境不适宜的话，木材寿命大打折扣，建筑的年碳排放强度也会直线上涨。

在越南竹子随处可见，建筑师们就利用竹子完成了很多竹结构建筑作品。例如，在风与水咖啡馆（Wind and Water Cafe），是将竹子应用于现代建筑表达的试验项目之一。该设计中使用了数千根竹子，使钢制部件的数量减至最少，竹子采用了传统的浸渍和烟熏技术处理，使竹材长期具备防腐蚀性能，并用传统的竹绳栓和竹楔节代替金属钉，同时结合了现代的装配式结构体系，如图5-11所示。

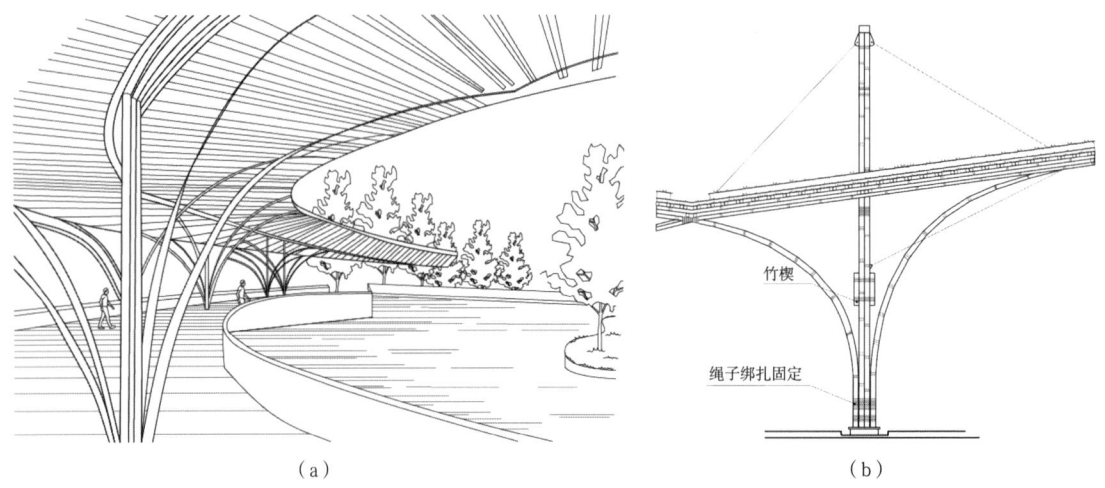

图5-11 风与水咖啡馆采用了竹结构
（a）V形竹结构支撑体系；（b）接头节点采用竹绳栓和竹楔节
（来源：孙启薇、武洋禾、李双羽改绘）

2）优化木材性能

现代随着胶合技术的发展和完善，集成材将不可避免地取代原木作为结构材料。目前主要的结构用材有胶合木、交错层压木材和单板层积材。胶合木（Glued Laminated Timber，GLT）由小尺寸实木锯材顺纹方向排列，用冷固化型胶粘剂粘结而成。它可以制成大跨度弯曲梁，可广泛用于大型公共建筑的预制加工以及装配式模块化建筑中。交错层压木材，是将横纹竖纹交叉垂直的木材粘合在一起，并且其强度可以代替混凝土材料。单板层积材强度和韧性比实木锯材高3倍。

澳大利亚的25King办公综合楼，建筑结构主要采用了交错层压木材底层暴露出V形木柱支撑，主体为全透明围护结构，可显露出内部木结构，是运用全木结构完成的现代商业建筑，可以满足现代和未来对功能和可持续性的需求（图5-12）。

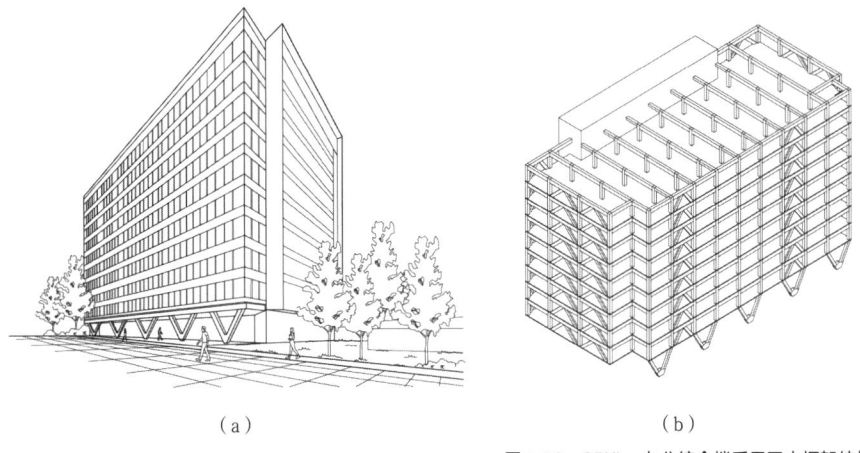

图5-12 25King办公综合楼采用了木框架结构
（a）底部暴露V形木柱支撑；（b）全木梁柱结构体系
来源：（a）孙启薇、李双羽改绘；（b）孙启薇改绘

意大利阿戈尔多会议展览中心（Congress and Exhibition Center）的大跨空间采用了木桁架结构，是由木杆件组成的一种格构架式体系，建筑灵巧的结构不仅定义了建筑的室内空间特征，并形成了独特的屋顶结构形式（图5-13）。

图5-13 意大利阿戈尔多会议展览中心采用了木桁架结构
（a）独特的屋顶结构形式；（b）室内木格构架式体系
来源：（a）孙启薇、李双羽改绘；（b）孙启薇、崔世雯改绘

3）采用预制木构件，提高装配率

预制木构件在工厂中生产，能够精确控制材料使用量，减少浪费。通过提高装配率，现场施工主要集中在构件的快速拼装和连接上。预制木构件和高装配率能显著降低现场施工时间和人工需求，减少了木结构建筑施工过程中的能源消耗和碳排放。同时，采用标准化木构件，建筑可以根据需要进行灵活调整和扩展，并且便于回收再利用。

例如，瑞士苏黎世的Tamedia新办公楼（图5-14），除电梯间等承重墙部分采用混凝土外，其余全部采用木结构装配体系，施工周期短且速度快。主结构木框架单元主要通过山毛榉胶合木制成的接头连接，形成全木榫卯结构，避免了胶水和连接硬件的使用，大大降低了建材生产的碳排放与永久建筑垃圾的产生。

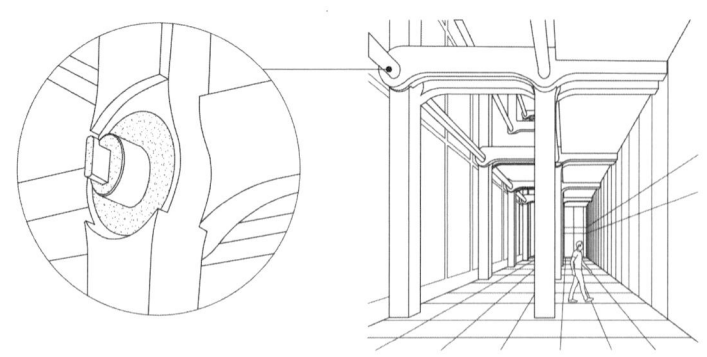

图5-14 Tamedia新办公楼采用全木结构体系
（来源：孙启薇、李双羽改绘）

5.3 低碳公共建筑的外围护结构体系设计

外围护结构是建筑室内与室外之间的实体界面，包括：屋顶、外墙及外门窗等。作为建筑的气候边界，外围护结构能够吸收、存储和释放能量，是影响建筑使用能耗的关键因素。根据相关试验，围护结构传热耗能，占建筑物能量损耗的60%至75%。因此，在进行建筑设计时，应重点考虑围护结构的传热损失，并采取有效的节能控制措施，以减少建筑运行中的碳排放。

保温隔热，即尽量减少建筑室内外能量的交换，具体为在冬季减少外界冷量进入内部空间，减少内部空间的热量向外散发；在夏季则减少外界热量进入内部空间，减少内部空间的冷量向外散发。实现建筑外围护结构的保温隔热主要有三种方式：绝热隔热、反射隔热和热容隔热。其中，绝热隔热是常用的建筑保温隔热方式，一般为增加外墙保温层即采用各种内部有孔隙的"疏松"保温隔热材料包覆建筑外围护结构，或增强建筑气密性和空腔宽度，来阻止对流，实现绝热隔热；反射隔热采用反射性能良好的材料（例如铝箔）附在面向空腔的表皮上，降低空腔两侧墙体表皮之间的辐射热传导。例如镀有反射膜的"Low-e"玻璃；热容隔热采用对热传递具有延时作用的热容量大、蓄热性能好的"热质"材料（例如混凝土墙等厚重建筑墙体）可以实现热容隔热。外围护结构体系的设计通过优化保温隔热及气密性等措施可显著提高建筑能效，减少能耗与碳排放。

5.3.1 外墙的保温隔热

1）外墙保温层

外墙增加保温层属绝热隔热，是改善外围护结构保温隔热性能最直接的方法。如表5-3所示，根据保温层在外墙的位置可分为外墙外保温、外墙内保温和外墙加芯保温。目前主要使用的保温材料有岩棉或玻璃棉板、聚苯乙

外墙保温层构造　　　　　　　　　表5-3

做法	外墙外保温	外墙内保温	外墙加芯保温
示意图	结构墙体/找平层/保温层/防水层/粘结层/饰面块材（室内—室外）	结构墙体/界面剂/保温层/抗裂砂浆/抗碱玻纤网/抗裂砂浆（室内—室外）	内叶墙/保温层/外叶墙（室内—室外）
特点	保温材料放置于外墙室外侧，有效保护主体结构，避免"热桥"现象，节能效果好，但易脱落	保温材料放置于外墙室内侧，适用于各种墙体材料，便于施工，成本较低，但建筑内部易结露	保温材料放置在外墙中间，有效保护保温材料，节能效果良好，但构造复杂，内部气密性不强，易形成空气对流

（来源：孙启薇自绘）

烯泡沫塑料板（EPS板）、挤塑聚苯板（XPS板）、硬泡聚氨酯板（PUR板）等。

一般来说，随着保温层厚度的增加，外墙保温性能会增强，从而减少建筑运行碳排量。然而，过度增加保温厚度并不能带来相应的保温效果，反而会增加建造阶段材料隐含碳排量。如图5-15所示，以挤塑聚苯板为例，当厚度从30mm增加到50mm时，传热系数的下降是非常明显的，当厚度在70mm左右时，增厚约15mm就能降低0.1W/（m²·K）。而当厚度到150mm以后，再想降低0.1W/（m²K）的传热指标，其厚度就要增加110mm。因此，设计中需综合考虑建筑保温性能，确定合理的保温层厚度，以实现建筑保温的低碳设计目标。

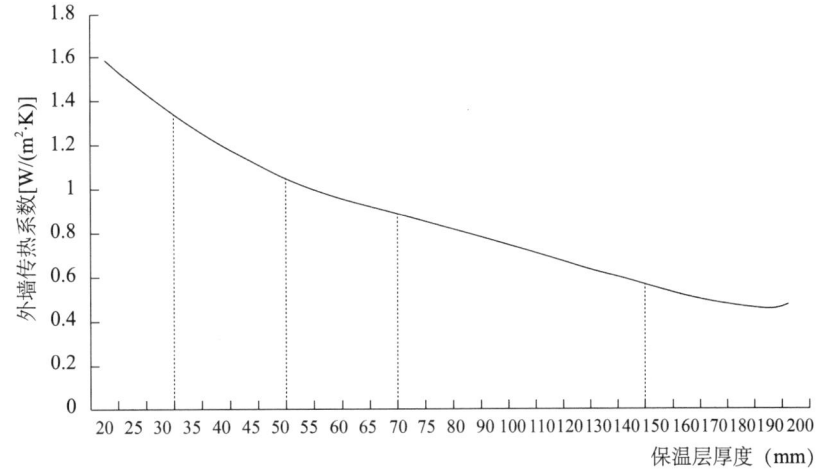

图5-15 挤塑聚苯板传热系数与厚度的关系
（来源：张焰文根据《建筑全生命周期的碳足迹》改绘）

2）外墙自保温

外墙自保温属热容隔热。在墙体材料中，少部分材料具有一定的保温性能，如加气混凝土砌块、加气混凝土墙体和粉煤灰空心砌块等，外墙自保温材料是指具有保温功能的墙体材料，可将加气混凝土砌块等作为墙体的保温材料。在我国的南方地区，冬夏两季室内外温差不大，通过墙体传热引起的供暖、空调负荷都不大，通过提高墙材本身的保温性能，实现外墙的保温隔热的要求。外墙自保温所具有的优势主要表现为：外墙与保温结合成一体，不需要额外的保温材料保温，施工简便，施工完成后即可满足保温要求，耐久性好，达到节能减排的目的。

3）外墙空腔保温

由于静止的空气介质导热性小，封闭的空气间层可以起到良好的保温、隔热作用。但空气间层的热阻并不与其厚度成正比，主要受到两个界面上的空气边界层厚度和界面之间的辐射换热强度的影响。在我国民用建筑热工设计规范中，给出了不同特定工况下，厚度在13～90mm的封闭空气间层热阻取值，适用于构造层面的腔体。

"外墙外挂可通风复合墙体隔热保温技术"是在外挂幕墙与保温层之间增设空气间层，该空气间层上下连通，在顶部设通风口。夏季，将顶部通风口打开，间层空气上下流通，将幕墙吸收的太阳辐射热带走，降低了保温材料外层的温度，明显减少了向室内传递的热量。并且流通空气可以带走保温材料的湿气，防止保温材料受潮。冬季，关闭通风口，阻止夹层内空气流动，增加了外墙的传热热阻。如图5-16所示，北京锋尚国际公寓是由外墙外保温与空气间层、干挂陶瓷外墙板等共同组成综合保温方式。据研究，采用100mm厚挤塑聚苯板+100mm空气夹层的构造做法，其冬季传热系数可降到0.4W/m²（m²·K）以下。

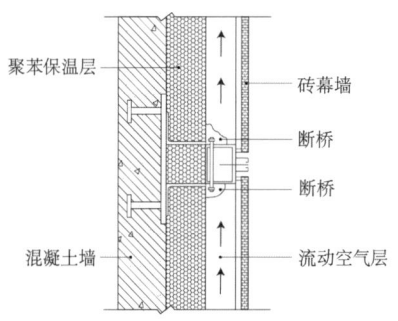

图5-16 北京锋尚国际公寓的综合保温构造图
（来源：孙启薇、崔世雯根据《走向"告别空调暖气时代"——北京锋尚国际公寓创新技术要点》改绘）

5.3.2 屋面的保温隔热

在围护结构中，屋面的整体范围比较小，其热量损耗在整个建筑的能量损耗所占比例也较小，但应注意的是，阳光长时间照射屋面时，表面温度会升高，并超出围护结构的其他部分，所以屋面的能耗水平对顶层会造成较大的影响，导致顶层住房出现夏季过热和冬季过冷的现象。因此，对屋面进行设计时，也应做好保温隔热等措施。屋面保温隔热形式主要包括：保温屋面、种植屋面、蓄水屋面和通风屋面等。

1）保温屋面

保温屋面是选用适当的保温隔热材料并通过一定的构造方式将其与屋面结合，如正置式屋面和倒置式屋面，可提高屋面保温隔热的能力。改善建筑顶层空间的热工状况，实现提高室内热舒适、节能减排的目的。

一般情况下，屋面保温设计应兼顾冬季保温和夏季隔热，选取重量轻、力学性能好、传热系数小的材料。如需提高保温隔热性能，可以加大保温层厚度，也可以选择传热系数更小、保温性能更好的保温材料。另外，为增加室内的热稳定性，减少温度波动，应适当提高屋面结构材料的热惰性（蓄热性能）。应该注意的是，保温材料受潮后其绝热性能会下降，因此需要屋面的保温层内不产生冷凝水。如表5-4所示，屋面保温构造做法及其优缺点。

屋面保温层构造　　　　　　　　　表5-4

做法	正置式	倒置式
示意图	保护层／隔离层／防水层／找平层／保温层／找坡层／基层	保护层／隔离层／保温层／防水层／找平层／找坡层／基层
优点	对保温材料要求条件较低，价廉	构造简化，避免浪费；抗湿性能强，具有长期稳定的保温隔热性能
缺点	施工复杂，使用寿命短，屋面易漏水	造价较高

（来源：武洋禾根据《建筑构造（上册）（第六版）》改绘）

2）种植屋面

种植屋面即在建筑屋顶种植绿化。一方面，利用植被茎叶遮阳，在夏季，吸收部分照射到屋面的太阳辐射，利用植物叶面的蒸腾作用增加蒸发散热量，降低屋面得热，实现节能减碳；另一方面，利用植物的光合作用，吸收CO_2产生固碳作用。屋顶绿化的土壤层散热慢，热传递时间延迟较长，在白天的隔热效果良好；在晚上，土壤层作为散热源将白天吸收的热量传到室内，因此利用绿化土壤的热阻与热惰性可降低屋顶内表面平均温度和温度波动幅度。例如遂宁宋瓷文化中心采用了整体绿化屋面（图5-17），通过慢行步道进行连接，不仅成为共享的城市花园，而且也实现了通过建筑种植屋面达到节能减碳的目标。

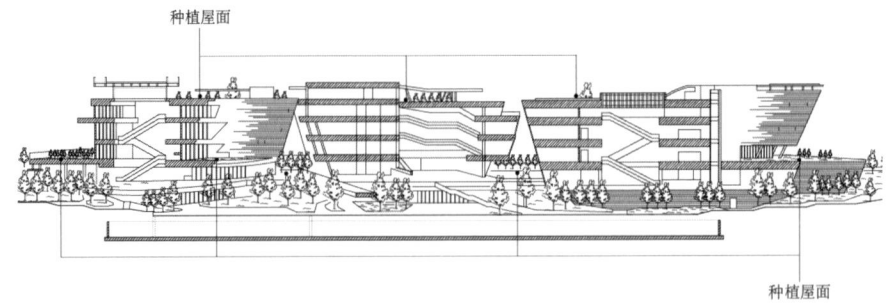

图5-17 遂宁宋瓷文化中心屋面绿化
（来源：武洋禾根据改绘）

3）蓄水屋面

在屋顶空间设置蓄水池可以大量吸收并利用水分蒸发带走投射在屋面上的热辐射，减少通过屋面进入室内的热流，实现屋面隔热；另一方面，在屋面上蓄积一定厚度的水可以增大屋顶的热阻和热惰性，减缓屋面的温度波动，降低屋面内表面的最高温度。此外，屋面蓄水可以改善混凝土使用条件，避免直接暴晒引起混凝土急剧伸缩。而且混凝土长期浸泡在水中有利于后期强度的增长。

屋面蓄水深度一般为300~600mm。为了使屋面保持一定的蓄水量，需要每天傍晚定时补水，可人工补水或采用自动补水装置补水，补水量相当于日平均蒸发量。蓄水屋面一般在混凝土刚性防水层上蓄水，对混凝土的防渗性能有较高的要求。

张家港金港文化中心建筑将不同标高的屋面平台覆盖水体，可突出水体效果，塑造"第五立面"的特殊观感。水体可通过蒸发进行降温，还可以提高所处屋面的蓄热能力（图5-18）。

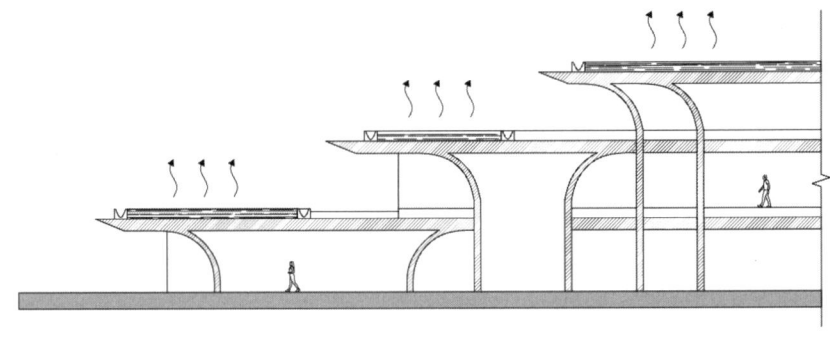

图5-18 张家港金港文化中心采用蓄水屋面
（来源：孙启薇根据《绿色建筑设计导则 建筑专业》改绘）

4）通风屋面

通风屋面是指在屋顶上设置通风层，通过通风层的空气流动带走太阳辐射热量和室内对楼板的传热，从而降低屋顶内表面温度，提高屋面的隔热

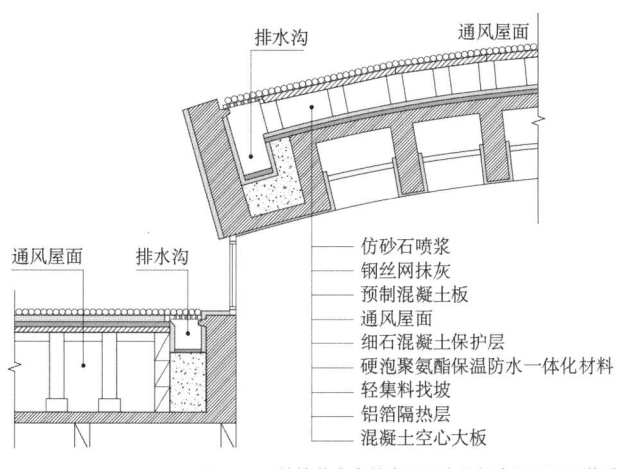

图5-19 敦煌莫高窟数字展示中心架空通风屋面构造
（来源：孙启薇根据《西北荒漠区地域绿色建筑设计图集》改绘）

能力。通风屋面有架空通风屋面和阁楼屋面两种形式。架空通风屋面是在建筑屋顶上设置格栅或屋面板形成架空层，可以起到导风和遮阳的作用。屋顶遮阳格片可以根据太阳在不同季节、不同时段的运行轨迹做成不同的角度，实现对太阳辐射量的调控。例如敦煌莫高窟数字展示中心采用了架空通风屋面，在夏季减少了辐射热，冬天可以保温（图5-19）。阁楼屋面利用阁楼空间形成了气候过渡空间。在夏季，将阁楼层的通风口打开，通过自然通风降低顶层室内温度。在冬季，阁楼层的通风口关闭，通过阁楼层空间内的气密性提高了保温性能。

5.3.3 外窗和玻璃幕墙的保温隔热

建筑围护结构中的门窗或是玻璃幕墙是外墙保温隔热的薄弱环节，也是导致建筑热环境不理想、运行碳排过高的主要原因。在现代公共建筑中，玻璃幕墙的应用较广，相较于建筑外墙来讲，玻璃热工性能不理想，尤其是在寒冷的冬季，其热损失非常严重，往往是建筑外墙的数倍甚至更多。另外，在炎热的夏季，玻璃幕墙因集热较多，导致房间内气温过高，而这会导致空调能耗增加。随着新型建材的不断发展，采用高性能建材是外窗和玻璃幕墙实现节能减碳的有效途径。同时优化玻璃幕墙系统构造也可提升其热工性能。

1）新型玻璃建材

近年来，一系列新型玻璃产品得到了研发和应用，诸如中空玻璃、吸热玻璃、热反射玻璃、热敏玻璃、光敏玻璃、电敏玻璃、低辐射玻璃（镀Low-e膜中空玻璃）、光伏玻璃等。为了提高玻璃的节能效果，常采用双层玻璃、中空玻璃和复合中空玻璃等强化隔热和保温效果。例如，将吸热玻璃或热反射玻璃与普通玻璃组合，中间封入特种气体制成吸热中空玻璃或热反射中空玻璃，传热系数显著降低，既能控制对太阳辐射热的摄入，又有较好的保温性能。

外窗和玻璃幕墙的框料型材的导热系数和框体构造方式决定了框料的热阻大小。不同框料导热系数不同，应选择导热系数小的材料，窗框或玻璃幕

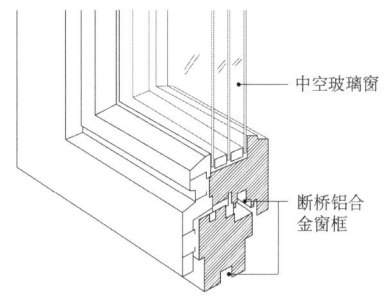

图5-20 中空玻璃窗和断桥铝合金窗框构成的外窗构造
（来源：孙启薇、崔世雯根据《绿色建筑设计导则 建筑专业》改绘）

墙金属框格构造应采用"断热"处理技术。如目前常用的断桥铝合金窗框是由铝材与塑料复合而成，中间塑料隔热层采用嵌入或挤压和填充式工艺加工而成。图5-20所示是由中空玻璃窗和断桥铝合窗框组构成的外窗构造。

密封构造做法多为在门窗框与门窗洞口之间凹凸不平的缝隙间用自黏性的预压自膨胀密封带填充密实，在门窗框与外墙连接处采用防水隔气膜和防水透气膜组成的防水密封系统。

2）玻璃幕墙系统构造

（1）玻璃幕墙+集热墙

特朗伯集热墙（Trombe-Wall）是一种利用墙体的独特构造设计，无机械动力且无传统能源消耗，仅仅依靠被动式收集太阳能为建筑供暖的集热墙体。集热墙外加玻璃幕墙是利用阳光照射到外层有玻璃罩的深色蓄热体上，加热透明盖板和厚墙外表面之间的夹层空气，通过热压作用使空气流入室内向室内供热；同时墙体本身直接通过热传导向室内放热并储存部分能量，夜间墙体储存的能量释放到室内。

在荷兰阿姆斯特丹自然和环境学习中心（Nature & Environment Learning Centre），其建筑南侧设置了类似的混凝土太阳能集热墙。直射的光线加热了内嵌的深色混凝土板及其与玻璃幕墙空隙中的空气，在寒冷的冬日，附着于混凝土板后的隔热板将被打开，温暖的新鲜空气通过开启的窗口流入室内；而在炎热的夏日，直射的阳光和热气被厚厚的混凝土板阻隔在外，室内空间阴凉而舒适。集热墙上半凹的小孔增加了墙体的表面积，提高了其加热效率，且实用美观（图5-21）。

（2）玻璃幕墙+外遮阳构件

如果没有有效的外遮阳措施来配合，玻璃的温室效应往往会造成夏季室

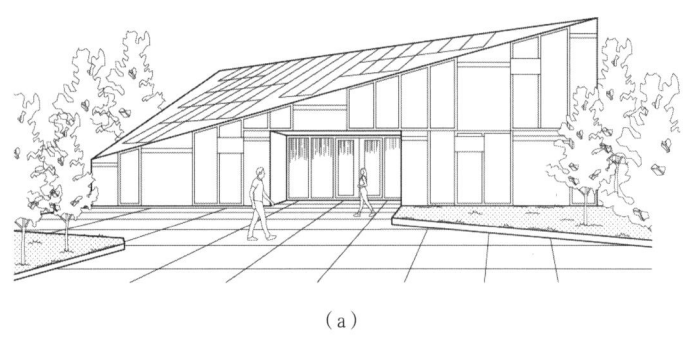

(a)

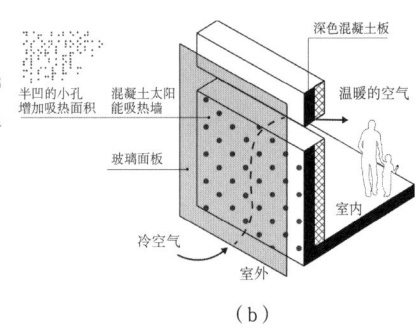

(b)

图5-21 荷兰阿姆斯特丹自然和环境学习中心
(a)南向设置集热墙；(b)集热墙细部设计
（来源：孙启薇改绘）

内过热，特别是对于窗墙比较大的东、西和南立面。玻璃幕墙配合外遮阳是一种简单易行的幕墙形式。

奥地利基弗技术展厅（Kiefer Technic Showroom）其南侧的弧形墙面由112块铝板和56个电机组成。铝板由电动控制，折叠遮阳。遮阳板与墙面间隙600mm，通过钢构件相连。遮阳板可以根据需要进行不同角度的折叠。当遮阳板完全关闭的时候，建筑拥有一个完全被白色金属遮阳构件所遮挡的建筑表皮；当遮阳板完全打开时，建筑则拥有带有水平遮阳板的深色玻璃幕表皮（图5-22）。遮阳板从完全打开到完全封闭全部过程只需要30秒。

图5-22 基弗技术展厅南侧外立面
（a）外立面遮阳板可不同角度折叠；（b）半开放遮阳；（c）全开放遮阳
来源：（a）孙启薇根据改绘；（b）孙启薇自绘；（c）孙启薇自绘

(3) 双层玻璃幕墙

双层玻璃幕墙（Facade Skin-Double，DSF）最早诞生于20世纪70年代美国纽约州的西方化学中心（也称胡克化学楼）。其基本形式为：两层玻璃幕墙之间为一条通道，其宽度依幕墙类型从0.2~1.5m不等；通常，两层幕墙当中主要的一层采用隔热玻璃，而另外一层采用单层玻璃，位于主要幕墙的外侧或内侧；通道内设置有可调节的遮阳和导光构件；通道在供暖季节保持封闭可提高幕墙的保温效果，在供冷季节以自然或机械的方式通风带走其中的热量。

德国法兰克福商业银行的建筑设计中采用了追随气候变化调节的双层立面，该做法包括一个固定的外层（高压吸热的单层玻璃），位于中间的空气夹层和一个可开启的低辐射双层玻璃窗内层。固定的外层玻璃用以遮挡风雨，形成抵御外界不利气候的屏障，内层可开启的玻璃窗打开后不仅可以从室外获得新鲜空气，起到室内自然通风换气和排烟的作用，而且可以减少空调系统的能源消耗，两层玻璃幕墙之间形成的通气层能调节夹层内的空气温度，并有效地防止热空气凝聚。每间办公室都有可打开的窗户，办公室一年中绝大部分的时间都是自然通风，如图5-23所示。

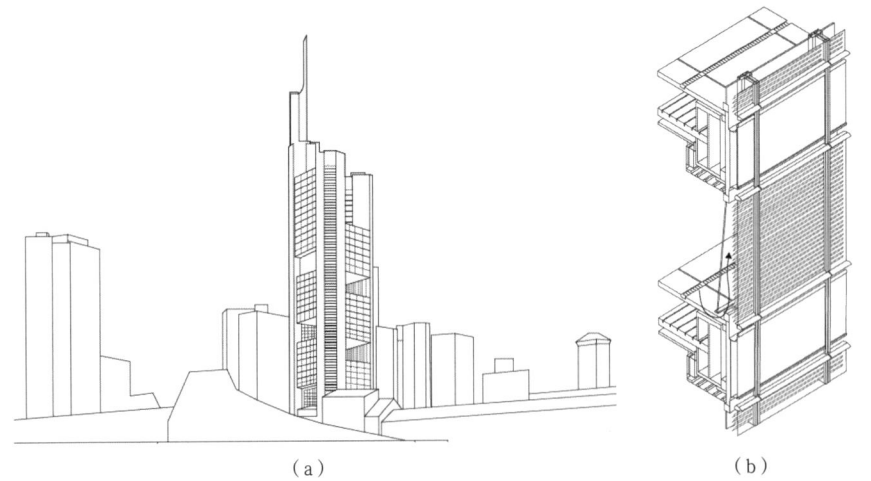

图5-23 法兰克福商业银行利用双层玻璃幕墙之间形成通气层
（a）建筑外观；（a）双层玻璃幕墙开启
来源：（a）孙启薇改绘；（b）崔世雯、孙启薇改绘

5.3.4 提升外围护结构的整体热工性能

1）建筑气密性

建筑气密性是建筑在封闭状态下阻止空气渗透的能力，用于表征建筑或房间在正常密闭情况下的无组织空气渗透量。在风压和热压的作用下，气密性是保证建筑外窗保温性能稳定的重要控制性指标。建筑物的空气渗透主要来自底层大门、外门窗和外围护结构中不严密的孔洞。要解决气密性的问题，要对建筑空间合理布局，严格区分供暖空间和非供暖空间，并使用气密性强的材料进行局部气密性处理。通过提高建筑气密性，在冬季可减少冷风渗透，降低采暖能耗；在夏季可减少空气渗透引起的冷负荷，从而整体降低建筑运行的碳排放。

建筑门窗气密性等级分为1~8级，等级越高，气密性越好，公共建筑的外窗气密性应不低于4级。外窗的气密性直接关系到外窗的冷风渗透热损失，气密性等级越高，热损失越小。高气密性建筑在采用机械通风的同时，还可以采用热回收装置对新风进行预冷或预热，但机械通风就会产生风机能耗。对于供暖能耗大或者制冷能耗大的地区，高气密性建筑的渗风负荷较小，节能减碳效果明显。而其他地区中的高气密性建筑为满足通风要求，需要采用机械通风，这增加了风机能耗，实际能否节能减碳需要进行具体分析。

2）建筑热桥

热桥是指建筑外围护结构中的一些部位（如梁、柱、门和窗）与主墙体材料存在传热性能的差异，在室内外温差的作用下，这些部位成为热流相对密集、内表面温度较低（或较高）的区域，与主墙体传热相比，成为热量流失的主要桥梁，故称为热桥，或也称冷桥。建筑保温材料与外围护结构连接或固定位置难免存在热桥。此外，在墙的开口部位（如门和窗），由于边缘封闭和拉接等原因，也难免存在热桥。热桥处不仅会增加能耗，而且也会增加建筑的运行碳排放，并且还对建筑物有破坏作用。当冷热空气频繁接触，墙体保温层导热不均匀时，会造成房屋内墙结露、发霉甚至滴水，影响隔热材料的隔热性能。因此，应尽量减少热桥的数量和面积，对于无法隔断的热桥，要用保温材料进行包裹。

5.3.5 外围护结构材料的选取原则

外围护结构选择适宜的建筑材料及构造方式是有效的节能减碳手段，故在选择外围护结构材料时可以遵循以下选取原则：

1）高性能表皮材料

高性能建筑表皮材料包括多种类型，每种材料都有其独特的性能和应用场景。如高性能玻璃——Low-E中空玻璃，具有良好的保温隔热性能，可减少建筑运行中的制冷和供暖能耗。还可选择耐候性好的材料，减少维护和更换频率，如铝塑复合板，其具有重量轻、强度高且耐候性好的特点，适用于外墙装饰和保温层。

2）就地取材

就地取材可以有效地利用当地资源进行建造，可实现建筑和环境的和谐统一，并减少了运输过程中的能源消耗和碳排放，是实现节能和降碳的重要途径之一。就地取材也有一定适用前提：选用的当地建材来源，其生产成本及碳排放量应总体优于远程运输的同类建材量。

北京篱苑书屋和自然环境融合到了一起。外围护结构材料是当地每家每户都大量堆积着的柴火棍。外立面的柴火棍减弱了通过玻璃充分投入的日光，使室内的光量变得适合阅读（图5-24）。没有经过处理的柴火棍作为建筑立面材料为建筑创造了一个不同寻常的，却又低碳的围护结构。

3）回收再利用

建材生产的碳排是建筑物化阶段碳排的主要构成，所以可回收旧材料再利用，从而减少生产材料的能耗和碳排放。并不是所有材料都适合循环再生利用，在材料循环利用的过程中往往需要消耗大量能量，判断材料是否适合循环利用，主要看该材料通过循环再利用过程比生产新料可节能减排的程度。

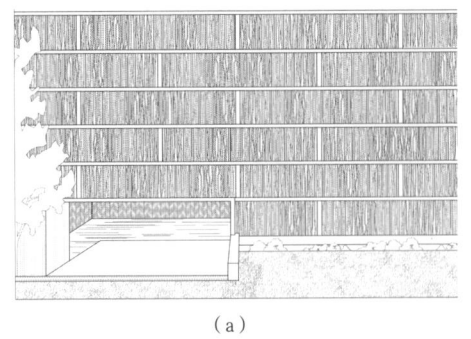
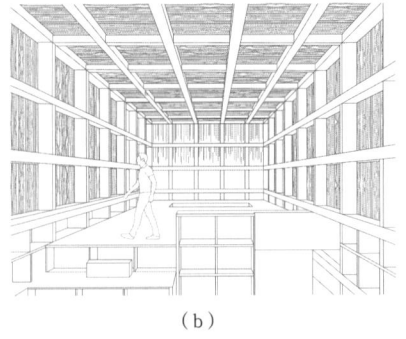

(a)　　　　　　　　　　　　　　(b)

图5-24　篱苑书屋立面采用了当地柴火棍
(a)外立面；(b)室内
(来源：崔世雯改绘)

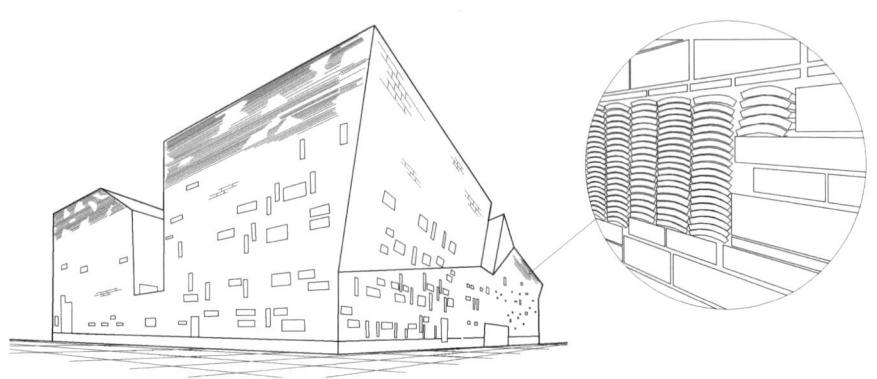

图5-25　宁波博物馆外墙瓦爿墙
(来源：武洋禾、孙启薇改绘)

宁波博物馆选用的材料主要是旧砖弃瓦，回收的600多万片废砖瓦片建造的瓦爿墙（图5-25）。这种回收再利用的方式减少了建筑材料的隐含碳排放，同时，外立面的完成面未做抹灰或者装饰贴面，清水瓦爿墙面唤醒了这个城市的记忆。

4）与建筑同寿命

建筑系统的循环层级如图5-26所示，建筑结构的材料能够持续使用50～100年，基本与建筑同寿命。而建筑外围护结构的材料约20～25年需更新，因此在外围护结构的选材中应注意延长其使用寿命，使之尽可能与建筑物的整体寿命相同。这样可以减少在运行阶段对外围护结构的维修与材料更新，从而使外围护结构材料发

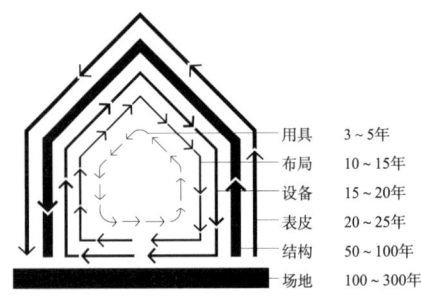

图5-26　建筑系统的循环层级
(来源：崔世雯根据《信息架构：超越Web设计》改绘)

挥最大的生命效率，这是减少建筑物全寿命期碳排放的一个重要途径。

5.4 低碳公共建筑的设备体系设计

建筑设备是指安装在建筑内部或周围的各种机械、电气和管道设备。这些设备用于提供舒适、安全和便利的室内环境，并支持建筑的正常运行，是现代公共建筑中不可或缺的重要组成部分。按照专业习惯，我们将"建筑设备"分为水（建筑给水排水）、暖（暖通空调）和电（建筑电气）三大部分。虽然建筑师不直接设计各类建筑设备，但需要了解其基本组成、设计原则、特点和难点，以及对建筑本体的要求和影响，从而能够协调建筑设备系统与建筑本体的关系，以提供舒适的室内环境并实现节能减碳。

建筑运行阶段的碳排放占据了建筑全寿命期碳排放的一半以上。以2021年为例，全国房屋建筑全过程碳排放总量为40.7亿tCO_2，其中建筑运行阶段碳排放为23.0亿tCO_2，占全过程能源碳排放的56.6%。由此可见，建筑全寿命期中的碳排放主要来自运行阶段，特别是夏季制冷和冬季供暖。因此，低碳公共建筑的设备体系设计需要综合考虑能源效率、环境友好性和可持续性等因素，以最大程度地减少碳排放并提高资源利用效率。具体措施包括提高空调和供暖设备的能效比，降低建筑给水排水系统的能耗，以及合理选择和优化控制系统的节能措施，实现低碳建筑设备的技术应用。

5.4.1 暖通空调设计

暖通空调通常指供暖、通风以及空气调节等系统。这些系统在建筑物中起着关键作用，用于调节室内温度、湿度、空气质量和舒适度。然而，它们的能耗通常很高，导致较大的碳排放。

1）供暖系统

供暖系统按照供热范围分为局部供暖和集中供暖，公共建筑中主要采用集中供暖。在集中供暖系统中按所用的热媒不同进行分类，可分为三类：热水供暖系统，蒸汽供暖系统和热风供暖系统。如表5-5所示，不同的集中供暖方式有其适用的建筑类型，公共建筑要结合使用特征和空间特征选用合适的供暖系统。

集中供暖系统分类　　　　　　表5-5

	热水供暖系统	蒸汽供暖系统	热风供暖系统
传热介质	热水	蒸汽	空气
工作原理	将热量从热源经管道送至供暖房间的散热设备，放出部分热量后又经管道送回热源加热	蒸汽进入散热器后放出汽化潜热，凝结为同温度的凝结水后回到热源	先将空气加热至高于室温直接送入室内，放出热量而达到供暖目的。主要用于既需通风又需供暖的建筑物

续表

	热水供暖系统	蒸汽供暖系统	热风供暖系统
适用建筑	单纯供暖或全天使用的空间,如医院、旅馆等	只有在有蒸汽源的工厂才采用蒸汽供暖	既需要通风又需供暖的场所或间歇使用的空间,如大型公共建筑,体育场馆、观演建筑和会展中心等

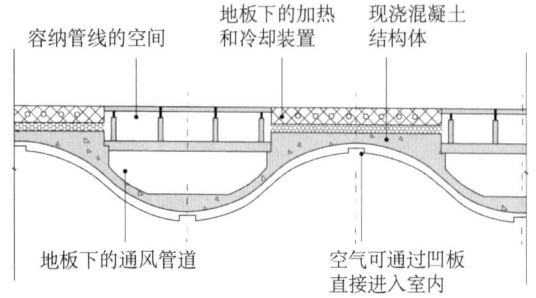

图5-27 英国建筑研究院的环境楼地板辐射系统
（来源：孙启薇、崔世雯改绘）

结合地板供暖系统，可发展地板辐射供冷系统，地板辐射供冷是通过铺设在地板的辐射供冷盘管通过辐射和对流换热的方式与室内空气进行热交换，以辐射方式为主定向均匀供冷，达到夏季舒适的供冷效果。在高大空间公共建筑中往往也将地板辐射供冷系统与置换通风系统相结合，提高系统制冷效率，极大地节省空调能耗，降低空调运行产生的碳排放。

英国建筑研究院（BRE）的环境楼采用被动式设计，通过地板辐射供暖及降温。在夏天，利用地板中的地下水管道冷却楼板，降低室内温度。在冬天，建筑内部则通过地板下的加热管道及环绕四周的散热器来采暖。热量来自冷凝式锅炉，锅炉通过高窗得到新鲜空气（图5-27）。

2）空调系统

空调系统在运行中需要消耗大量能源，降低空调系统的能耗是实现公共建筑降碳的关键措施之一。空调系统种类较多，其基本原理都是通过辐射或对流的方式用末端设备来调节室内的温度和湿度，从而实现冷/热调节。空调的类型取决于末端设备的形式和位置，空气的处理方式取决于空调系统所负担的独立工作区的数量，故可以根据上述两种因素进行分类。空调系统按照房间采用的末端形式可分为：集中式、独立式和半集中式三种类型（表5-6）。公共建筑一般采用集中式和半集中式。

一般空调系统类型　　　　　　　　表5-6

分类	集中式系统	半集中式系统	独立式系统
工作原理	所有的空气处理设备都集中在空调机房内,集中进行空气的处理、输送和分配	半集中空调系统除了有集中的中央空调器外,还设有分散在各空调房间内的二次设备（又称末端装置）	独立式系统不设集中的空调机房,每个房间的空气处理分别由各自的整体式局部空调机组承担
主要形式	单风管系统,双风管系统和变风量系统等	末端再热式系统、风机盘管系统、诱导式系统以及各种冷热辐射式空调系统	单元式空调器系统、窗式空调器系统和分体式空调器系统等

续表

分类	集中式系统	半集中式系统	独立式系统
适用建筑	常用于大面积、大空间的场所，如：机场或地铁站厅、会展中心、体育馆、影剧院和大型商超等	常用于酒店、写字楼、医院病房等场所	常用于家庭、办公室等小型场所

建筑暖通空调的节能减碳主要是通过提高空气调节冷源设备的能效来实现的。在空调系统设计中可选择适宜的冷源技术，提高空气调节冷源设备的能效，例如热电冷联供、水（地）源热泵及蒸发冷却技术等。

（1）分布式热电冷联供CCHP（Combined Cooling, Heating&Power）

分布式热电冷联供是利用燃气轮机或燃气内燃机燃烧洁净的天然气发电，对余热进一步回收，用来制冷、供热和生活热水，就近供应。该系统天然气利用率高，大气污染物排放少，是一种高效的能源综合利用方式。具有充足的天然气供应的地区，宜推广应用分布式热电冷联供和燃气空气调节技术，提高能源的综合利用率。

（2）水（地）源热泵供冷供热技术

水（地）源热泵供冷、供热技术是一种利用地下浅层地热资源（也称地能，包括地下水、土壤或地表水等）的既可供热又可制冷的高效节能的空调系统。

（3）蒸发冷却技术

蒸发冷却技术是利用不饱和的空气和水接触，利用蒸发吸热的原理获得低温的冷水或冷风，分为直接蒸发冷却和间接蒸发冷却两种。蒸发冷却技术产生冷量的过程，只消耗风、水接触换热过程所需风机和水泵的电耗，和常规机械压缩制冷方式相比有较大的节能减碳潜力。

3）通风系统

通风系统一般分为自然通风、机械通风和混合通风三种。在大多数公共建筑中，由于通风路径长、流动阻力大，仅靠风压和热压作用实现自然通风存在困难，可以采用机械辅助式自然通风来优化通风效果。自然通风系统的设备装置比较简单，只需用进、排风窗及附属的开关装置，不需要能耗。如GES 2文化之家（图5-28）将场地上的4个砖砌烟囱改造为钢烟囱，通过有意识的可持续发展手段，四个从污染管道改造而来的新烟囱，已成为必不可少的可持续性设备，捕捉70米高度处最清洁的空气，促进自然通风，减少能源消耗。

机械通风系统则由风机、管道和送、排风口系统组成，运行中需要能耗。机械通风系统的节能减碳可以从以下几个方面进行：

（1）高大空间公共建筑的置换通风。将新鲜空气以低风速、低紊流度及小温差的方式，送入室内人员活动区下部，以层流运动向上驱逐旧有浑浊空

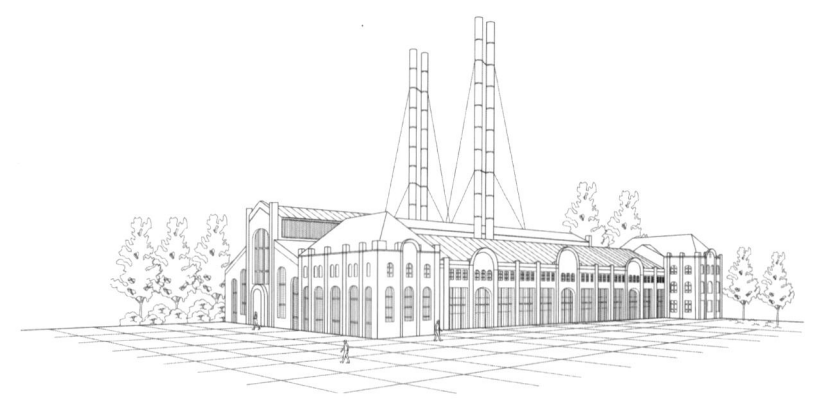

图5-28 GES 2文化之家通风烟囱
（来源：张焰文改绘）

气，有利于改善高大空间的温度分层现象。

（2）利用热回收技术。热回收通风（Heart Rate Variability，HRV）系统，采用热交换器，从排风中回收热量，用于预热或预冷新风。除了热量，还可以回收湿度，如能量回收通风（Energy Recovery Ventilator，ERV）系统，可进一步提高能效。

（3）利用地道风通风，也称为地源通风，是一种利用地下温度相对稳定的特点，通过地下管道系统对建筑物进行通风和温度调节的方法。该系统在节能减碳方面具有显著的优势。

5.4.2 电气设计

建筑中的电气设备主要包括供配电系统、照明系统、动力系统、安全和防灾系统以及信息系统等。低碳建筑中的电气设计综合考虑能源效率和环境影响。在设计过程中，利用自然光源和可再生能源，以减少对传统能源的依赖。通过采用高效节能设备、减少能耗和优化电气布局，同时引入智能控制系统，以精确监控和管理能源使用，确保设备在高效模式下运行。低碳建筑的电气设计不仅降低了碳排放，还提升了建筑的可持续性和整体性能。

1）合理的照明布局

合理的照明布局首先应充分考虑日间自然光源的利用。由于自然光源是绿色能源，取之不尽，用之不竭，因此在建筑照明设计过程中，应尽可能考虑充分利用日间的自然光。在此基础上，再进行电气设备照明系统的设计与技术应用。结合自然光源和人工光源可以为建筑物提供更加稳定的光照条件，同时减少人工光源的能源消耗。例如，办公建筑可以通过计算机模拟结合自然光来调节人工照明，以减少白天的人工照明时间和强度。航站楼这样的大空间照明设计结合计算机模拟来设计优化照明。

此外，不同的建筑类型对照明的需求各不相同，需要根据空间功能来设置照明。例如，在博物馆中，为了展示展品，可以降低空间环境光的强度，突出对展品的照射，从而达到更好的展示效果。

2）建筑电气设备选择

低碳公共建筑电气设备的选择应以节能减排为出发点，在满足使用需求的基础上进行优化。建筑中的电动机通常与建筑、暖通和给水排水等专业设备配套使用，如电梯、空调系统和排水系统等。对于电梯，需合理选型，以实现节能减排；排水系统则应进行充分优化。电动机的选择重点包括基于负载检测的台数控制、正确选型和调速方法的选择等。

建筑照明在建筑电力能源消耗中占据较大比例，其覆盖范围也很广，是主要的建筑电气设备。选择低碳建筑照明设备是重要的节能减排措施，并且有很大节能减碳的潜力。例如，采用高效节能照明产品，使用发光二极管（Light Emitting Diode，LED）作为光源的照明，具有耗电量少、寿命长、色彩丰富、耐震动及可控性强等特点。在低碳建筑中，应普及LED照明。

3）建筑电气技术智能化

低碳公共建筑应配置合理的智能化系统。近年来，随着计算机技术的迅速更新和发展，建筑室内物理环境更多通过自动方式来调节。自动调节系统通常连接着本地的计算机控制系统，通过传感器控制气流调节器、通风孔和灯具等。例如BE2226奥地利卢斯梯瑙（Lustenao）办公楼中能量的流动由计算机软件控制。"2226"的含义为室内温度保持在22~26℃。该建筑中并没有配备供暖、制冷和机械通风系统，而建筑中最重要的气候控制元件是窗户上的垂直通风口，它们是调节建筑物热环境和空气质量的关键装置。通过建筑内的传感器不断测量能耗、室内温度、湿度和CO_2水平，计算机控制垂直通风口的启闭，确保充足的新鲜空气供应，并防止建筑物在冬季过冷或夏季过热。

低碳公共建筑可采用感应式或延时的自动控制方式实现建筑的照明节能运行。同时，建筑照明的无线智能开关快速发展，且具有可移动、免布线及适用范围广等特点。其可移动的特点，给使用者提供了更便捷、更舒适的照明控制方案；其免布线的特点，在安装时减少电线和套管的使用量，从而减少对铜、铝等金属原料的需求，减少生产线材过程中的碳排放。

5.4.3 给水排水设计

在建筑中，给水排水设计的主要应用包括：饮用水、卫生设施、供暖和冷却系统、灭火系统、绿化系统等。传统给排水系统往往存在能效低下、水资源浪费等问题。通过采用节水器具、优化管道设计、引入智能化控制系统等技术手段，可以显著提高系统的运行效率，减少不必要的能源消耗。低碳公共建筑在给排水设计中应以节能节水，并提高水的利用效率为目标，通过优化管道布局和优化设备选择与匹配，提高系统的整体能效。具体的策略包括以下几个方面：

1）节水设备安装

低碳公共建筑中应推广使用节水型水龙头、节水型马桶、淋浴头等节水设备，以降低建筑室内用水量。选用管材、管道附件及设备等供水设施时应做到在运行中不会对供水造成二次污染，鼓励选用高效低耗的设备如变频供水设备、高效水泵等。利用智能水表、远程监控系统等技术，实时监测和管理水资源的使用情况，提高水资源利用的效率和透明度。

2）中水利用

中水指各种排水经处理后，达到规定水质标准，可在生活、市政、环境等范围内杂用的非饮用水。中水水源主要有建筑的优质杂排水、生活污水和雨水。在降雨充沛、雨季较长地区，可采用雨水的收集及循环利用方案，结合建筑及场地的供水需求和雨水降雨规律，有效地收集雨水，根据不同的用途，经过处理后循环利用。这不仅能够缓解城市雨水排水管网的输水压力，同时将宝贵的水资源重复、循环利用，如用于灌溉、冲洗马桶等非饮用用途，减少淡水的使用。从而减少对自来水的需求。

3）应用节能器具和设备

在建筑给水排水系统中，应采用节能泵，并根据实际需求和系统参数（如流量、扬程）进行合理匹配，避免"大马拉小车"的现象。采用节能热水器可以有效降低热水供应的能耗。目前市场上常见的节能热水器有太阳能热水器和空气能热水器等。这些热水器利用可再生能源进行加热，具有显著的节能效果。例如，太阳能热水器利用太阳能进行加热，无须消耗电能或燃气；空气能热水器则利用空气中的热能进行加热，相比传统电热水器，能效更高。

此外，在管道材料和连接方式的选择上，应优先选择保温性能好的管材和密封性好的连接件，以减少热量在传输过程中的损失和渗漏，从而提高热水供应的效率。在管道布置上，应尽量缩短热水管道的长度，以减少热量在传输过程中的损失。

4）智能化控制

在供水系统中，水泵是最常见的耗能设备之一。首先可通过变频调速技术,即通过改变电机的电源频率来调整电机的转速。采用变频调速技术,根据实际用水需求调整水泵的转速,从而实现对水泵的流量和压力的精确控制,使其始终运行在高效区间,从而降低能耗。

其次,为了实现给水排水系统的高效运行,有必要建立智能监控系统。通过安装传感器和数据采集设备,可以实时监控给排水系统的运行状态。结合大数据和人工智能技术,开发智能化控制算法,根据实时数据调整系统的运行状态,使其始终保持在最佳模式。

通过优化建筑给水排水设计,可以提高建筑的整体能效和水资源利用效率,促进建筑的节能减排。这不仅有助于降低建筑的整体能耗,还为实现碳中和目标作出了积极贡献。

5.4.4 建筑设备与结构空间、建筑表皮的集成

集成化提高了空间的利用效率,有助于实现整体空间资源占用的最小化。集成化有助于细分不同能耗空间,强化内外之间及不同能耗空间之间的过渡和分隔,提高用能效率。

1)利用支撑结构空间

建筑设备管线占据了建筑内部空间和高度,而有些建筑结构尺寸较大,结构空间难以利用,若利用结构空间集成布置设备管线,可缩减整体建筑空间,例如,伊东丰雄设计的仙台媒体中心用钢管组成的十三根螺旋状"管状体"支撑起七层水平楼板,半透明的"管状体"内空间容纳技术设备、楼电梯等设施,同时还可从顶部将光线和空气引入下来(图5-29)。

2)利用建筑表皮结构

结构与设备可集成共同构成的服务空间,可作为低能耗空间或能耗过渡层空间,强化其对气候调节的分隔、过渡作用。英国塞恩斯伯里(Sainsbury)视觉艺术中心的设计中,将设备管线安放在屋顶及两侧的结构桁架之中,留出中间大空间可适应各类活动灵活布置和使用维护(图5-30)。

法国蓬皮杜艺术中心最大的特色,就是外露的钢骨结构以及复杂的管线。梁、柱、空间桁架、管线、暖通照明设备,都被漆上不同的颜色,全部毫不掩饰地暴露在大众面前。蓝色的是

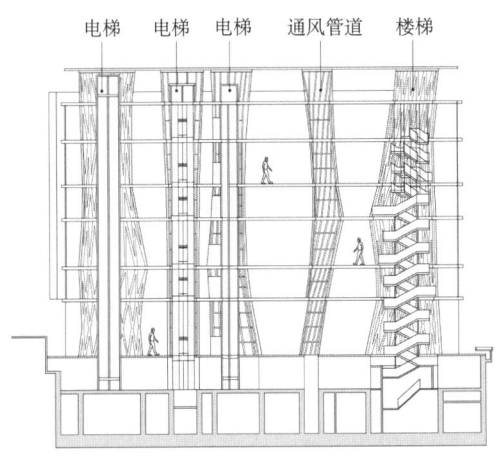

图5-29 仙台媒体中心利用结构空间集成设备管线
(来源:孙启薇改绘)

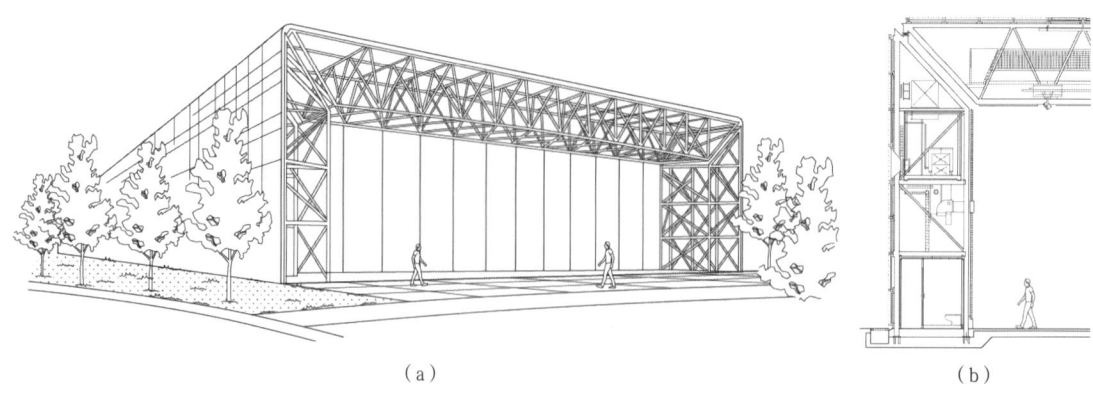

图5-30 塞恩斯伯里视觉艺术中心设备结合表皮结构
（a）建筑表皮外观；（b）表皮结构剖面
来源：（a）孙启薇改绘；（b）孙启薇、李双羽改绘

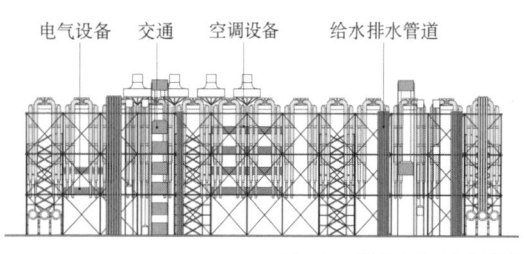

图5-31 蓬皮杜艺术中心管道
（来源：孙启薇、仲雨晨自绘）

空调设备，绿色的是给水排水管道，黄色的是电气设施和管线。而一条蛇一般的玻璃管道，装着电梯，涂抹着红色。外置的结构和设备使得内部空间高度灵活，易于重置（图5-31）。

此外，在建筑设计中应选择具有较长设计寿命和可靠性的建筑设备和系统，以确保其与建筑的使用寿命相匹配，以提高整体建筑的可持续性和环境友好性。定期维护并及时修复老化设备，适时更换新技术和设备，可以提高能源效率，确保其与建筑的同步更新，适应变化的环境和需求。

5.5 低碳公共建筑的可再生能源利用

可再生能源包括太阳能、风能、地热能和生物质能等清洁能源。低碳公共建筑中应充分利用对环境不产生或很少产生碳排放的可再生能源替代常规的煤炭、石油、天然气等化石能源，这是实现建筑低碳的重要手段。其次，低碳公共建筑应注重能源的高效利用，降低可再生能源使用中产生的碳排。

5.5.1 太阳能利用

太阳能主要指太阳光热辐射能，经光电、光热转换，这些能量可以被转换为电能和热能，减少二氧化碳等温室气体排放。因其洁净无污染、取之不尽、用之不竭的特点，太阳能被认为是最好的可再生能源。太阳能利用主要包括直接利用、光电转化利用和光热转化利用等（图5-32）。

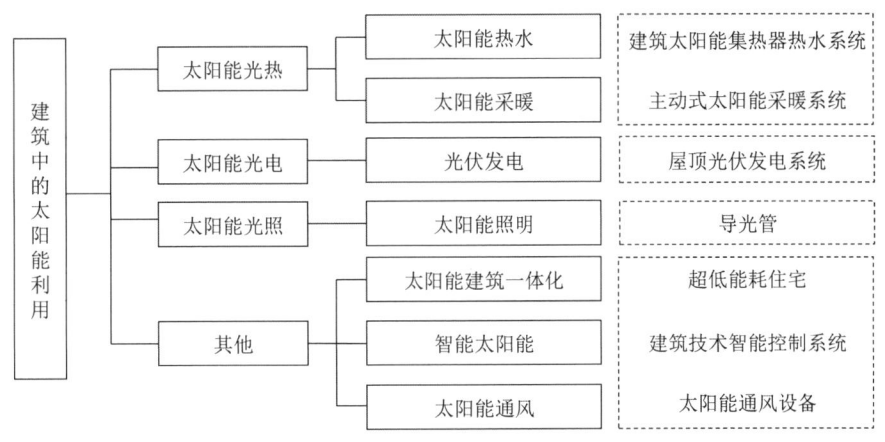

图5-32 太阳能综合利用方式和技术体系示意图
(来源：刘竞男根据《建筑全生命周期的碳足迹》改绘)

1）太阳能光热利用

太阳能光热利用系统包括太阳能热水系统、太阳能供暖系统和太阳能制冷系统。太阳能热水系统是利用太阳能集热器收集太阳辐射能把水加热的系统，是目前技术成熟的太阳能系统。按供热水方式可分为：集中式供热水系统、集中—分散式供热水系统、分散式供热水系统。山东德州太阳谷日月坛的微排大厦采用太阳能飘板，为建筑提供热水和公共照明用电（图5-33）。太阳能供暖系统利用集热器收集太阳辐射能，经蓄热输配后用于建筑供暖。太阳能制冷可以通过太阳能光电转换制冷或太阳能光热转换制冷实现，其中光热转换制冷是把太阳能转换为热能或机械能用于驱动制冷机制冷。

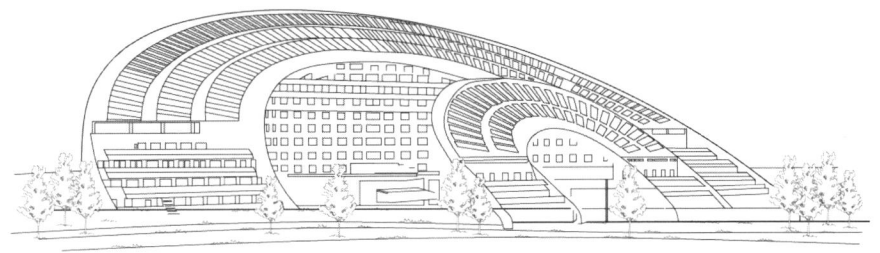

图5-33 太阳谷日月坛的微排大厦采用太阳能飘板
(来源：孙启薇、李双羽改绘)

2）太阳能光电利用

太阳能光电利用是指太阳的辐射能光子通过半导体材料转变为电能的过程，通常称为"光伏效应"，太阳能电池就是利用这种效应制成的。太阳能光伏系统（solar photovoltaic system）是利用太阳能电池的光伏效应将太阳辐射能直接转换成电能的发电系统，简称光伏。光伏有独立运行和并网运行两种方式。独立光伏发电系统一般是由太阳能电池阵列、控制器、逆变器和储能装置等组成。并网光伏发电系统一般是由太阳能电池阵列、遥控器、逆变器储能装置、并网逆变器和连接装置等部分组成。太阳能电池主要包括晶体硅电池、薄膜电池和钙钛矿电池，相比较常用的晶硅电池而言，钙钛矿具备三大核心优势：光电特性好、原材料丰富且易于合成、生产工艺流程短。太阳薄膜电池有质量小、厚度极薄及可弯曲等优点，但其光电转化率较低不足10%。

常见的光伏建筑集成系统主要包括：光伏屋顶、光伏幕墙、光伏遮阳板和光伏天窗等，其中光伏屋顶系统的应用最为广泛，光伏幕墙、光伏遮阳板的发展也十分迅速。随着光伏技术的不断进步和规模化生产的推进，建筑一体化光伏BIPV（Building Integrated Photovoltaics）更广泛地应用于建筑行业。其具有诸多优点：可以充分利用建筑围护结构表面，无需新增用地，有利于节省土地资源；光伏电池与建筑饰面材料结合，可使建筑外观更具魅力，同时可降低光伏系统的应用成本；可实现原地发电和原地使用，节省传统电力输送过程的电力损失；光伏组件处于围护结构外表面，吸收并转化了部分太阳能，有利于减少建筑室内的热量、降低空调负荷；作为一种清洁能源，光伏发电过程中不会产生污染，有利于保护环境。缺点：光伏电池的制造成本较高，发电系统初期投资过大，回收周期长；光伏电池与建筑围护结构相结合，夏季有利于建筑物的遮阳隔热，但冬季则不利于采光供暖。

在北京旭辉零碳空间示范项目中，将多种可再生能源如太阳能电、热技术与建筑进行一体化设计。屋面和立面的不同部位加入了光电设计，包括薄膜玻璃，光伏发电与顶部导风板、建筑屋顶、玻璃幕墙及外挂立面的结合设计，通过能耗计算，保证产生的电能可满足建筑消耗。该建筑的空调系统将空气源热泵和太阳能光热结合：空气源热泵提供了夏季制冷和冬季主要热源，并用太阳能热水辅助补充冬季供热，以减少空调能耗（图5-34）。

加拿大埃德蒙顿的Edge办公楼（图5-35），该大楼立面560片的光伏电池板可满足建筑物约80%的电力需求。同时，该大楼还与当地的城市电网相通，以转移其过剩的电能。办公楼太阳能立面墙的方案旨在提供一种可持续的设计原型。同时，太阳能墙的设计还在每年减少约26t的CO_2排放。

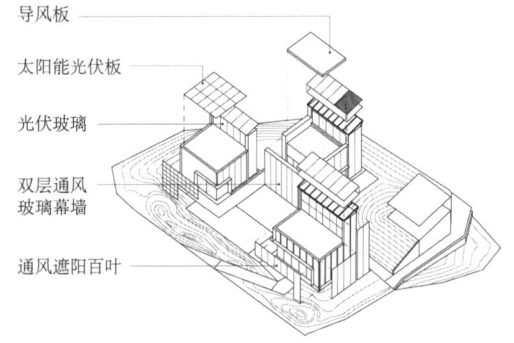

图5-34 北京旭辉零碳空间的可再生能源利用
（来源：孙启薇根据《北京旭辉零碳空间示范项目》改绘）

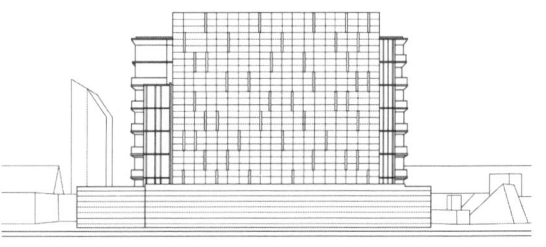

图5-35 Edge办公楼光伏立面
（来源：孙启薇、崔世雯改绘）

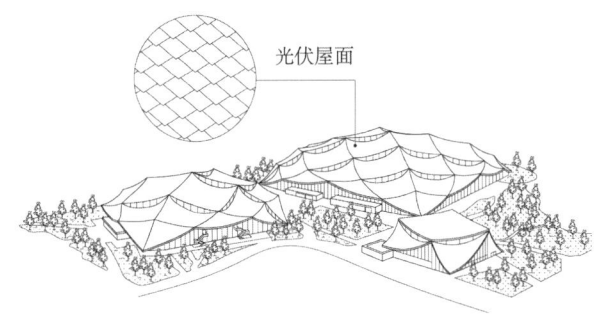

图5-36 谷歌新湾景办公园区光伏屋面
（来源：孙启薇改绘）

美国加州谷歌新湾景办公园区（图5-36），园区由三栋建筑组成，均采用了轻质的屋面结构，并采用了龙鳞状的光伏屋面覆层，共配备了共5万块银色的太阳能电池板，由此可产生近7兆瓦的能量，这部分可再生能源可以满足约40%的能源需求。据估计，该项目还可减少近50%的碳排放。

3）太阳能光照利用

公共建筑利用太阳能光照形成自然采光能够减少人工照明从而实现节能减排。而自然采光的最大缺点就是不稳定和难以达到所要求的室内照度均匀。我国大部分地区处于温带，天然光线充足，为利用天然光提供了有利条件，在白天的大部分时间内都具有充分的天然光源可以利用。以下为几种主要太阳能光照的利用方式：

（1）反光板

反光板是安装在立面窗口内侧或外侧的一块水平或者倾斜的高反射性的挡板。反光板可以将光线反射到建筑的顶部和侧墙，进而进入室内深处，同时可以遮蔽来自天空的直接眩光，提高室内照度均匀度，在一定程度上改善室内光环境，增加室内自然采光，从而减少人工照明。（图5-37）

（2）导光管采光系统

在建筑中不易直接开窗的区域，可以采用导光管采光系统，该系统可以采集天然光，并经管道传输到室内，进行自然光照明。导光管照明系统利用安装在屋顶的集光器（采光罩）收集阳光，有时候还可利用太阳跟踪系统进一步在长时间聚集光线。然后通过连接在屋顶和顶棚之间的传输管将阳光传输到室内，最后通过漫射器将阳光均匀地洒在室内空间的每个角落（图5-38）。

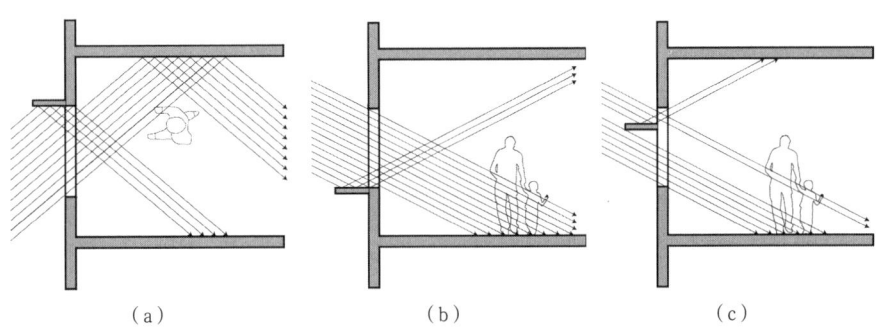

（a） （b） （c）

图5-37 反光板太阳光线分析图
（a）竖向反光板；（b）窗下水平反光板；（c）窗上水平反光板
（来源：宋蓝青根据《建筑全生命周期的碳足迹》改绘）

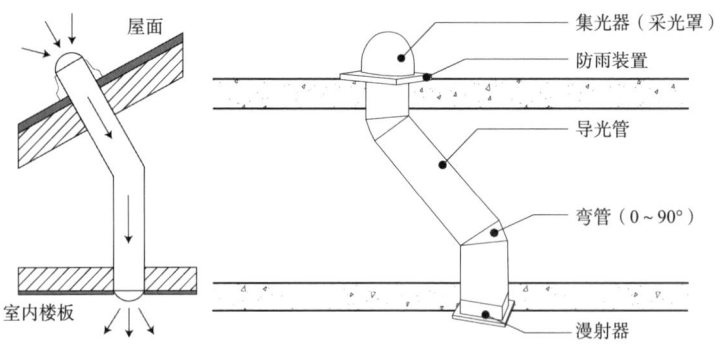

图5-38 导光管采光系统原理图
（来源：崔世雯根据"灯光照明合辑建筑室内名师灯光设计方案深度解析手册素材"改绘）

导光管的结构可以是内表面带有反射涂层的采光管，也可以利用光导纤维技术。与传统的照明方式相比，导光管采光系统可实现节能、环保、隔声、隔热、光线均匀柔和且自由调节，重点是零污染、零排放和零耗电，可以显著提高日光利用效率。近年来，导光管采光系统多用在人工照明能耗大的工厂仓库、对灯光要求极其严格的体育场馆以及难以实现自然采光的地下车库中，其在为建筑提供高效光源的同时，可以有效降低建筑照明能耗。

（3）反光镜采光系统

使用反光镜的多次组合将太阳光反射到室内需要采光的地方，如建筑底部，照度可以得到有效提升。如日本大成札幌大楼的三级反射系统（图5-39），该采光系统由三个功能不同的镜子装置构成：一次反射镜是太阳光追踪型的采光装置，由排列成直线或矩阵状的多个镜面构成，设置在天窗处；二次反射镜是瞄准镜，可以将主镜的平行光线在纵向方向上扩散；三次反射镜是扩散镜，可以将二次镜的光在水平方向上扩散。通过设置该采光系统，实现室内照度的有效提升。

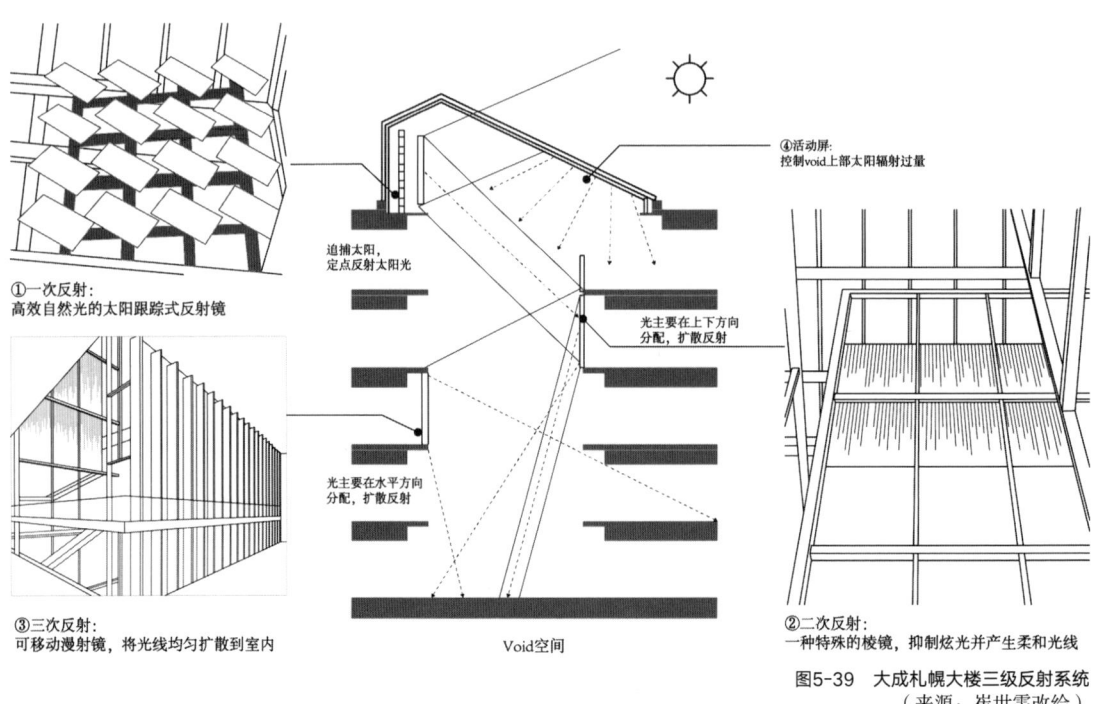

图5-39 大成札幌大楼三级反射系统
（来源：崔世雯改绘）

5.5.2 风能利用

风能因其资源无尽、分布广泛、清洁无污染的优势，被广泛应用于发电领域。风力发电一般使用风力涡轮机或风力发电机来利用风能，这些机器在螺旋桨旋转时通过风的运动而启动。螺旋桨又连接到发电机转子，转子将旋转速度提高到每分钟数千转，从而将动能转化为电能。相较于太阳能发电，风力发电不受昼夜限制，可持续发电。

目前，风能发电是我国第三大发电形式，具体发电模式有大型风电场和小型风电场两种。建筑上应用风力发电系统主要是发展风力发电与建筑一体化项目。此类项目强调在建筑设计阶段就考虑将风力发电作为维持建筑运行的重要能源之一。

风力发电机，简称风机或风力机，其与建筑结合的形式通常有以下三种：风机安装在建筑屋顶上或其周围，风机设置在两座建筑物之间以及风机设置在建筑物的空洞中。

1）风机在建筑屋顶上或其周围

在建筑周围空地或屋顶上风力大、环境干扰小，是安装风力发电机的最佳位置。风机应高出屋面一定距离，以避开檐口处的涡流区。

丹麦Thy国家公园是一个向公众传播风车研究和技术的中心（图5-40），游客中心向向要体验巨型风力涡轮机并获得更多有关风力涡轮机、风能、可持续性以及恢复和保护自然项目的游客开放。

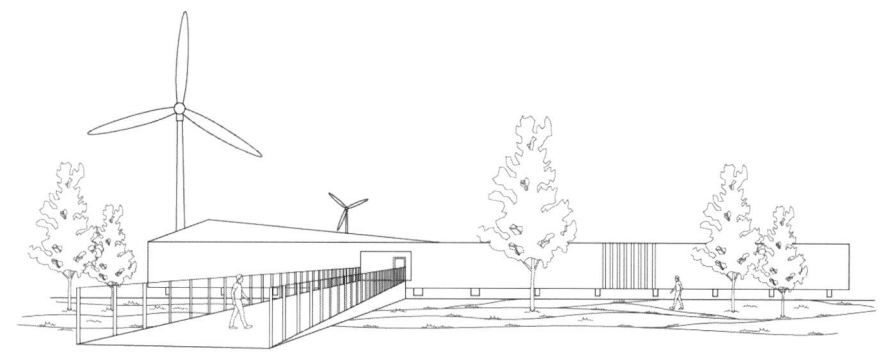

图5-40　丹麦Thy国家公园向公众传播风车研究和技术的中心
（来源：孙启薇、崔世雯改绘）

2）风机在建筑物之间

在两座建筑之间的夹缝可以产生"峡谷风"，且风力随着建筑体量的增大而增大。此处适合安装垂直轴风力机或水平轴风力机组。

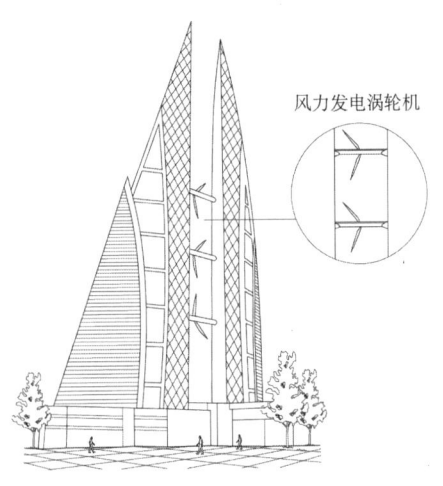

图5-41 巴林世贸中心建筑与风机一体化设计
（来源：孙启薇改绘）

巴林世贸中心（The Bahrain World Trade Center）实现了大型建筑与风机一体化设计，双塔之间分别设置了3座重达75t的跨越桥梁，3个直径达29m的水平轴风力发电涡轮机和与其相连的发电机被固定在这3座桥梁之上。3座风力发电涡轮机每年约产生1200MWh的电力，可满足巴林世贸中心约15%的电力需求（图5-41）。

3）风机在建筑物的空洞中

建筑物中部开口处，风力被汇聚强化，可以产生强劲的"穿堂风"，在此部位也可以安装定向式风力机。广州珠江城大厦项目便充分展现出了高层建筑对于风能的利用。在风能策略上，建筑面朝盛行风的方向，曲线型的设计用来增加风速，并将风高速引入、穿过楼内设备层风洞中的垂直轴涡轮机，将风能直接利用或储存在电池中，为建筑提供电力。大楼中部24层和上部50层设置了与高性能汽车引擎进风口外形相似的两个吸风口，并通过4组风涡轮发电系统进行风力发电（图5-42）。

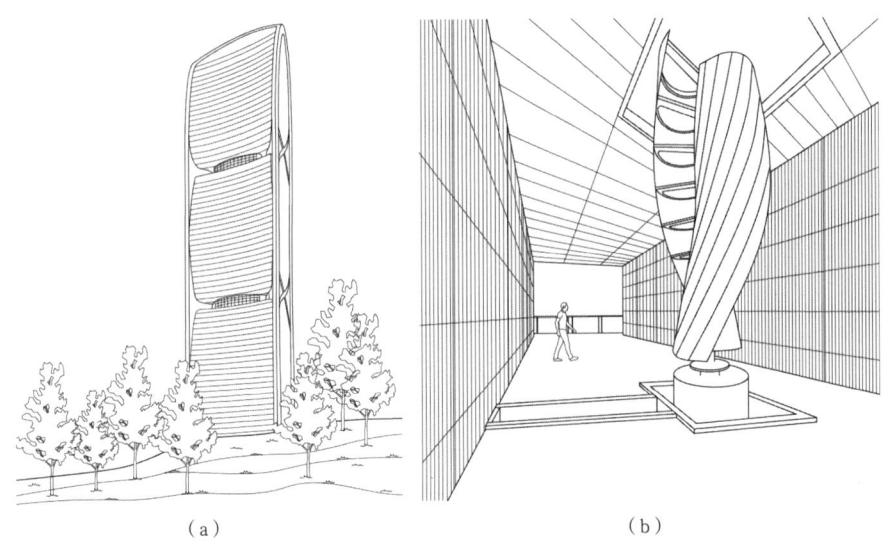

（a） （b）

图5-42 广州珠江城大厦利用风能发电
（a）外观曲线型的设计将风高速引入；（b）内部发电机组
（来源：孙启薇、崔世雯改绘）

5.5.3 地热能利用

地热能是储存于地球内部岩土体、流体和岩浆体中，能够为人类开发和利用的热能，属于可再生能源。地热资源按温度可分为高温、中温和低温三类。温度大于150℃的地热以蒸汽形式存在,叫高温地热;90~150℃的地热以水和蒸汽的混合物等形式存在,叫中温地热;温度小于90℃的地热以温水(25~40℃)、温热水(40~60℃)、热水(60~90℃)等形式存在,叫低温地热。建筑中对地热能的利用主要有以下几种形式。

1)浅层地热能利用

从地表至地下200m深度范围内,储存于水体、土体及岩石中的温度低于25℃,采用热泵技术可提取用于建筑物供热或制冷等的地热能。

(1)地源热泵系统

由于浅层地热能属于低品位能源,不能直接用于空调供暖,必须借助于热泵技术来提高其能源品位。地源热泵就是通过输入少量的高品位能源(如电能),使陆浅层能源实现由低品位热能向高品位热能转移的装置。

以岩土体、地下水和地表水为低温热源,由水源热泵机组、浅层地热能换热系统、建筑物内系统组成的供暖制冷系统。根据地热能交换方式,可分为地埋管地源热泵系统、地下水地源热泵系统和地表水地源热泵系统。如图5-43所示,其展示了地埋管地源热泵的原理。地源热泵系统的节能原理在于系统只需要消耗1kW的能量,用户即可获得4kW以上的热量或冷量,减少化石能源的消耗,节能减碳效果显著。

北京大运河博物馆(图5-44)充分利用清洁能源,集中能源站采用燃气锅炉和冷水机组调峰的地源热泵及水蓄冷、蓄热系统。设计采用地热能源,能够满足一半以上的供暖和空调需求,每个房间都具备独立调节温度的功能。

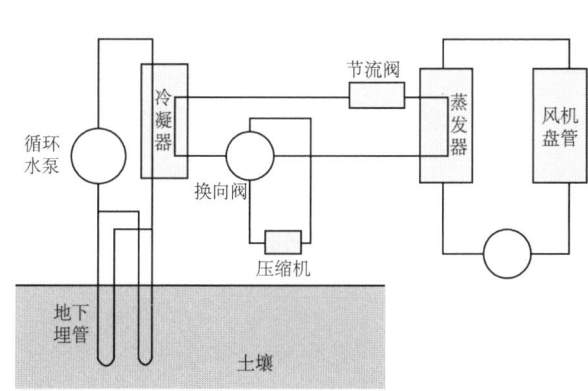

图5-43 地源热泵原理图
(来源:宋蓝青、孙启薇自绘)

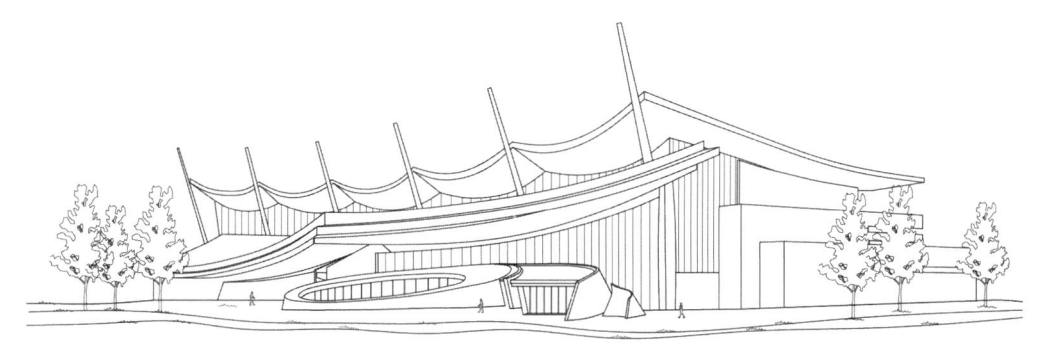

图5-44 北京大运河博物馆采用地源热泵
(来源:孙启薇、崔世雯改绘)

（2）地道风系统

地道风系统是利用地道冷却或加热空气，然后送至地面上的建筑物，达到使引入的室外空气降温或升温的目的，改善室内热环境，从而降低建筑物的空调负荷，其相当于一台空气—土壤的热交换器。

2019年中国北京世界园艺博览会中国馆（图5-45），采用建筑覆土的手法，将主要展厅覆盖于梯田之下，在梯田内环中设有埋深9m，管径2m的大型地道风系统，该系统利用地表浅层土壤温度变化幅度小且蓄热能力强等特点，能够起到自然换热、防污染和高效利用能源的效果。

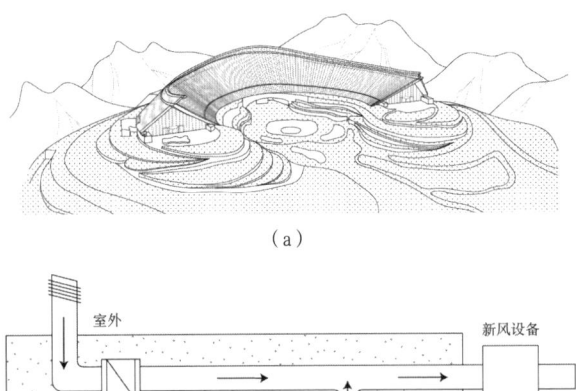

图5-45 2019年中国北京世界园艺博览会中国馆采用地道风系统
（a）主要展厅覆盖于梯田之下；（b）地道风系统运作示意
来源：（a）孙启薇、王琦根据《山水间筑园锦绣，如意处尽意天然——2019年北京世界园艺博览会中国馆营造记》改绘；（b）孙启薇自绘

2）中深层地热的利用

中深层地热是指地表以下大于200m的地热资源，包括水热型地热能和干热岩型地热能。水热型地热能温度高于25℃，地热流体，埋深一般在3000m以内。干热岩型地热能为新兴地热能源，是一种高温岩体，其温度一般大于200℃，埋深数千米，干热岩的余热既能用于室内供暖，使室内温度升高，改善室内环境；也能进行热电联产，通过热力发电机发电，可获得大量的可再生电能。位于法国东北部苏尔茨的地热田是欧洲近几年来基于增强型地热系统中比较成功的一个技术案例。它在2013年实现了稳定利用干热岩技术的地热发电目标，并且成功投入了商业化持续运行。

3）地下季节性储能

由于地下土壤本身具有储能特性，而且温度全年相对稳定，地下空间，如建筑物底部，可以用来储能。通常的做法是在建筑物的底部设置一个大的水池，并装满诸如卵石等热容量较大的物质，这样夏季可将富余的热能储存于地下以备冬季供暖用，冬季亦可储存冷量以备夏季降温用。地下季节性储能技术在德国柏林国会大厦的改建工程中得到了充分应用，该建筑通过地下蓄水层循环利用热能，夏季将多余热量储存在地下蓄水层中，以备冬季使用；冬季将冷水输入蓄水层，以备夏季使用，形成两个季节的热量互补。

5.5.4 生物质能利用

生物质能是自然界中有生命的植物提供的能量，这些植物以生物质作为媒介储存太阳能。生物质能可转化为常规的固态、液态和气态燃料，是一种可再生能源，也是唯一一种可再生的碳源。

宜兴城市污水资源概念厂，借助"水—肥—气"的综合利用模式，通过持续的调整优化，目前已实现了厂区内总能源65%～85%的自给率，日均发电量基本稳定在6000kWh左右，随着运营的磨合还在上涨，水质净化中心更是实现了100%能源自给（图5-46）。该建筑充分发挥了自己的特色，开辟了可再生能源利用的新路径，低投入、高产出，实现了节能减碳目标。

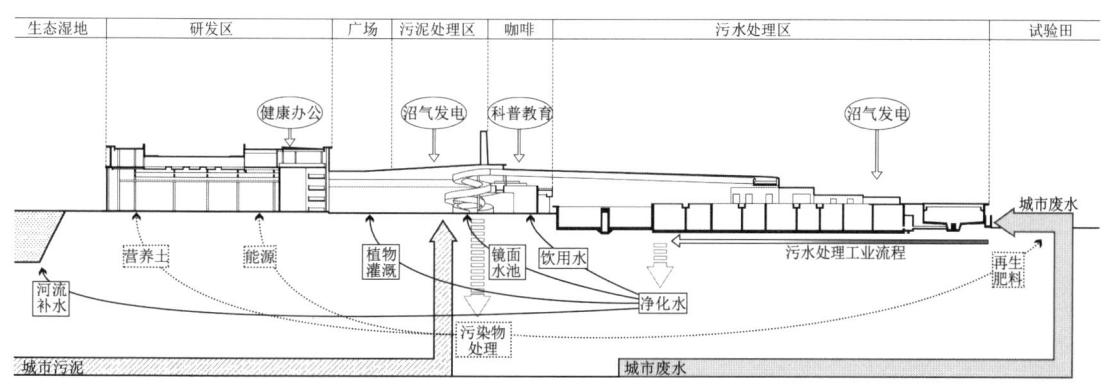

图5-46 宜兴城市污水资源概念厂厂区资源回收循环与能源自给图示
（来源：张焰文根据《面向未来的污水资源概念厂设计研究》改绘）

5.6 本章小结

在进行低碳公共建筑的技术设计时应首先树立低碳建筑技术观，选择合理耐久的建筑结构、性能优良的外围护结构和高效智能的建筑设备，并强化可再生能源的利用，通过综合运用多种技术措施，全面实现公共建筑的低碳设计目标。低碳公共建筑的技术设计不仅有助于节能减排、保持建筑空间舒适性、实现建筑与自然和谐共生，还为建筑行业向全面低碳、零碳发展迈进提供有力的技术支持。

第 6 章 低碳公共建筑的建造原理

▶ 低碳建造与低碳建筑、低碳施工的关系是什么?
▶ 在规划设计阶段实现低碳建造的措施有哪些?
▶ 在低碳运维管理中都有哪些具体的策略?
▶ 为拆解而设计的总体策略有哪些?

建筑建造是将设计图纸实现的过程,必须要在前期进行全过程的策划,在设计阶段应树立低碳建造的理念,并将其贯穿在建造全过程中,以此达到建造阶段降碳的目的。

6.1 低碳建造的基本原理概述

低碳建造旨在运用低碳建筑的理念和手段,在建筑建造和拆解过程中减少碳排放,以达到保护环境的目的。由于前期设计阶段的决策直接影响到建造物化阶段、使用维护阶段和拆解回收阶段,所以在设计阶段就要树立低碳建造的理念。虽然建造施工阶段碳排放量的占比较小,但是其碳排放更为集中,对环境影响的冲击更为明显,因此要实现建筑行业的低碳发展,降低建造施工过程中的碳排放必不可少。另外,建筑使用过程中虽然技术方案都已确定,但通过科学合理的运营方式,也可以达到降低碳排放的目的。另外建筑的拆解过程中也可以有效回收部分建筑材料,从而回收部分碳排放。

6.1.1 从传统建造到低碳建造

手工时代的建造以与自然的和谐共生和对环境的低度干预为特征,体现了人类对自然环境的尊重和珍惜,通过有限的资源,确立了朴素生态的建造方式。

工业革命之后,现代工业化建造方式相较于手工时代朴素的建造方式,在技术上取得了显著进步,建造效率大幅提升,但也产生了高能耗和高污染等环境保护和资源可持续性方面的问题。以高效建造为目标的现代工业化建造方式往往缺乏对环境影响的全局考虑,未能充分利用自然能源,导致后续使用维护阶段能源消耗的增加。这种建造方式的设计理念亟待更新,以适应新时代建筑行业低碳发展的要求。

新型工业化建造方式作为一种更加低碳的建造方式,正逐渐改变着建筑行业的面貌。它通过在工厂中预先生产建筑构件,再将这些构件运输到施工现场进行组装,利用生产的标准化、模块化和工业化实现建筑在建造物化阶段的降碳目标。总的来说,新型工业化建造方式通过提高能源利用效率、优化材料使用、采用先进的技术和改善施工环境等多方面的措施,可以全面提升建筑的建造质量,在建筑全寿命期内产生的碳排放比工业化建造方式更低,如图6-1所示。

从手工时代朴素生态的建造方式,到工业革命之后的工业化建造方式,再到当下注重低碳环保的新型工业化建造方式,建筑行业的发展历程是建造技术不断进步、建筑材料更加环保可持续、设计理念更加注重生态和节能

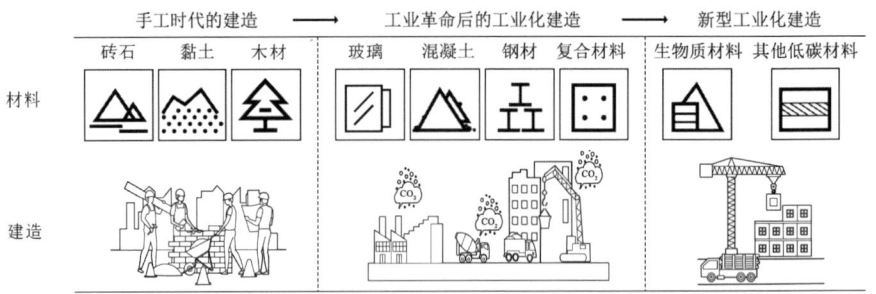

图6-1 从手工建造到工业化建造再到新型工业化建造
（来源：李世萍、马琳珠自绘）

以及逐步实现建筑全寿命期低碳的过程。以钢筋混凝土建筑为例，工业化现浇式建造与新型工业化装配式建造的碳排放不同，相较于现浇式，装配式建造方式碳排放大幅降低。虽然在运输过程中，增加了运输次数，导致碳排放有所增加，但在施工过程中，装配式建造方式降低了相较于现浇式建造方式约1/4的碳排放，建造物化阶段共降低了约1/6的碳排放，如表6-1所示。

工业化现浇式建造与新型工业化装配式建造不同阶段碳排放量表　　　表6-1

不同阶段	现浇式单位面积碳排放（$kgCO_2e/m^2$）	装配式单位面积碳排放（$kgCO_2e/m^2$）	差值（$kgCO_2e/m^2$）
预制构件生产	0	1.02	1.02
运输	1.73	3.11	1.38
施工	22.147	16.01	−6.137
合计	23.877	20.14	−3.737

6.1.2 低碳建造的总体原则

1）设计观念和方法的转变

在传统的建筑设计模式中，建筑师们主要将精力投入建筑的功能、空间和艺术形式等方面，以满足用户的特定需求，建筑及建筑设计往往具有唯一性，因此，建造总是针对设计进行现场制作，而且建筑废弃之后只能拆除。低碳建筑设计鼓励使用以工业化生产建造为基础的装配式建造方式，建筑构件和部品如同工业生产中的零部件，可在不同建筑中灵活使用。建筑的建造也从原来的现场建造转变为工厂建造和现场安装。因此，设计不仅仅是对空间、功能和形式的单一考虑，同时必须加入工业的产业链，实现全产业链的协同。若大多数的部件部品在工厂进行加工，就可以从生产源头有效控制产

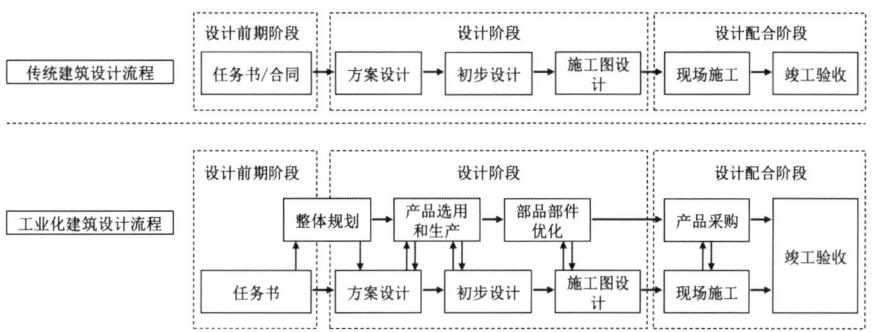

图6-2 传统建筑设计流程与工业化建筑设计流程对比
（来源：马琳珠、刘竞男根据《装配式建筑系统集成与设计建造方法》改绘）

品的碳排放，工厂可以采用碳捕集与封存技术[①]减少碳排放，从而控制建筑物化阶段总体的碳排放。因此，设计思维和设计流程不再是传统建筑设计的单线流程，而是以全产业链协同策略主导的双线流程，如图6-2所示。

当前，低碳建造的设计理念逐渐成为建筑设计的主流趋势。无论是前期的概念设计，还是施工现场的组织管理及后期的运营维护，碳排放问题一环紧扣一环，需要从全过程角度出发提出有效的设计策略。

2）设计、施工和运维一体化

建筑的设计、施工和运维一体化是指在建筑全寿命期中，将建筑从设计到施工，再到运维的全过程作为一个统一的整体来考虑和执行。在这种模式下，各个阶段是相互关联和相互影响的。这种一体化的方法打破了传统建筑行业各个阶段之间的信息壁垒，促使各方更加紧密的协作，以实现建筑项目的高效、优质和可持续发展，如图6-3所示。

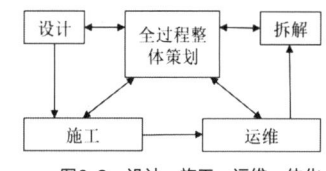

图6-3 设计、施工、运维一体化
（来源：马琳珠、刘竞男自绘）

3）在设计阶段考虑拆解和再利用

在过去20年中，人们逐渐认识到产品的使用及处理与产品的生产一样，也有可能对环境造成污染，因此一项新的设计方法——"为拆解而设计"（Design for Disassembly，DFD）应运而生。这种设计着眼于使产品的再利用、再制造以及再循环变得更加容易。"为拆解而设计"当前已广泛应用于各领域，如西门子公司的咖啡壶、施乐公司的复印机、美国的苹果电脑、德国和加拿大的电话机等，都被设计成可拆解的结构，从而进一步推动了设计

---

① 碳捕集与封存技术（Carbon Capture and Storage，CCS），是将二氧化碳（CO_2）捕获和封存的技术。

的合理化和原材料的配制化,使零部件可以再循环利用。在建筑领域,"为拆解而设计"是为回收利用旧建筑中的局部体系、构件和材料而提供便利的建筑设计理念。其总体目标是在最终拆除建筑物过程中尽可能减少污染,高效获得构件和材料以回收再利用,提高资源、能源和经济的综合效益。在设计阶段进行为拆解而设计的考虑,能够更好地实现低碳建造。

6.2 面向低碳建造的设计策略

6.2.1 新型工业化建造方式

新型工业化建造方式,是指在建筑行业中,利用现代化工业生产的平台、理念和方法,实现建筑的批量生产和低碳建造。设计方法包括了一体化协同设计、标准化设计和模数协调三个方面。

1)一体化协同设计

建筑的一体化协同设计强调在建筑设计的全过程中,将不同的专业紧密结合起来,以达到整体的协调和优化。传统的建筑设计以建筑学专业为龙头,在方案确定后,结构、给水排水、暖通及电气等各专业才介入,各自进行深化,这样容易造成结构梁的放置与暖通管道或电气线路发生冲突,导致需要重新调整方案或设备管道过多占用空间,产生建筑功能的合理布局等问题;协同设计要求在设计前期各专业同步介入,确保方案实时跟进。目前,计算机技术为协同设计提供了便利,建筑信息模型(Building Information Modeling,BIM)等技术能够将不同专业的工作整合在一个平台上,在建筑全寿命期内实现协同工作和一体化设计,如图6-4所示。

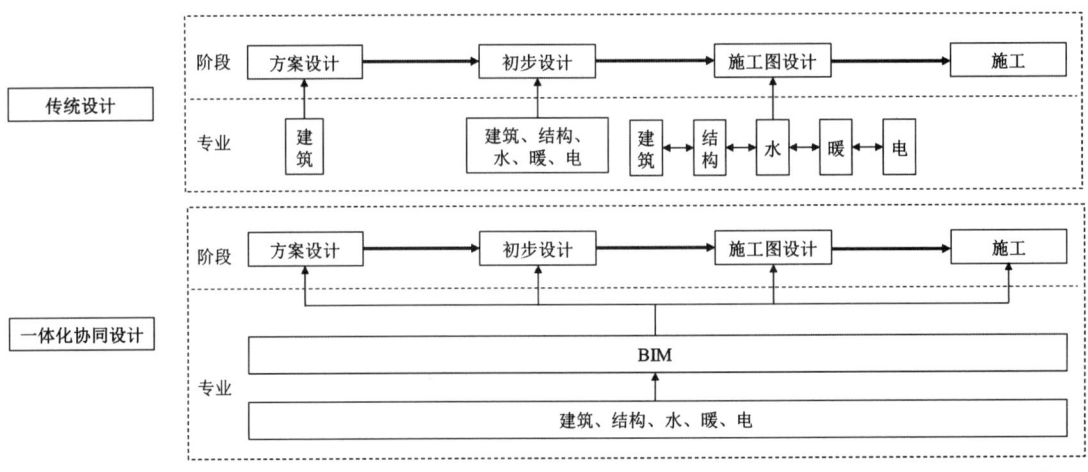

图6-4 传统设计模式与一体化协同设计模式的区别
(来源:马琳珠、刘竞男自绘)

2）标准化设计

标准化设计指的是在建筑设计过程中，采用统一规格的建筑构件和部品，以提高建筑建造的效率并且增加改造的可能性。标准化设计通过精确的材料计算和减少定制部件，可以降低建造过程中的材料消耗，加快施工速度，减少施工现场的碳排放。

标准化设计强调通过少规格与多组合，形成建筑的系列化与个性化。少规格可以减少预制部件部品的规格种类、提高部件部品生产模具的重复使用率，形成通用化的部件部品；多组合通过建筑设计与部品组合的方式形成多样化、系列化的组合，突出建筑的个性和特征。例如，乐高积木通过少规格的组件可以拼合成多样化的形态，如图6-5所示。

模块化是指由标准化的部件部品通过标准化的接口组成的单元，并满足功能性和通用性的要求。无论是组合式的单元模块还是结构模块，都是以标准化模块形成多样化的系列组合，即用形式和尺寸数目较少、经济合理的标准化单元模块，构成大量具有各种不同功能和复杂的系列组合。

3）模数协调

在建筑模数化设计中，建筑师可以通过预先设定一系列标准的尺寸和比例，用以指导建筑构件和部品的组合，从而实现建筑构件和部品的统一和协调，简化建筑设计和施工过程。

中银舱体大厦在设计之初就采用了构件化和模块化的设计思路，进而通过预制装配式的方式进行生产施工，以便于在后期能够成块拆解。所有构件都在大阪制作完成后，通过卡车被运到东京。一个胶囊的组装时间大概要3个小时，胶囊单元之间，由四个高压螺栓固定在两个混凝土核心筒上，这种固定形式使得单元都可替换，其模块单元如图6-6所示。

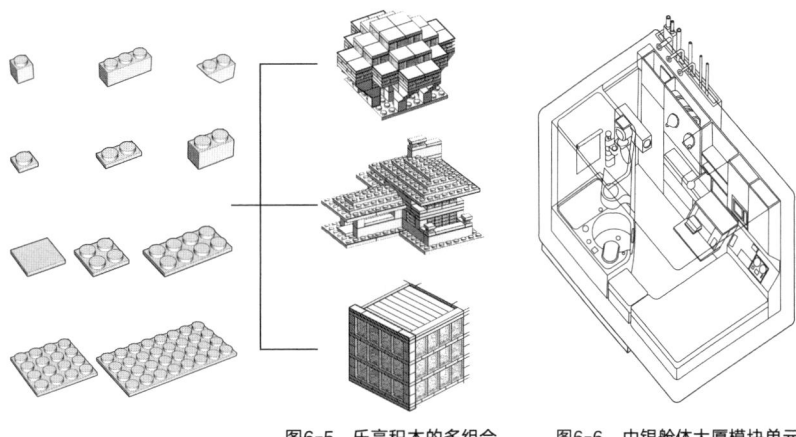

图6-5 乐高积木的多组合　　图6-6 中银舱体大厦模块单元
（来源：马琳珠改绘）　　　　（来源：马琳珠改绘）

杭州市紫金众创小镇项目（图6-7）在设计前期各专业便开始展开讨论，经过多次探索与碰撞，形成完整的计划流程：从设计到施工BIM技术全程参与，集成了BIM、协同、物联网、标准化及工业化等技术，坚持以设计为龙头，将三位信息化技术贯穿建筑全寿命期。在设计过程中，建筑、结构、设备、室内、灯光、景观及幕墙等各专业都基于BIM模型协同工作，信息实时反馈，工作模型三维可视。

"栖居3.0"采用了中建科技的标准化箱房模块单元，所有的模块采用300mm的模数，基本模块单元尺寸为6m×3m×3.3m，能够符合工厂预制生产，交通运输尺寸限制及适应施工吊装重量等要求，同时建筑模数能够适应多样化的空间组合。对钢结构工业化模块的集成，形成了标准化的基本功能模块和性能提升模块两大类别，其中基本功能模块根据使用需求被拓展为服务模块和功能模块，服务模块包括了设备模块、楼梯模块和门斗；功能模块包括了餐厅、多功能厅、接待室和卧室等；性能提升模块包括了围护结构模块、屋顶模块和生态中庭模块。运用工业化生产的"平台"理念，基于BIM技术构建了一体化协同设计的基础平台，可以对用户端、生产端和设计端进行整体协调，可以提供个性化定制设计、完成快速化施工建造以及进行智能化的运维管理，如图6-8所示。

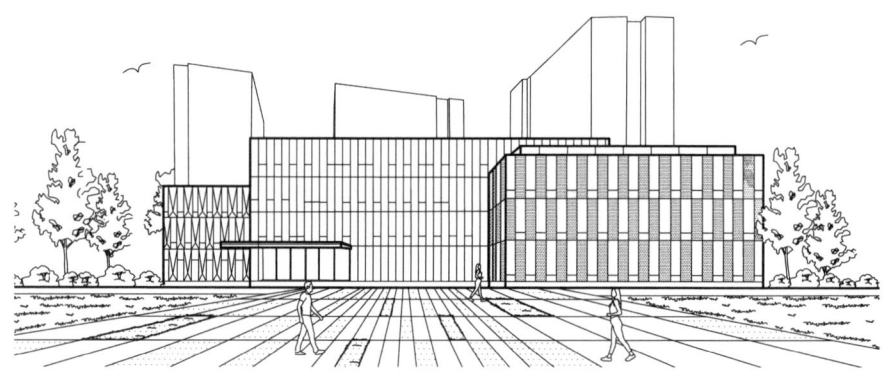

图6-7　浙江大学建筑设计研究院装配式建筑B1楼
（来源：马琳珠根据《诗意表达与绿色建造——浙江大学建筑设计研究院装配式建筑B1楼实践》改绘）

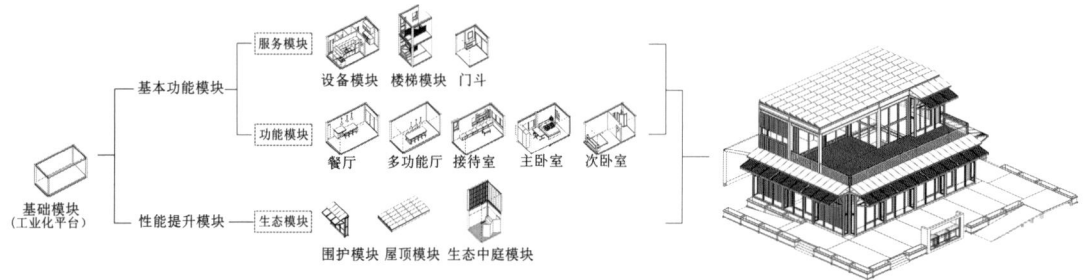

图6-8　栖居3.0模块设计
（来源：马琳珠根据《面向西部地区的零能耗装配式建筑设计策略——以2022中国国际太阳能十项全能竞赛作品"栖居3.0"为例》改绘）

"栖居3.0"借助BIM技术，建立产品信息库，将信息作为参数直接赋予在产品族上，全面又直观。且可以采用几何信息、非几何信息、动态信息及编码信息等不同的形式表达。前期将全寿命期各阶段的信息按照属性分类，并提出综合编码的方式，为"栖居3.0"的产品ID编码。然后逐一拆解，根据不同功能属性建立产品系统，各专业借助BIM平台协同作业，完成对产品的深化设计，并以Revit族的方式创建模型。最后将信息、编码和模型三者结合统一，完成产品信息库的创建工作，如图6-9所示。

图6-9　栖居3.0一体化协同设计平台
（来源：马琳珠根据《基于建筑产品信息化的装配式建筑栖居3.0设计优化研究》改绘）

6.2.2　面向未来的低碳建造方式

　　面向未来的低碳建造方式是利用新技术实现建筑行业可持续发展的重要途径。包括了参数化、3D打印和智慧建造等方面。

1）参数化设计

　　参数化设计通过对建筑构件的参数进行调整，可以实现对建筑形态的快速修改和优化。这种设计方式不仅可以提高设计效率，还可以实现对建筑物碳排放的精细化控制。例如，通过调整建筑的朝向、形态和开窗方向等参数，可以模拟建筑在不同气候条件下的能耗情况，从而设计出更加低碳的建筑。此外，参数化设计还可以生成精确的施工图纸和模型，提高施工效率和准确性，优化建筑的材料用量。

　　位于四川省成都市新津区西北部的天府农博园瑞雪展示馆（图6-10），以结构性能化的设计策略为导向，机器人建造为核心，构建出复杂的双曲互承木构壳体，同时运用以木构机器人、3D打印机器人及FUSense全域感知数字模拟系统等为代表的智能建造技术，实现了建造过程中的精确拟合与模块化的预制装配。

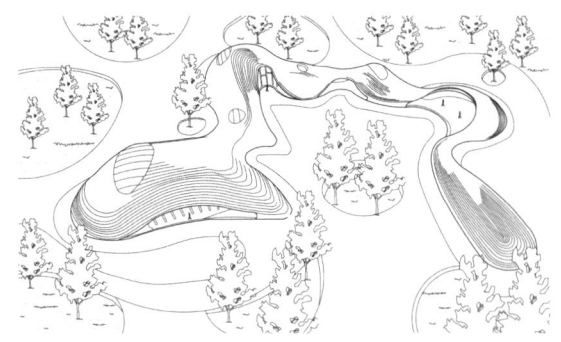

图6-10 天府农博园瑞雪展示馆
（来源：马琳珠根据《天府农博园"瑞雪"多功能展示馆，成都，四川，中国》改绘）

2）3D打印

3D打印，也称为增材制造，是一种逐层制造技术，它通过添加材料的方式来构建物体，与传统的减材制造（如切割、雕刻）形成对比。3D打印技术可以实现材料的精准分配，减少浪费。在建造过程中，仅需打印所需的部件，从而减少材料消耗和相应的碳排放；3D打印技术能够制造出复杂的几何形状，这些形状在传统制造方法中难以实现或需要更多的材料，通过优化设计，可以减少建筑物的整体重量，从而降低材料使用量和碳排放；3D打印还可以大幅缩短生产时间，减少能源消耗，特别是对于定制化部件，可以实现即时生产，减少库存和运输过程中的碳排放。

位于沙特阿拉伯王国的世界上第一座3D打印清真寺，占地面积达5600m^2，采用先进的3D打印技术，如图6-11所示。此外，SOM建筑设计事务所为美国能源部实验室设计了一座3D打印建筑。建筑结合了高效能的设计以及光伏电板，展现了利用3D打印进行复杂体建造的可能性。有机的形态以及结合了结构、防护、空气和湿度隔离性以及室外立面一体化的建筑设计，如图6-12所示。

图6-11 全球首座3D打印清真寺
（来源：马琳珠改绘）

图6-12 美国能源部3D打印建筑
（来源：马琳珠改绘）

3）智慧建造

智慧建造是指利用信息化、数字化和智能化技术，对建筑的设计、施工及运维的全过程进行优化，以实现更高的效率、更好的质量和更低的环境影响。通过利用建筑信息模型等工具，可以在设计阶段对建筑的能源效率、材料使用和环境影响进行模拟和分析，从而设计出更加节能和环保的建筑方案。智慧建造技术可以帮助评估建筑物整个寿命期的碳排放，包括设计、施工、运维和最终拆除阶段，从而制定减少建筑整个寿命期碳足迹的策略。

上海西岸世界人工智能大会B馆（图6-13）尝试重新定义从设计到建造的整个流程，通过数字化智能几何找形、参数化力学建造优化方法以及平行

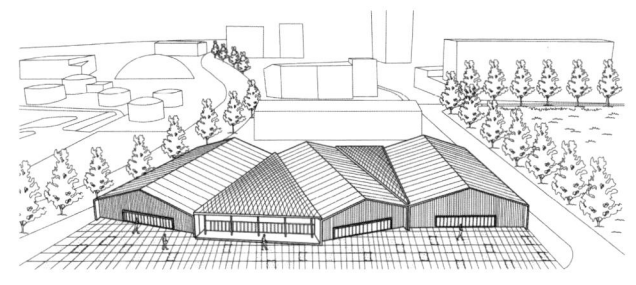

图6-13 上海西岸世界人工智能大会B馆
（来源：马琳珠改绘）

数据指导数字工厂加工和建造的方法，探索了未来的建筑设计和建造方式。并以超轻型、快速准确的智能建造技术进行建造，尝试重新定义建筑各个环节智能化的不同推进方式，实现智能化设计建造一体化。

6.2.3 地域性低碳建造技艺

地域性低碳建筑的设计应充分考虑根据不同地区的气候特点，①采用适宜的建筑形式、结构和材料，提高建筑的保温隔热性能，减少使用设备的能耗；②利用当地自然资源和当地建造工艺，制定适宜的低碳建筑设计策略和工程做法，减少建筑在整个寿命期中的碳排放；③利用太阳能和风能等可再生能源，减少对化石能源的依赖。

马岔村民活动中心（图6-14）位于甘肃省会宁县，该地区属于干旱的黄土高原沟壑区，村里日常饮用及灌溉用水极度匮乏，但土资源却很丰富，当地的传统民居多以生土为主要建材。采用夯土，草泥，配以木结构屋架的工艺形式。马岔村民活动中心借鉴当地的传统工艺并加以改良，结合新型夯土技术和传统建造技艺，以实验决定砂石的最佳配比、石灰带的配比与添加方法、亚克力棒透光墙的做法以及红土肌理效果等，并且当地村民作为主体，整体践行了地域性建造的策略，从建筑选材到运营达到了低碳排放的目标。

长宁县竹文化馆从对自然的感知出发，就地取材，以原竹绑扎的竹拱为结构单元，将竹材物性的真实表达作为其形态的逻辑。设计伴随手工营造技艺的运用，既顺应竹材料的自然特性，又拓展了作为工程材料的可能性，

图6-14 马岔村民活动中心
（来源：马琳珠改绘）

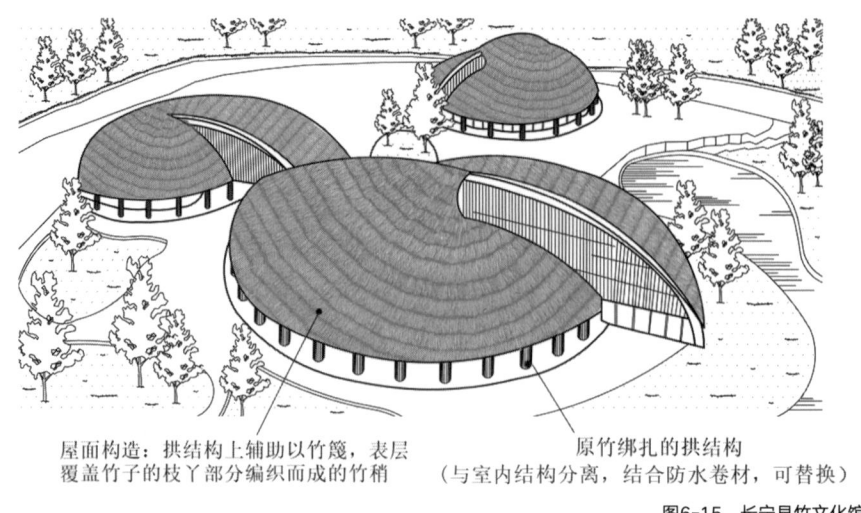

屋面构造：拱结构上辅助以竹篾，表层
覆盖竹子的枝丫部分编织而成的竹梢

原竹绑扎的拱结构
（与室内结构分离，结合防水卷材，可替换）

图6-15 长宁县竹文化馆
（来源：马琳珠改绘）

因地制宜，在地建造，营造出竹建筑特有的人文特性和灵动的表现力，如图6-15所示。

6.3 面向低碳运维的设计策略

运维阶段包括建筑的运行和维护更新，是建筑全寿命期中最长的一个阶段，也是碳排放量最大的一个阶段。所涉及的工作时间较长、内容较为复杂，且管理的难度较大，是管理建筑中所有设备设施，整合工作人员的过程。运行阶段指通过各种设备满足供暖、制冷、通风和照明等要求，来维持建筑的正常运营。而维护更新阶段则包括，对建筑物建成后因设备老旧而对建筑进行维护、翻修以及设备更换等过程，如照明设备及门窗的更换等。通过合理的设计策略可最大限度减少建筑运维阶段的碳排放。

6.3.1 智慧化的运维管理

建筑从前期策划到后期运维过程的参与方包括业主、设计单位、施工单位、供应商和运营团队等，涵盖空间管理、维护管理、能耗管理和资产管理等方面。然而，在运维阶段，需要整合大量设计和施工阶段的数据，同时接收和处理运维过程中产生的数据，如图6-16所示。传统的建筑运维管理依赖电子表格存储数据，缺乏标准化信息管理和直观的信息交互平台，设计和施工阶段的数据也难以完整地传输到运维阶段，导致运维人员需要查阅过去的文档资料，影响了管理的效率。

建筑行业的数字化转型对于实现"双碳"目标至关重要，并能解决传统

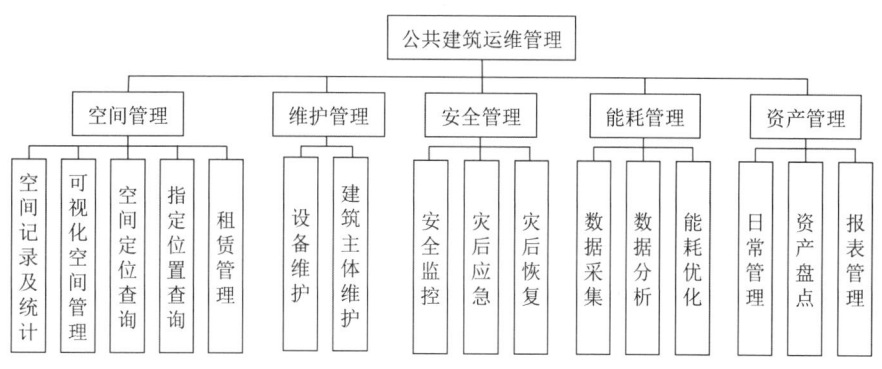

图6-16 公共建筑运维管理内容
（来源：张洋溢、刘竞男根据《建筑全生命周期的碳足迹》改绘）

建筑运维管理模式中存在的问题，如信息丢失和数据难以整合共享。为了达到智慧化运维管理的目标，需要利用数字化技术，如BIM、大数据、物联网和VR等，如图6-17所示。

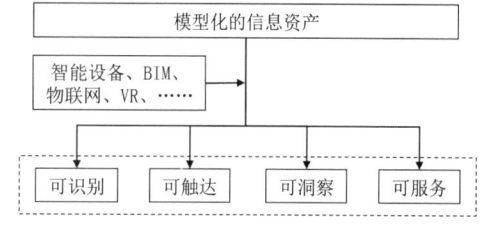

图6-17 技术层面功能示意
（来源：张洋溢、刘竞男根据《建筑全生命周期的碳足迹》改绘）

1）集成新技术

建筑运维管理通过集成新技术以提高效率。如BIM技术，能够实现建筑全寿命期信息的综合管理和交互共享，确保数据真实性，提高运维效率；大数据技术则通过数据统计、分析和转化为有用信息，优化流程和决策指导；物联网技术利用硬件设备进行智能识别、定位、监控和管理，获取并集成底层数据，实现信息的实时交互和应用。相对于传统的运维管理方式，这些技术的引入在很大程度上改善了运维管理工作的模式，以数据资源为核心实现建筑信息的实时共享，达到各部门协同工作与管理的目的，将网状的传统运维管理方式转变为以建筑物为核心的枢纽管理模式，提升了运维管理的整体水平和效率，如图6-18所示。

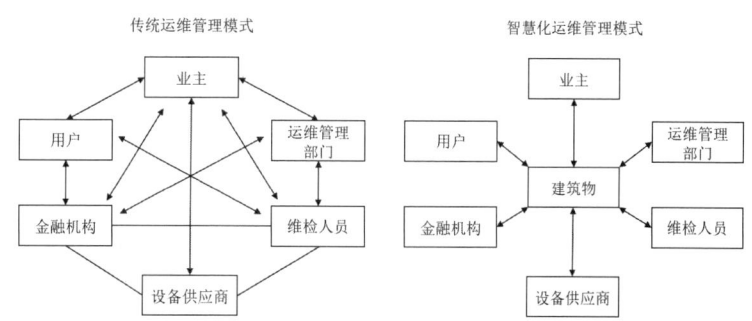

图6-18 传统运维管理模式与智慧化运维管理模式的比较
（来源：张洋溢、刘竞男根据《建筑全生命周期的碳足迹》改绘）

2）建立智能运维管理系统

智慧技术的发展使建筑在运营过程中的便捷度得到提升，智慧化控制也在建筑运行中扮演着越来越重要的作用。智能运维管理系统可以提供实时数据监控和分析，帮助建筑运营人员做出更加节能和环保的运营决策，并实现能源的优化使用。

智能运维管理系统的构建包括以下方面：现场层面，针对公共建筑及设备设施，直接体现了运维数据的来源和系统管理的效果；技术层面，实现多种技术集成，以支持资源整合；数据资源层面，统一处理和存储规划、设计、施工及运维过程中的信息，以实现数据集成和共享；功能层面，基于数据构建多个子系统，以满足信息集成、资产管理、能源管理、设备运维和安全管理等需求；框架的应用部分展示系统功能，与操作人员交互，提供不同权限的数据浏览和操作，结合建筑运维状态与数字信息模型，通过计算机终端和移动端实现三维可视化和智能化管理，如图6-19所示。

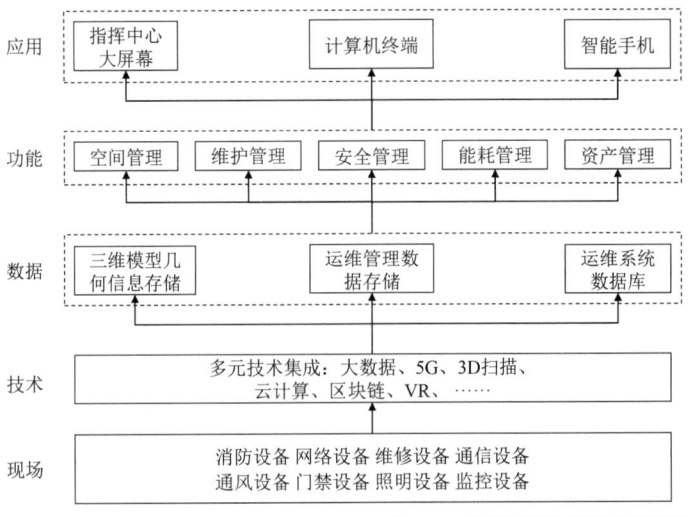

图6-19　智能运维管理系统构建思路
（来源：张洋溢、刘竞男根据《建筑全生命周期的碳足迹》改绘）

在"栖居2.0"项目中采用了智能家居控制系统（图6-20），该技术是以建筑为基础平台，运用综合布线技术、物联网技术和自动控制技术等，将相关的智能化设施进行集成管理和调控，提高使用的便捷性、舒适性和安全性。该项目中采用无线通信方式进行设计，利用智能家居控制系统实现灯具等的智能开闭，以减少运行中的碳排放。

"栖居2.0"的智能家居系统的组件产品主要包括：智能网关、智能场景面板、智能开关、智能插座、安防系统中的云台摄像机、人体感应模块、声光报警器、火灾报警器和水浸报警联动装置等。其实现的功能主要有：智能灯光控制、智能门窗控制、家用电器控制、安防监控烟雾报警和水浸报警等

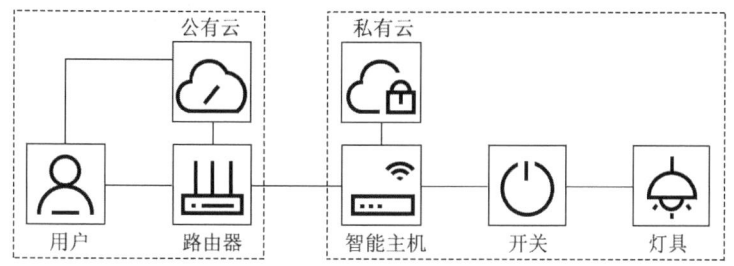

图6-20 基于无线网络的智能家居控制系统
（来源：张洋溢、李世萍自绘）

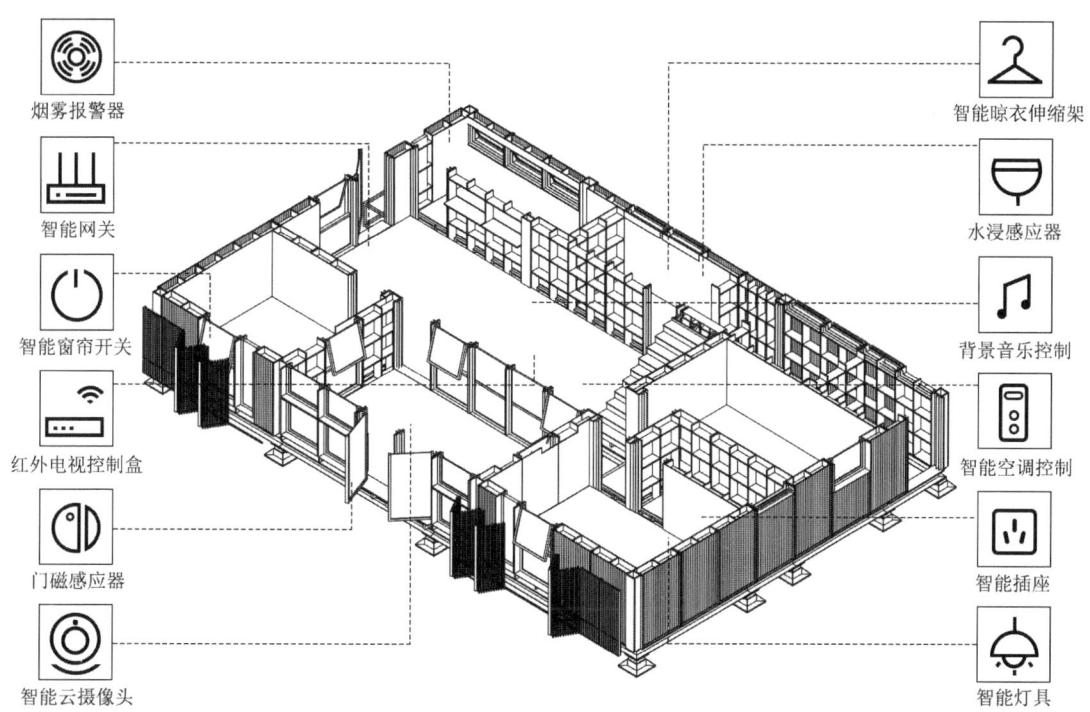

图6-21 "栖居2.0"中智能家居组件示意
（来源：张洋溢、李世萍自绘）

自动化系统（图6-21）；可以实现本地控制、远程控制、定时控制和自定义的联动模式、语音远程控制以及手机端APP移动设备进行智能控制。

在"栖居2.0"中还采用了智慧能源管理平台——光伏发电监测系统，首页展示了该光伏发电系统运行状态的汇总信息，并且该系统可以根据月、年和自定义方式进行条件筛选，对系统的历史数据实现实时查询及导出，还可以根据系统报错信息，提供问题原因和排查建议，便于用户排查故障，提高运维效率。这些功能也可以在用户的手机移动端以APP的形式进行监测和管理，可以从中看出运行期间光伏发电系统每天实际的发电数据，如图6-22所示。

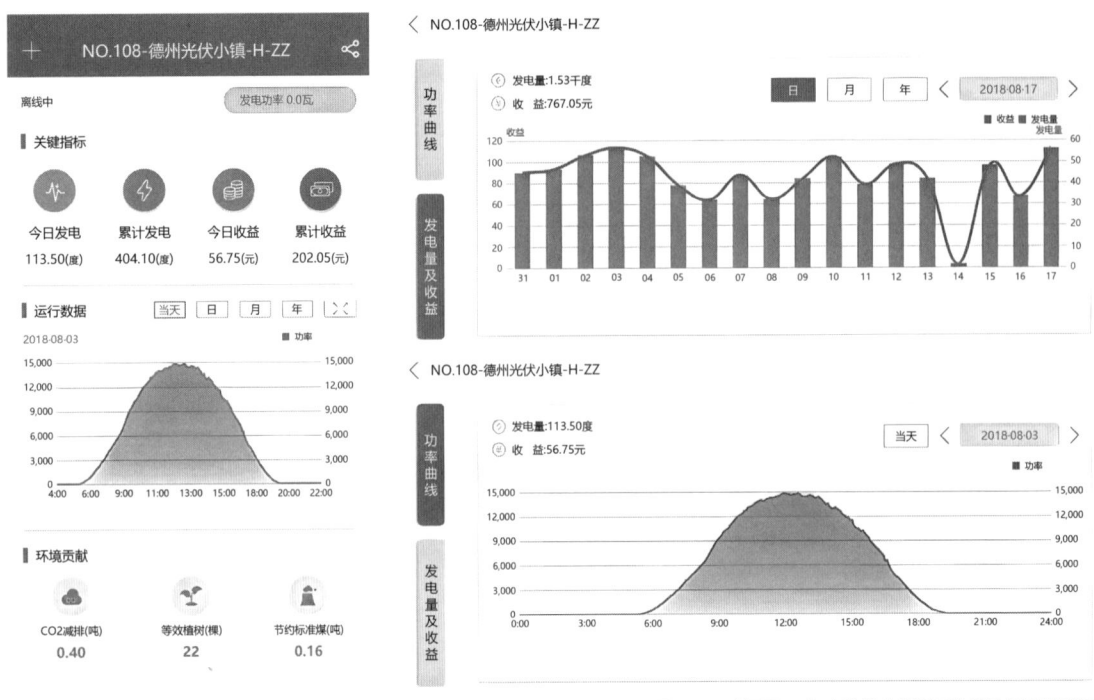

图6-22 "栖居2.0"光伏发电监测系统移动端系统界面
（来源：张洋溢改绘）

6.3.2 结合低碳生活方式的建筑设计

低碳生活方式对于我们的未来至关重要。随着全球气候变化的日益严重，减少碳排放已成为当务之急。通过鼓励低碳交通、减少日常用能以及垃圾分类等手段，我们可以有效减少对环境的影响，降低碳排放。

1）采用低碳交通

在建筑设计中，对电动汽车车位、充电桩、共享车位限制车位等考虑已经成为不可或缺的环保因素，与推动低碳生活方式息息相关。通过合理的规划和设计，建筑物能够推动低碳出行方式的普及，共建更加环保、可持续的未来社会。

（1）设置电动汽车充电桩

建筑物应考虑电动汽车充电的需求，在停车场或室外合理布局充电桩，确保易用性和可达性。引入智能管理系统，实现充电桩远程监控和预约，提高充电效率。还应注重充电设施的可持续性，采用可再生能源供电，减少对传统能源的依赖，降低碳排放和环境污染。

英飞特电动汽车充电站，位于英飞特杭州总部基地大楼北侧，是光电转换充电技术的示范样本。充电站的屋面以铝镁锰合金屋面系统结合太阳能光伏系统构成能源发生器，向车辆供电。在紧凑的空间中同时满足设备展示、

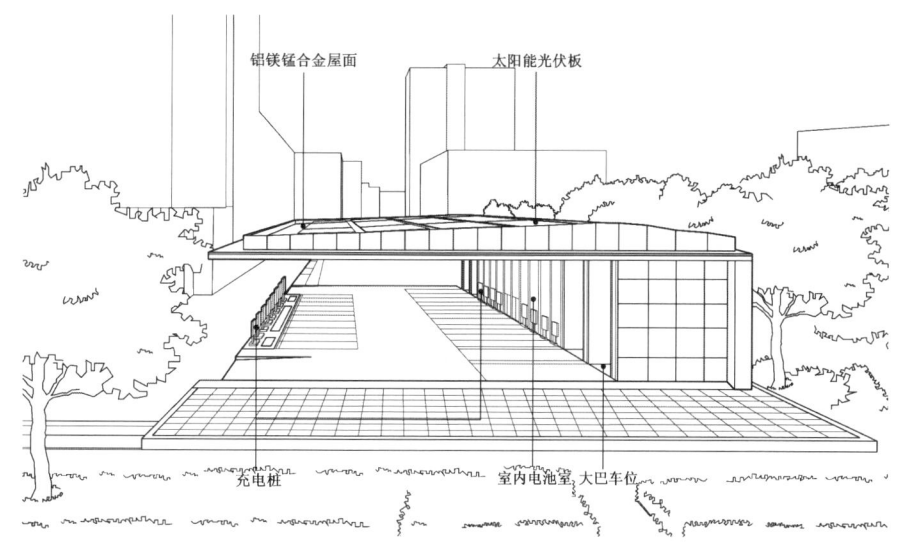

图6-23 英飞特电动汽车充电站
（来源：张洋溢改绘）

能源转换、大巴车及小型车停放充电和客户休息等多种功能，如图6-23所示。

（2）设置共享车位和限制车位

共享车位是指个人或单位通过平台开放限制时间的车位，有偿错时共享，既能带来收益，又能有效利用停车资源。解决了城市停车难、停车贵的问题。而采用限制车位的手段可促进低碳出行，鼓励市民使用公共交通、骑行或步行，减少汽车使用，降低碳排放，改善空气质量，如深圳建科大楼，通过减少地面停车位，鼓励员工乘公交和骑自行车。

（3）设置共享单车

建筑设计中融入共享单车设施，是推动低碳生活方式的重要举措。在社区和商业区设置便捷的共享单车站点，提升出行便利性，并且能够减少人们对私家车的依赖，降低交通拥堵和碳排放。建筑设计应考虑共享单车停放和维护，提供安全和舒适的骑行环境，符合可持续发展要求，营造环保且健康的城市生活氛围。

2）鼓励减少用能

通过引导低碳的生活方式、采用节能手段来减少建筑的运维能耗，降低建筑运行中的碳排放。

（1）通过合理的空间设计减少电梯用能

建筑物的空间设计可以极大地影响人们的行为模式，引导人们低碳生活，减少电梯等运行带来的碳排放。例如，宜兴的城市污水资源概念厂，考虑到宜兴的气候，建筑设计了江南水乡常见的半户外连廊，将疏散楼梯半室外化，在优化采光通风的同时，又能吸引员工多走楼梯、欣赏厂外的田园风景,鼓励健康低碳的工作方式。

(2)通过使用节能灯具减少照明系统用能

在建筑中选择高效节能的照明设备,可以在日常使用过程中,显著降低建筑物的照明能耗。如深圳建科大楼的会议区域和地下车库采用LED照明,楼梯间用红外感应自熄式吸顶灯,大厅和走道用节能筒灯,办公区域则采用智能照明控制。

(3)通过合理的自然通风设计和遮阳减少空调能耗

通过建筑设计引入自然通风和遮阳系统,可以减少对空调系统的依赖。自然通风不仅能提供新鲜空气,还能有效调节室内温度,而遮阳系统可以避免夏季过多的阳光直射,降低室内温度,减少空调使用频率,进而减少碳排放。

(4)使用节能的空调系统

使用节能的空调系统涉及采用高能效比和性能系数的设备,这些设备运用变频技术和热泵技术,能够根据室内外温度变化自动调节运转速度,实现精确的温度控制和高能效。例如,深圳建科大楼采用了精确且节约的空调系统,利用智能控制技术,根据实际的温度和人员活动情况动态调整空调运行。这样的设计不仅提升了舒适度,也大幅减少了能耗。建筑管理系统还可以实时监控和分析能耗数据,及时调整空调策略,确保能源利用得高效和节约。

3)资源循环利用

(1)节水

在建筑资源回收和可持续设计中,节水措施是关键一环。包括引入雨水收集系统和中水处理系统等。此外,采用低流量水龙头、节水马桶和高效淋浴设备等节水器具,可以显著降低日常用水量。以上这些节水措施,不仅能够降低建筑运营成本,还能减少对水资源的压力。如建科大楼中设置了中水、雨水、人工湿地与环艺集成系统。将生活污水经化粪池及人工湿地处理后形成的中水,供应卫生间冲厕和楼层绿化浇洒;将屋顶及场地的雨水,经滤水层和人工湿地处理后,供应一层室外绿化浇洒;旱季时,由中水系统提供道路冲洗及景观水池用水,如图6-24所示。

(2)垃圾分类

垃圾分类是一项至关重要的环保措施。提供便利的垃圾分类系统,不仅能够促进可持续发展和环保意识的提升,还能够减少日常垃圾处理所产生的碳排放,共同营造一个垃圾分类便捷、高效的生活环境。

在建筑物内部,设置垃圾分类区域并配备清晰明了的分类指示是非常关键的,有助于人们明晰分辨和正确投放垃圾,这些区域应当方便易达,让人们能够轻松使用。此外,引入智能化的垃圾分类设施,如智能感应式垃圾桶或垃圾分类回收机等,进一步提升垃圾分类的便利性和效率,如图6-25所示。

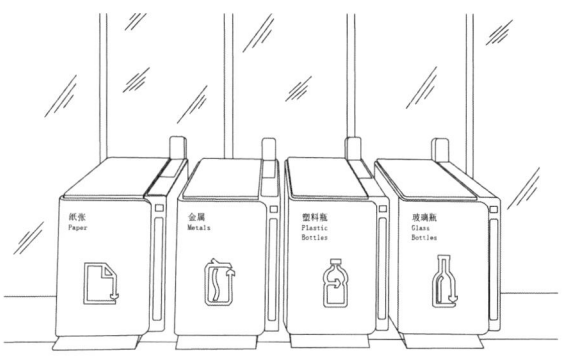

图6-24 人工湿地
（来源：张洋溢改绘）

图6-25 垃圾分类区域
（来源：张洋溢改绘）

6.4 面向低碳拆解的设计策略

由于建筑自身老化或建筑结构性能等的改变，会达到其寿命终点而被拆除。不同的拆除方式会对拆除时间、工人用量和能源消耗产生很大的影响，从而影响碳排放。英国为了提高建筑的拆解率设立了废弃物填埋税，混合废弃物填埋税高达11英镑/t，分离的仅2英镑/t。澳大利亚建立了废旧材料二手交易市场以促进建筑拆解和材料回收利用的流通，旧建筑材料可回收利用率达50%~80%。英国在伦敦规划中基于"循环经济"的理念明确提出了新建建筑设计的5个原则，以及在现有建筑再设计中需要根据利用需求的层次结构，选择性地保留建筑主体部分并拆除不需要的部分，如图6-26所示。

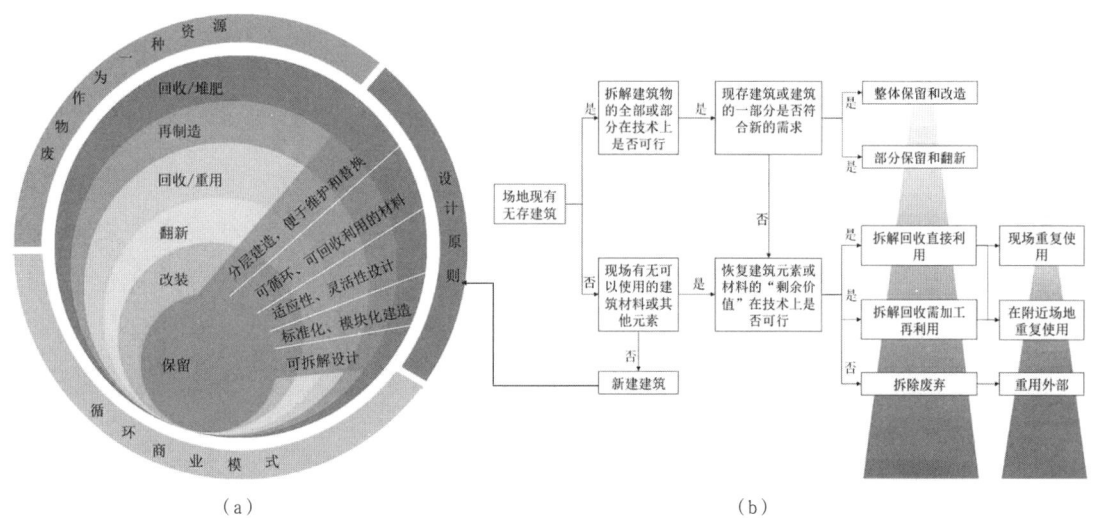

（a） （b）

图6-26 伦敦规划中循环设计的层次结构和现有建筑拆解的决策树
（a）《伦敦规划》中的建筑循环经济设计层次结构；（b）现有建筑设计的决策树
（来源：李世萍自绘）

6.4.1 延长建筑的使用寿命

根据《民用建筑设计统一标准》GB 50352—2019，建筑的设计使用年限可以分为四类：设计使用年限为100年，适用于纪念性建筑和特别重要的建筑；设计使用年限为50年，适用于普通建筑和构筑物；设计使用年限为25年，适用于易于替换结构构件的建筑；设计使用年限为5年，适用于临时性建筑。建筑的寿命则是指建筑实际能够使用的时间长度。建筑的寿命受到多种因素的影响，包括结构耐久性、维护保养、自然灾害及经济状况等。而结构耐久性作为建筑设计的基本依据，通常按照建筑等级确定，但是中国建筑平均寿命仅为30年，通常未达到结构耐久极限。

建筑寿命长短与建筑碳排放密切相关，建筑寿命越长，其年均碳排放强度就越低，可减轻环境压力。另外，随着建筑寿命的延长，建筑上所承载的文化和历史信息也会不断丰富，使建筑与城市更具文化魅力。

1）延长功能空间的寿命

随着社会经济的不断发展和人们生活方式的改变，一些建筑可能逐渐失去原有的适用性，需要进行改造或者拆除。因此，通过优化建筑的功能性，使建筑空间可以随着功能的变化而灵活调整，使建筑能够满足长期使用的需求，在一定程度上延长建筑的使用寿命。

以20世纪60年代设计的蓬皮杜艺术中心（图6-27）为例，该建筑在设计时考虑到内部空间能够适应不同需求的活动。为了创造开放灵活的公共空间，建筑师将建筑交通和设备系统置于外部，使每一层都能实现自由的空间布局。通过可移动的钢架楼板组织开敞空间，室内无须设置柱子，而建筑的结构采用大跨度桁架结构，进一步增强了灵活性。

2）通过建筑改造延寿

对城市中的老旧建筑进行改造，延长其使用寿命，也有助于降低建筑全

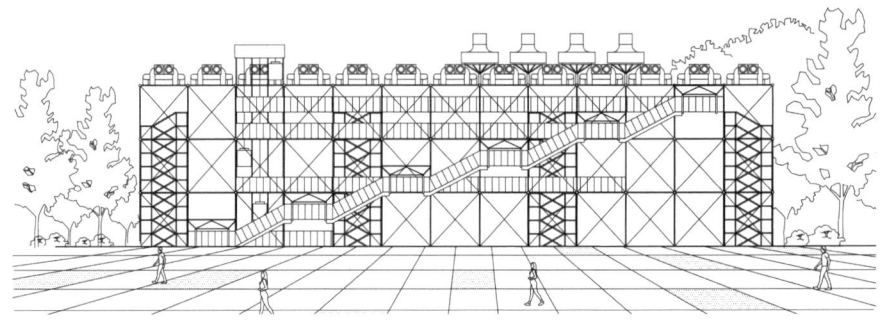

图6-27 蓬皮杜艺术中心
（来源：张洋溢改绘）

寿命期的碳排放。

上海当代艺术博物馆（图6-28），是在原南市发电厂的基础上进行改造的。在尊重原有建筑的同时，尽可能地保留了建筑的结构、空间、废弃设备和周边设施。通过重新划分功能空间和改造立面，以及重新设计空间布局来改善建筑的通风和采光等物理环境。这些措施不仅节约了新建用地的成本，还增加了绿色节能设施，使原来废弃的锅炉房焕发新生，延长了建筑的使用寿命。

图6-28 上海当代艺术博物馆
（来源：张洋溢、李双羽改绘）

位于挪威克里斯蒂安桑市的Kunstsilo博物馆（图6-29），由谷仓改造而来，保留了其传统建筑元素并融入现代设计，使其兼顾历史感与现代美感。旧建筑的30个谷仓筒仓被改造为游客的中心导航点，形成巨大的入口大厅，将自然光大量引入建筑中。在建筑顶部，新增设玻璃覆盖的酒吧和活动空间，可以欣赏群岛景观。建筑内部则采用开放式布局，利用原谷仓的高大空间，打造宽敞和灵活的展示空间，并配备先进节能的照明和展示设施，使得各类艺术品得以完美展示。这些改造策略通过使旧建筑焕发新生来延长其寿命，进而减少了新建建筑产生的大量碳排放，且改造采用的节能手段也能有效降低建筑能耗。

内蒙古工业大学建筑馆（图6-30），建筑由校园中废弃的厂房铸造车间改造而成，保留了原有结构和外部造型，内部空间重新规划，增设功能性房间并分隔成2~3层。利用原厂房高和开放的特点，整合旧设施设备，形成自然通风路径，打造有目的的被动式通风系统。拆下的旧材料如钢柱、吊车梁、旧钢板和红砖重新利用于筑墙、铺地或景观装饰。新增设施包括地下通道进风口设置的水池，保留的烟囱通过侧面开启洞口加强封闭空间的通风效果。

图6-29 Kunstsilo博物馆
（来源：张洋溢改绘）

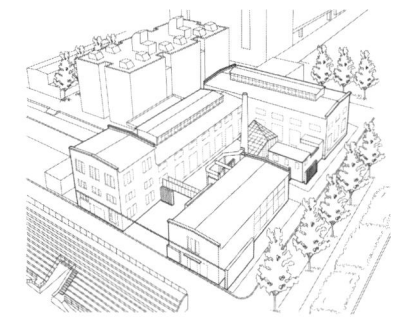

图6-30 内蒙古工业大学建筑馆
（来源：张洋溢改绘）

6.4.2 优化建筑的拆除方式

1）拆毁与拆解

建筑拆毁，是以结束建筑寿命为直接目的拆除方式。旧建筑在液压锤、液压剪等工具的破坏下倾覆或坍塌，导致建筑材料成为难以利用的混合废弃物，只得粉碎回收或填埋，无法有效回收利用。这样的处理方式使得建筑拆毁产生的废弃物堆积如山，造成严重的碳排放，加剧资源浪费。而建筑拆解（或称"选择性建筑拆除"），是以回收建筑材料为目的，将建筑中不同类型的构件逐一拆除，使之分离的过程。采用手工和小型机械设备，将建筑物逐层分解，并进行材料的分类和回收。它强调的是建筑物的选择性拆除和旧材料的回收再利用，与简单的拆毁方式相比，拆解具有以下几种优势：①减少建筑废弃物及其环境污染；②促进废旧材料循环利用从而减少碳排放；③显著提高建筑材料的再利用率，进而保存了固化能量[①]，如图6-31所示。

建立拆解技术体系可以提高旧建筑材料的循环利用率，突破循环经济发展的瓶颈，减少建筑废弃物及其环境污染，促进废旧材料的循环利用，从而显著提高建筑材料的再利用率。

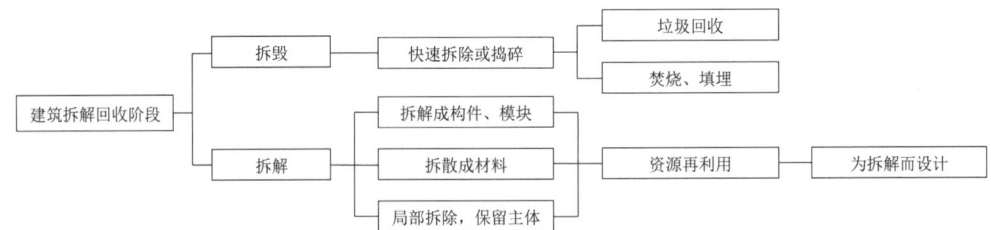

图6-31 建筑拆解循环
（来源：张洋溢、刘竞男自绘）

2）拆解方式的选择

拆除清理阶段的碳排放主要有三部分：机械台班施工、废旧建材清运以及废旧建材回收利用。每种建筑情况所需的拆解方式并不相同，因此在实际的拆解项目中，应提前通过简单的分析，挖掘材料构件的价值，对其经济效益进行评估（包括评估建筑是否易于拆解，拆解后是否能够得到足够且相对完好的可再利用的建材），以确保拆解的可行性，并达到相对较高的回收率，从而提高成本效益。拆解包括了整体拆解和选择性拆解。

（1）整体拆解

建筑的整体拆解按照"由内至外，由上至下"的顺序进行，依次包括室

---

① "固化能量"（Embodied Energy），也称隐含能，是建筑产品在原料开采、生产制备、产品运输等过程中消耗的全部能量，单位MJ/kg（兆焦/千克）。

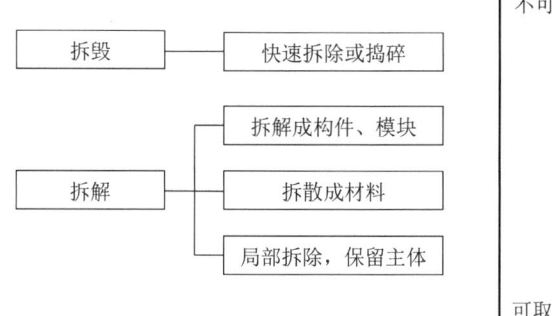

图6-32 拆解的层次
（来源：张洋溢、刘竞男自绘）

内装饰材料、门窗、暖气、管线、屋顶防水和保温层、屋顶结构、隔墙与承重墙或柱、楼板，最后到达地基。目前主要的拆解方法包括手工拆解和成块拆解。

（2）选择性拆解

在选择性拆解过程中，首先挖掘建筑主体的相关价值，选择性地保留部分建筑主体结构并迅速拆除不需要的部分，依据利用需求做出决策。对于不得不全部拆解的情况，挖掘废旧建筑构件、材料的价值，重点保留物质肌体质量较好或附加价值较高的建筑组成部分，以寻求新的利用方式，最后，综合考虑材料循环再利用的价值，如图6-32所示。

以伦敦"鸽舍"音乐工作室为例，该建筑建于维多利亚女王时期，如今虽已残存，但仍有重要的历史和文化价值。针对该建筑，有三种拆解策略可供选择：一是拆解部分墙体，保留主体；二是将建筑的构件和材料分拆开来重新利用；三是直接将建筑拆毁丢弃。设计者选择了第一种策略，首先对红砖砌筑的鸽舍遗址墙体上部分不牢固的黏土砖进行小范围拆解，大部分遗址得到了保留。该策略的优势在于保留了建筑的遗址为后续的钢板小屋提供了稳固的基础，同时保留的外墙也为新建筑提供了保护，还保留了建筑的历史文化价值和情感价值，如图6-33所示。

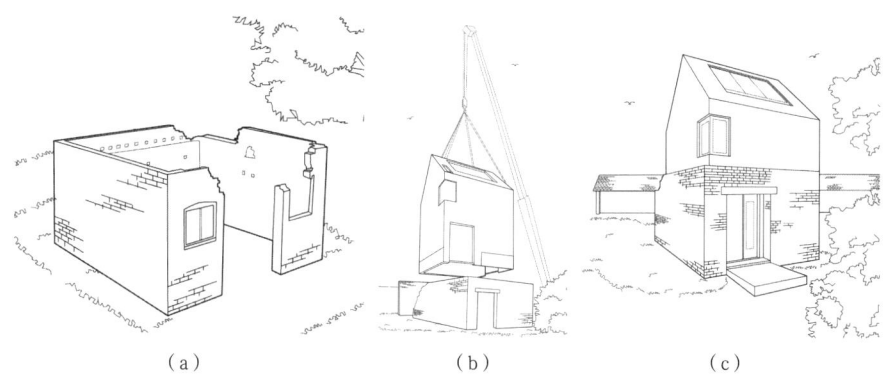

(a)　　　　　　　　(b)　　　　　　　　(c)

图6-33 伦敦"鸽舍"音乐工作室
(a)改造前"鸽舍"遗址原貌；(b)残留墙体与预制钢板小屋结合；(c)改造后现状
（来源：张洋溢改绘）

6.4.3 鼓励建筑资源的回收再利用

随着我国工业化和城市化的迅速推进，导致我国每年拆除以及新建建筑产生的固体废物量巨大。但废弃建筑材料的处理方式相对滞后，主要采用露天堆放和填埋，造成资源浪费和巨大的碳排放量，有效利用废弃建筑材料成为亟待解决的问题。

建材的回收再利用主要有回收利用与再利用两种方式：回收利用是将旧建筑材料粉碎、熔化后作为生产同类建筑构件原料；再利用是对旧建筑材料采用加工方法直接用于房屋建造中。通过这两种方式，旧材料得以循环利用，从而减轻对资源开采的压力。只有提高材料再循环利用的比重，才能最终减少对自然资源的依赖，减少碳排放。

1）木材、砖石、屋瓦

木材、砖石、屋瓦等传统旧建筑材料本身无法分解，因此可以从直接利用的角度考虑，即利用废旧木材、砖石、屋瓦本身所拥有的独特的古旧沧桑形态，在建筑结构及室内外装饰方面进行直接再利用。其中废弃砖、砌块回收利用率约为70%，具有较高利用价值。

隈研吾设计的村井正诚美术馆，艺术家画室有火灾隐患面临拆除，而建筑师并未选择拆除重建的方式，而是把画室木板、地面、门窗等各种旧材料拆解，有条理地布置在新建建筑的各个位置上。旧木板被回收并加工裁成统一宽度，以竖线条构图均匀挂在外墙面的横向白色龙骨上，形成韵律感的方格网形式；旧墙板出现在美术馆室内入口的白色钢制楼梯旁，使参观者仿佛置身历史，发挥了旧物的文化价值，如图6-34所示。

渭南巴邑村玻璃砖房项目，如图6-35（a）所示，当地匠人利用传统材料与工艺建造而成，其中的三缸污水处理装置并非用传统的混凝土砌筑，而是采用低成本的替代方案：回收村里的废弃米缸，将其埋在地下，在里面放入一些净化介质，如碎瓦片和碎砖块等，并在上层用管道进行连接，节约了建造成本，如图6-35（b）所示。室内橱柜、吧台、鞋柜和餐桌等也全都应用

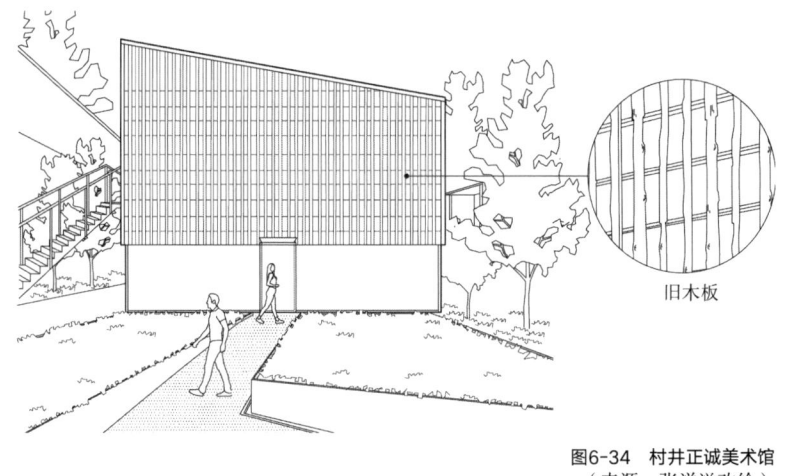

图6-34 村井正诚美术馆
（来源：张洋溢改绘）

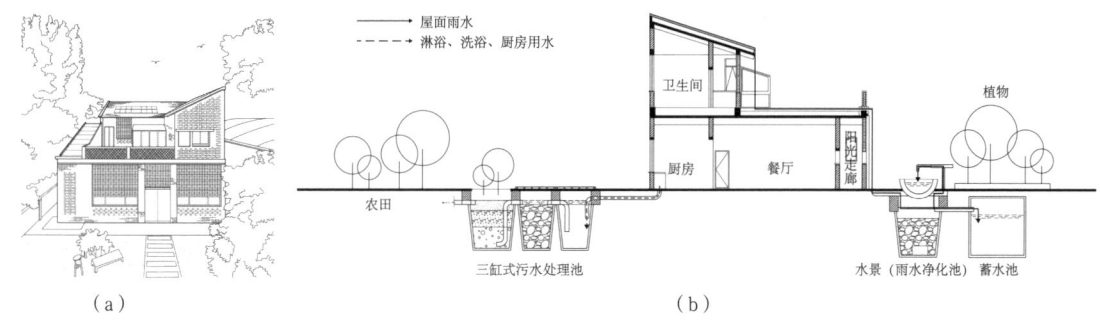

图6-35 渭南巴邑村玻璃砖房
（a）实景图；（b）三缸污水处理装置
（来源：张洋溢改绘）

陶土砖和木板动手搭建而成，建造出低成本且符合本土文化并适应现代居住需求的新关中民居。

2）钢材

钢材的回收可以节省大量物化阶段钢材锻造所产生的碳排放。钢结构材料具有重量轻和强度高的特性，使得建筑整体自重减轻，同时具备良好的抗震性能和承载能力，具有较高的回收价值，且废弃钢材的回收利用率较高，约为90%。如北京2022年冬奥会与冬残奥会张家口赛区国家跳台滑雪中心，建筑整体结构主要采用装配式钢结构体系，钢构件批量标准化生产，方便在寿命期后期提高拆解回收效率，如图6-36所示。

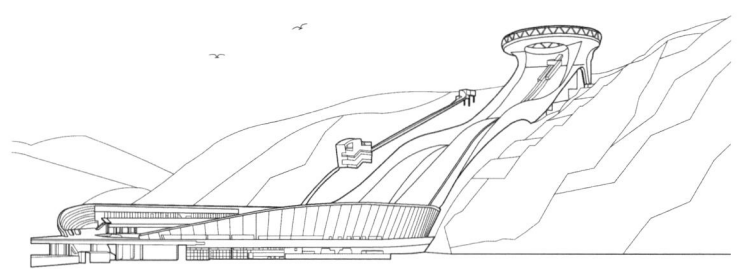

图6-36 冬奥会与冬残奥会张家口赛区国家跳台滑雪中心
（来源：张洋溢、李双羽改绘）

3）混凝土

废弃混凝土回收利用率在70%左右，可用于回填、加固软土地基以及替代砂制作建材，经处理后可用于保温材料、混凝土、纤维再生混凝土和植被生态混凝土等。与天然骨料相比，建筑垃圾加工的再生骨料可大幅节约能耗，并且新型墙体材料具有良好保温隔热性能，节能效果显著。建筑垃圾中的主要回收材料是拆毁的混凝土，这些材料一般需加工成具备一定要求的颗粒状物料后再利用。

（1）再生骨料技术

再生骨料技术将建筑垃圾循环再生利用，可利用其生产新的建材产品，从而不仅使有限的资源得以再利用，还解决了环保和资源问题，这是发展循环经济，开发环境友好型建筑材料，实现建筑资源环境可持续发展的重要举措之一。

中建西部建设临潼绿色产业园项目办公楼再生骨料泵送混凝土示范工程，将城市的建筑垃圾再生骨料混凝土用于工程主体结构建设。项目通过专业分解设备，得到再生粗骨料，为城市拆迁建筑垃圾再生资源产品进入结构工程开创了新的途径，在一定程度上缓解了当前砂石资源匮乏的局面。

（2）再生墙体材料混凝土制品技术

建筑垃圾再生墙体材料混凝土制品主要分为三大类：墙体材料块材（如砌块、多孔砖、实心砖和地砖）、墙体材料板材（如轻质隔墙板和大板）与墙体材料构件（如外墙挂板和复合屋面保温板）。再生混凝土制品的原料包括粉煤灰、水泥、砂子和建筑垃圾再生骨料，骨料经过破碎后可压制成空心砌块、砖或墙板。

4）其他废弃物的再生利用

除了常见的废旧建筑材料再生利用，还有其他废弃资源可再生利用：废旧橡胶可制成再生胶和炭黑，用于胶粉改性沥青和橡胶改性混凝土；塑料颗粒粉碎后可用于再生塑料改性混凝土；秸秆灰可制备外墙隔热涂料，秸秆可作为墙体保温材料的填充料；废弃纸材可用于建筑结构，循环利用节省大量能源。

在2000年汉诺威博览会上日本建筑师坂茂设计的日本馆（图6-37），完全采用再生纸打造，其拱筒形主厅由交织成网状的纸筒组成，并用织物和纸膜进行内外部围护，形成一个巨大的网格薄壳结构。整个设计中所采用的钢材、木料和可循环的德国纸制管体材料，以及由大量砂砾所组成的地基均可进行循环利用。在为期半年的世博会举办期间，日本馆经历了烈日暴晒和刮风下雨，既很好的完成热量阻隔也不曾漏雨，最终日本馆在拆卸后运回了日本，并制成小学生的练习本再次循环使用。

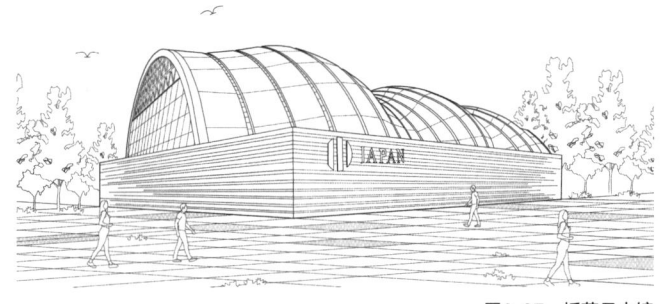

图6-37 坂茂日本馆
（来源：张洋溢改绘）

6.4.4 引入"为拆解而设计"的理念

以拆解的方式替代拆除的方式，回收利用废旧建材所产生的碳减量可占建筑全寿命期碳排放的30%以上。成块回收虽然是更低碳便捷的拆解方式，但因为建筑结构在设计时未考虑到材料和构件的回收，目前很难完整地拆解下建筑构件。设计的节点通常是永久性的，给拆解工作带来困难。如果在设计阶段充分考虑建筑末期拆解问题，设计成可拆解的结构，就可以方便地拆卸可再利用的构件和材料，在其他结构中继续使用。所以引入"为拆解而设计"的理念，建筑师在前期设计阶段便需考虑建筑的拆解方式和建材回收的利用率。建筑的部分或全部在一开始的设计时，就要便于未来拆除，以回收构件和材料，从而保证建筑在其寿命期结束时能够尽可能有效地回收。

1）采用模块化的设计

在设计之初采用模块化的设计思路，进而通过预制装配式的方式进行生产施工，以便于在后期能够成块拆解。

栖居3.0为解决面向西部地区快速运输、快速建造以及减少对环境影响的问题，在设计之初根据工业化和装配式的思路，采用9个6m×3m×3.3m和1个3m×3m×3.3m的标准化箱房进行多样化的模块组合设计。模块互相之间在水平和垂直方向上采用栓接连接，能够实现整体建筑的快速建造和拆除重建，如图6-38所示。

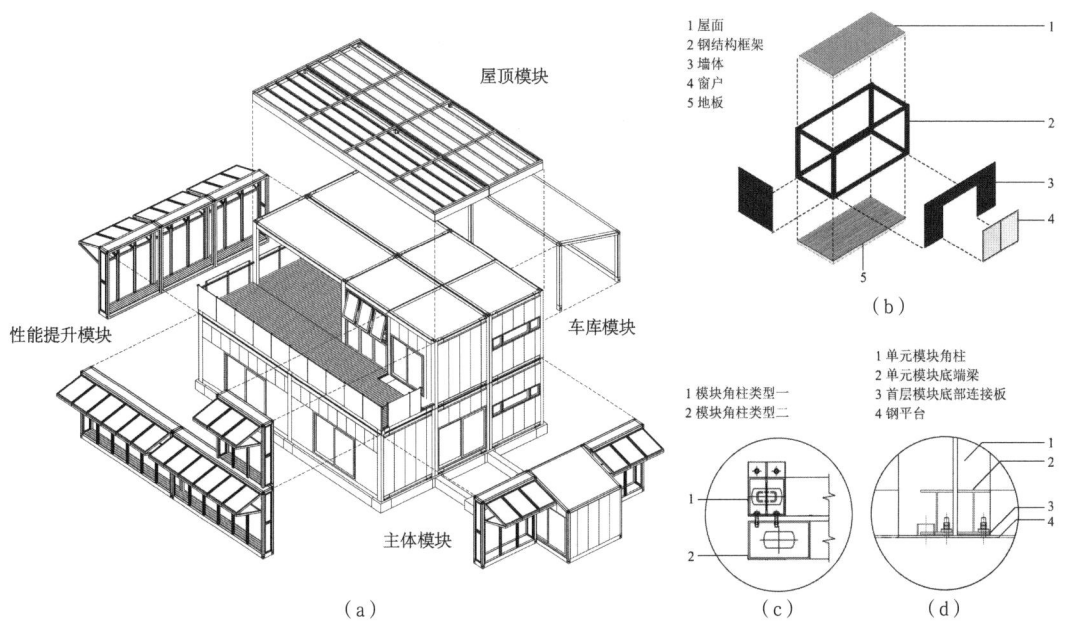

图6-38 栖居3.0的拆解示意图
（a）栖居3.0的拆解；（b）主要使用功能模块的拆解；（c）模块顶框连接平面图；（d）模块底部与钢平台连接方式
（来源：李世萍自绘）

坂茂设计的游牧博物馆（图6-39）位于曼哈顿的54号废弃码头，设计之初为突出建筑的游牧特征，采用可拆卸的材料制成，便于拆解，可以到处迁徙。支撑轻型屋顶的是再生纸制成的圆柱，约150个旧集装箱交错堆放构成了两侧墙体，空当之间拉起斜向白布。博物馆随后到访日本和墨西哥等国，博物馆按照全球标准化集装箱实现模块化设计，仅需运输37个必备集装箱，大部分所需箱体都可以就地取材，从码头现场选择；箱体表面保留带有污渍与商标图案的外观，并且在不同地区会依据基地环境状况与展览要求，调整博物馆的体量形式。

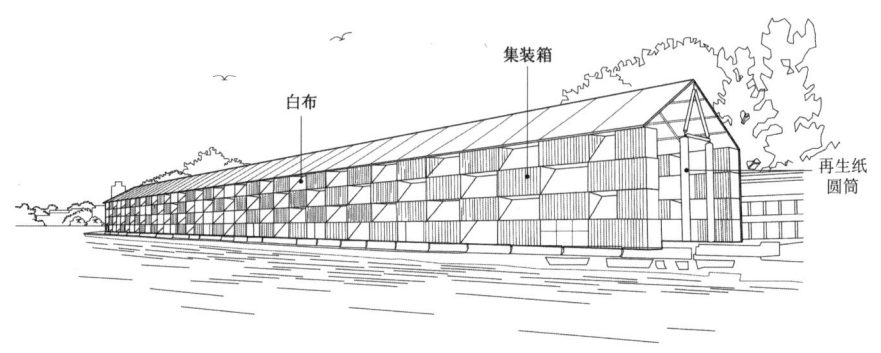

图6-39 游牧博物馆
（来源：张洋溢改绘）

2）选用回收价值高的材料

设计之初选用更具有回收价值且更易回收的建筑材料，有助于提高拆解阶段回收再利用的效率。

2010年5月在上海举办的世博会把"可持续发展"和"降低能耗"的未来城市生活理念，通过各个国家场馆的建设反映给大众。为更好地体现环保节能，大部分场馆在世博会结束后都将被拆除，因此多数国家馆在设计时便采用了易于拆解的设计。日本馆采用含太阳能发电装置的超轻"膜结构"包裹，可以充分利用太阳能资源。在结构方面，日本馆采用了屋顶、外墙等结成一体的半圆形的轻型结构，缩短了工期，减少了对周边环境影响，为拆解活动提供了便利，同时拆解后的各种构件可持续利用，如图6-40所示。

Overtreders W和bureau SLA设计的人民馆（图6-41）位于荷兰，为DDW[①]所用，建筑设计时考虑建筑主体使用借来的建材，包括来自传统供应商、生产商和当地居民的材料，为后期拆解归还提供便利。如，建筑上部立面由居民收集的塑料垃圾制成的彩色板瓦组成，一楼玻璃幕墙来自BOL.com[②]总部翻

[①] DDW，全称Dutch Design Week，意为：荷兰设计周。
[②] 比利时、荷兰、卢森堡地区使用较广泛的电商跨境平台。

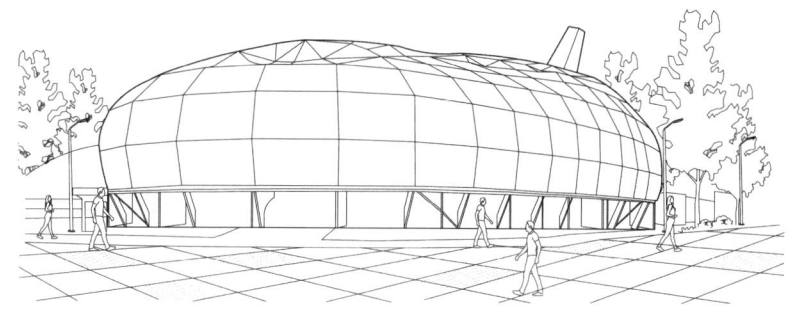

图6-40 上海世博会日本馆
（来源：张洋溢改绘）

新遗留下来的玻璃，平台由借来的混凝土板组成等。展馆在DDW结束后，所有材料，包括混凝土板、木梁、照明、立面元素和再生塑料覆层等，都全部完好无损地拆解归还给业主或分配给居民。

2015年米兰世博会中国馆（图6-42）中，采用了胶合木结构，PVC防水层和竹编遮阳板组成的三明治开放性建构体系。在中国工厂预制加工的竹瓦构件编号后被运送到都灵装配。整个建筑所有木材之间是通过灵活的节点装配的，在世博会结束后，建筑结构主体钢木件被拆除运回国内组装，并在青岛复建，实现再利用，减少重建新建筑产生的能源消耗和碳排放。

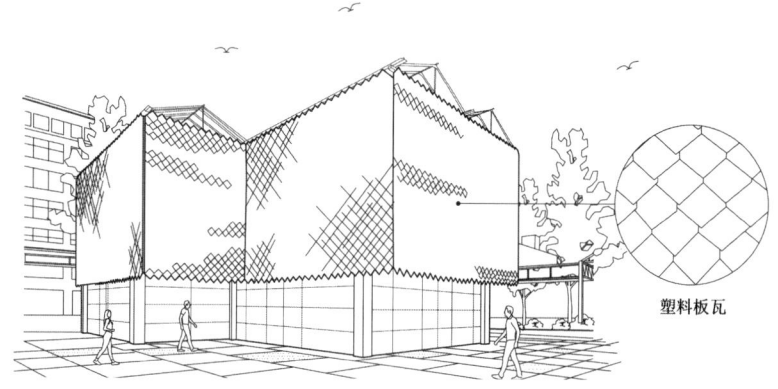

塑料板瓦

图6-41 人民馆
（来源：张洋溢改绘）

竹编遮阳板

图6-42 米兰世博会中国馆
（来源：张洋溢、李双羽改绘）

6.5 本章小结

低碳公共建筑的建造原理涵盖了从设计到施工，再到运维和拆解的全过程。低碳建造的理念从手工时代朴素的低碳建造转变为现代工业化理念下的低碳建造，这种转变不仅是建造技术的进步，更是建造理念的革新。低碳公共建筑建造的核心原理是在确保建筑建造质量和功能的同时，最大限度地减少能源消耗和碳排放。低碳公共建筑的建造原理涵盖了从设计到施工，再到运维和拆解的全过程。低碳建造的理念从手工时代朴素的低碳建造转变为现代工业化理念下的低碳建造，这种转变不仅是建造技术的进步，更是建造理念的革新。低碳公共建筑建造的核心原理是在确保建筑建造质量和功能的同时，最大限度地减少能源消耗和碳排放。面向低碳建造的设计策略鼓励使用装配式、智能化的建造方式以及地域性的建造技艺。面向低碳运维的设计策略则包含了智能化的运维管理与结合低碳生活方式的设计。面向低碳拆解的设计策略通过合理地设计可以延长建筑的使用寿命，提高建筑部品构件的回收利用率。总的来说，对公共建筑的建造进行低碳设计，可以降低建造物化阶段和拆解回收阶段的碳排放量。总的来说，对公共建筑的建造进行低碳设计，可以降低建造物化阶段和拆解回收阶段的碳排放量。

第 7 章 低碳公共建筑的美学原理

▶ 建筑形式美的基本原则是什么?
▶ 低碳建筑美学的底层逻辑是什么?
▶ 低碳建筑中如何体现中国传统文化中的绿色价值?

无论是古罗马时期的建筑三要素"实用、坚固、美观"还是我国当前的建筑方针"适用、经济、绿色、美观",建筑的美观始终是建筑的基本要素之一。特别是公共建筑,其自身的建筑形象、对城市景观作用及其体现出的建筑文化特征都对建筑美学提出了更高的要求。在当前建筑注重可持续发展的背景下,突破传统建筑美学的束缚,建立绿色低碳的建筑美学观也是推动低碳建筑发展的重要内容。本章旨在通过回溯历史上建筑美学观念的演变,探求建筑美的内涵和建构低碳建筑美学的底层逻辑,确立新时代生态文明与可持续发展价值引领下的建筑审美意识,挖掘中国传统绿色营建智慧,树立低碳时代的文化价值观。

7.1 低碳建筑美学的基本原理

7.1.1 建筑美的基本概念

从古至今,关于美、审美和艺术的哲学性探讨与研究始终不绝如缕。审美对象问题、审美性质问题及美的本质问题构成了美学的三大核心问题,据此我国美学家李泽厚先生将美学划分为:哲学美学、理论美学(科学美学)与实用美学三个层级。

建筑美学属于实用美学,是被视作审美对象的艺术。在被奉为西方建筑理论基石的《建筑十书》中提到"实用、坚固、美观"是设计的三要素,表明建筑(Architecture)不仅仅是满足遮风挡雨实用功能的原始棚屋(Building),也是合乎美学的工程艺术。同时作为上层建筑的建筑艺术也传达出了一种社会的价值观,折射出社会的追求。

美是主观的也是客观的。美有主观的倾向,它既是个人对美好形象和事物的感知,也体现出特定时代、民族或地区的社会的集体意识和社会价值观。例如,中国汉字中"美"(羙)在东汉许慎《说文解字》中释义为:"甘也。从羊,从大","羊大为美"就是建立在当时人们将羊视作生存的重要来源的社会意识下的美学观念。由此可见,美是主观的、相对的,因人而异、因时代而异的。

同时美也有其客观性,有其视觉愉悦的内在逻辑和原理。优雅的形态、和谐的比例、动人的旋律及深远的意境等都是千百年来人们对美的共识,也形成了关于形式美的规律。形式是美和艺术的本质和外在表现,大自然则被视为所有形式的源泉。大自然形式丰富多彩,色彩、材料及形状等感性要素按照一定规律组合起来,彼此配合形成有机秩序,构成了宇宙万物的形式原型,形式在一定程度上也反映出万物蕴含于其中的内在逻辑。格式塔心理学

（Gestalt Psychology）[①]中的"同形同构"和"异质同构"理论，揭示了事物形式结构与人的生理和心理结构上的同构关系，也解释了建筑形式美的原则中比例、尺度、对称、均衡、节奏、韵律、秩序、稳定、对比、微差及多样统一等构图原理的美学根源。

7.1.2 从传统到低碳建筑美学观念的转变

1）从古典美学到现代美学

自人类出现原始的建筑以来，逐渐形成了相对固定的建筑美学形式——古典建筑艺术。这种相对固定的美学形式在农业社会漫长的发展过程中延续两千年之久，东西方均是如此。

18世纪开始的工业革命彻底改变了以前数千年来人类文明的轨迹。新技术、新材料和新方法在极大推动社会生产的同时也带来了人们意识观念的彻底变革。新的艺术观念、艺术形式和艺术作品也极大颠覆了人们的传统观念，建筑美学也因此产生了彻底的变革。先锋建筑师们以新美学、新技术和新材料为武器，以城市物质空间为对象，以适应全新的工业化社会的目标，向旧世界掀起了一场建筑革命——现代建筑运动，"形式追随功能"也成为建筑艺术的基本原则之一。以勒·柯布西耶、密斯·凡·德·罗及格罗皮乌斯等建筑师为代表的现代主义建筑艺术伴随现代建筑运动浪潮的扩散，逐渐成为建筑美学的主流。

进入20世纪后半叶，建筑艺术呈现出多元化的趋势，各种建筑思潮艺术表现形式不断涌现，例如后现代主义、解构主义、新乡土主义、粗野主义及典雅主义等，每一种建筑艺术的表现形式都有其深刻的内涵和社会文化背景。

2）由生态美学到低碳美学

1972年6月5日世界第一次环境大会在瑞典的斯德哥尔摩召开。会议发表了《人类环境宣言》，提出了保护全球环境的"行动计划"，宣告环境问题成为人类共同的重要问题。6月5日也被定为"世界环境日"，作为人类社会进入"生态文明"时代的标志而载入史册。生态文明把保护环境、促进社会经济与环境的协调发展和社会平等列为为城市规划与建筑设计的道德责任和义务，这体现出对工业文明无休止和无节制扩张的反思。

与此同时，建构于工业文明基础上，以功能为主导向的现代建筑也逐渐

---

① 格式塔心理学，又叫完形心理学，是西方现代心理学的主要学派之一。主张研究直接经验（即意识）和行为，强调经验和行为的整体性。

在社会观念的变革下向着功能、环境并重的方向发展。"设计结合自然"、"风土建筑"及"生态建筑"等建筑与设计观念和理论应运而生，这些理念更强调建筑与环境的密不可分性、强调建筑设计必须应对气候、地域及环境，与自然环境和谐共生，并应当可持续发展。它们为20世纪90年代悄然兴起的生态美学奠定了底层逻辑，并为随之而来的绿色建筑和低碳建筑等当代的主流建筑与设计理念起到了奠基的作用。

建立在与自然和谐共生基础上的生态美学以顺应自然和保护自然为宗旨，蕴含着保护环境、促进社会经济与环境协调发展和社会平等的生态责任意识、道德责任和义务。以生态美学价值引领的低碳建筑美学是对生态文明时代的回应，它涵盖了建筑的方方面面，是建立在环境—人—建筑整体观念基础上的社会集体意识和价值观。低碳建筑美学虽然是时代的社会集体意识和价值观的体现，有其时代的特殊性，但是低碳美学也应当遵循相对客观的建筑美学原则——形式美的客观规律。同时低碳美学又是一种承担着人类可持续发展责任的社会美德，也是一种社会价值的判断。

在新时代可持续发展理念的背景下，以工业时代的现代建筑美学眼光看待低碳建筑必然会带来美学上的局限性，"刻舟求剑"式的建筑美学评判也必然不能反映当前时代的社会意识和价值观。因此，建立新时代的低碳建筑美学观念，不仅是完善低碳建筑体系的重要环节，也是推动低碳建筑发展的重要途径。低碳建筑的美学不仅仅是建筑形式的外在表现，更应该渗透在环境、形式、建构、技术与文化的方方面面。

7.2 低碳公共建筑的环境美

7.2.1 节约土地与能源——与大地共构的和谐之美

人类的生存离不开他们所依恋的土地。原始穴居是人类最早的掩蔽所，蕴藏着人类利用自然及与自然和谐共处的生存智慧。它在因地制宜、节约土地、降低能耗、保持良好生活环境和充分利用环境资源等方面启发着今天的低碳建筑设计，是与自然结合的现代地景建筑的原型。地景建筑嵌入大地，与大自然融为一体，呈现出建筑与自然的和谐之美。

BIG公司设计的CopenHill垃圾发电厂于2019年建成运行，它是世界上最清洁的垃圾发电厂。除了每年将44万t废物转化为能源，为15万户家庭提供电力和集中供热外，建筑融入攀岩墙、教育设施等内容。近万平方米的连续坡面屋顶绿化与滑雪场结合形成景观建筑，改善地域微气候的同时提供了生物多样性的景观，如图7-1所示。

由克里斯托弗·因格霍芬（Christoph Ingenhoven）与弗雷·奥托（Frei Otto）

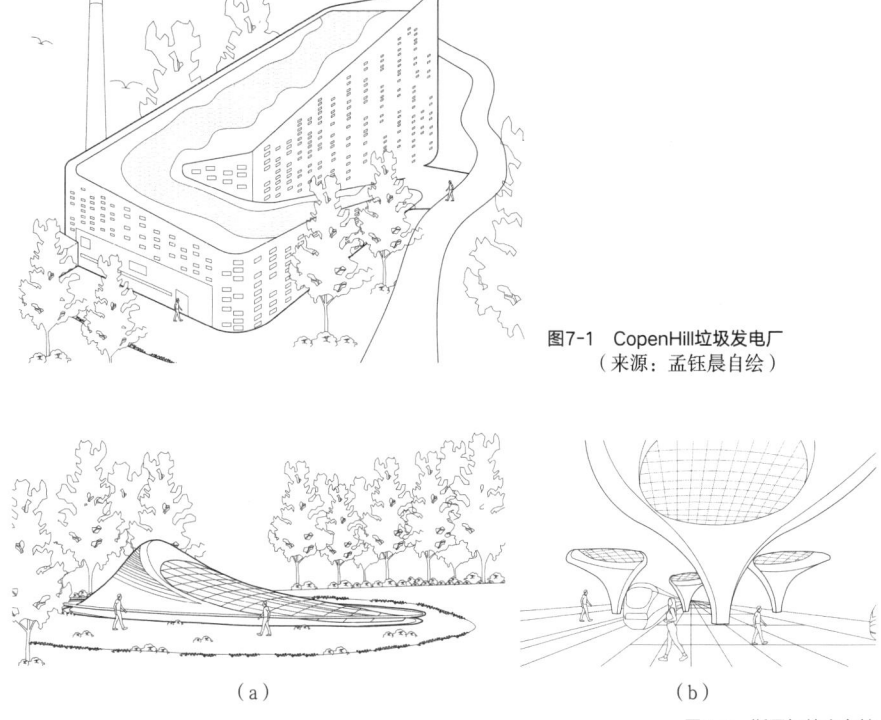

图7-1 CopenHill垃圾发电厂
（来源：孟钰晨自绘）

（a）
（b）

图7-2 斯图加特火车站
（a）地面公园；（b）C形柱"光眼"空间
（来源：孟钰晨自绘）

共同设计的德国斯图加特火车站（Main Station Stuttgart，2025）（图7-2）是一座覆土的地下建筑。车站充分利用地下空间解决轨道交通与交通换乘问题，释放出地面空间作为城市公共广场与花园。精美的圆锥形"C"形柱向上是城市广场的景观构筑物；向下是屋面壳体的垂直支撑构件，同时它像一个个巨大的"光眼"（Light Eyes）将自然光线引入地下，减少了人工照明能耗。

7.2.2 增加碳汇——延续自然的生态之美

植物通过光合作用将CO_2固定在有机物中，具有较强的碳汇能力。在高密度城市区域内，屋顶绿化具有降低固碳成本、减少城市热岛效应及增加碳汇的作用，同时增加了人的活动空间，改善了人与自然环境的关系，丰富了城市景观，让人们在喧嚣的城市中体验到自然之美。

日本难波公园（Namba Park，2003）（图7-3）位于大阪人口密集的商业区，它是一个将商业中心建筑与城市公园相结合的设计。在这个被钢筋水泥森林包围的区域，该建筑从街道拾级而上，层层推进，上升至8层楼的高度，连续跌落的屋顶构成了城市公园。茵茵绿树、似锦繁花及潺潺流水的屋面公园成为游离于城市之上的自然绿洲。在大阪的夏天，普通屋顶能达到

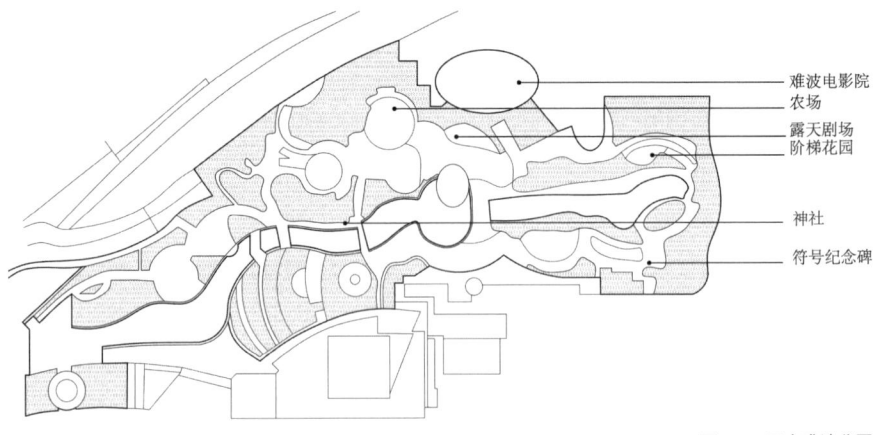

图7-3 日本难波公园
（来源：李明珠自绘）

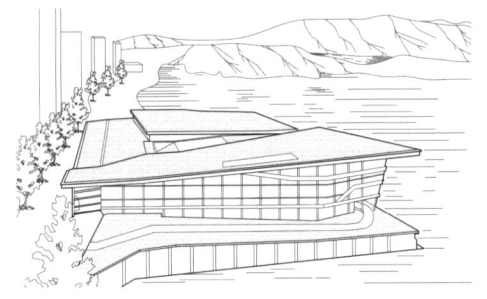

图7-4 温哥华会议中心西区
（来源：孟钰晨自绘）

50℃，而难波公园屋顶只有34℃。该项目成为低碳生活理念与生态美学相融合的典范。

温哥华会议中心西区（Vancouver Convention Centre West，2009）（图7-4）位于温哥华城市中心海滨，总建筑面积约11.2万m^2。该建筑设计充分考虑城市生态、自然生态与海洋生态的系统性，创造了滨水景观与生态系统融为一体城市景观。建筑滨海道路下方设置的人造混凝土礁石为鲑鱼、螃蟹、海星等海洋生物营造了潮汐区栖息地。建筑2.8万m^2的绿色屋顶为加拿大之最，它是一个拥有约40万株本土植物和24万只蜜蜂的自给自足生态系统。为了保持生态稳定而不允许公众进入。它通过跌落的屋顶平台与斯坦利公园（Stanley Park）连成整体，成为跨过波拉德湾（Burrard Inlet）与北岸山脉相连的城市生态通廊的重要组成部分。

7.2.3 增加城市韧性——与自然同呼吸的变化之美

海绵城市，是指城市能够像海绵一样，在适应环境变化和应对雨水带来的自然灾害等方面具有良好的韧性。城市海绵系统具有自然积存、自然渗透、自然净化的特点，它的建设对于提升城市韧性、丰富城市景观、推动绿色建筑发展、完善城市生态及构建低碳城市的意义重大。巧妙利用自然的变化，形成与自然变换息息相关的潮汐式景观，体现出与自然同呼吸的变化之美。

由荷兰景观建筑事务所De Urbanisten设计的倍恩特姆广场（Waterplein Benthemplein，2013）（图7-5）位于荷兰鹿特丹中央车站附近，是一所多媒体学校的休闲活动广场。广场设有三个不同深度的混凝土活动区，平日满足学校

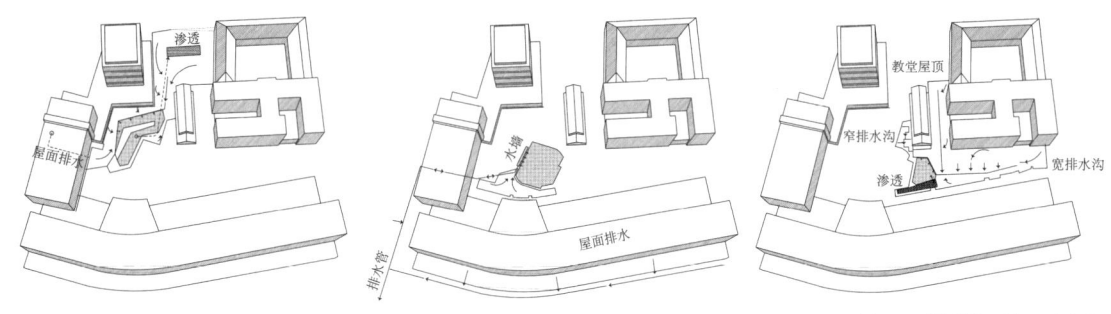

图7-5 倍恩特姆广场雨水组织
（来源：赵天意自绘）

的各种休闲活动；暴雨时，广场成为周边建筑与场地的雨水收集池，在很大程度上减轻了鹿特丹污水处理系统的负担。这个结合防洪系统的水广场，是一个同时解决雨水贮留、提升都市环境品质、增加游憩空间的都市设计经典作品。

7.2.4 循环城市——延续历史的更新之美

循环城市是指城市用地与既有建筑的循环再利用。城市无序蔓延是造成城市高碳排的主要原因，在有限的城市空间内运用循环城市的理念进行城市更新是建设节能、节地型城市和建设节约型社会的有效途径。

在城市循环发展中，城市用地特别是工业用地，它们往往因存在一定程度的污染或环境问题而影响到其扩展、振兴和重新利用。针对这类场地的问题，通常采用生态的方式进行土地修复。通过自然手段恢复生态的同时对既有工业遗产进行保护与活化；使其成为城市景观的历史，延续城市文脉，创造更新之美。

始建于1919年的北京首钢于2010年全面停产，这标志着其完成了工业时代的任务而退出历史舞台。首钢旧工业区与2022年北京冬奥会场馆建设相结合，开启了城市循环建设的新篇章。秉承北京2022年冬奥会"可持续发展理念"，园区在10km²范围内通过重塑与永定河的自然关系，进行生态恢复。以景观营造、水体养护、慢行系统构建、工业建筑改造为核心实现老工业园区的再生。其中，冬奥会场馆沿老钢厂工业晾水池——群明湖岸线布局。原冷却泵站改造为验票安检大厅和赛事管理办公区；原制氧厂北区则改造为观众服务中心；冬奥会场馆的永久性竞赛设施——首钢滑雪大跳台（图7-6）位于由4座标志性冷却塔形成的风影区[①]内。滑雪大跳台以石景山、永定河为背景，优美的曲线如同敦煌壁画中的"飞天"一般，重构北京西部天际线、延续首钢工业记忆，成为北京城市老工业遗产文化与奥运文化完美融合的城市新地标。

---

① 风影区：气流通过地形、地物障碍时，障碍物背风侧由于流线辐射、风流急速减弱的空间范围。

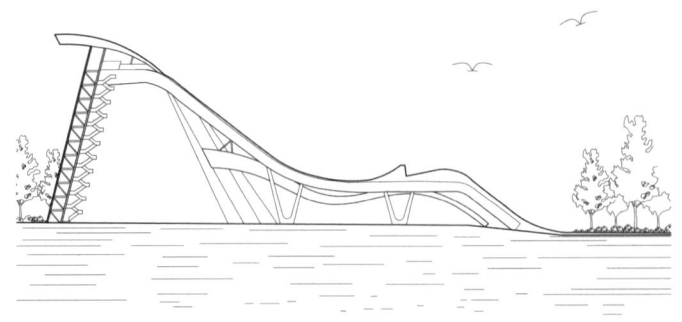

图7-6 首钢滑雪大跳台
(来源：孟钰晨自绘)

纽约的高线公园（High Line，2009）（图7-7）原是1930年修建的一条连接肉类加工区和位于三十四街哈德逊港口的铁路货运专用线。铁路总长约2.4km，跨越22个街区，距离地面高约9.1m。20世纪50年代后，该铁路货运被公路替代。被废弃后的High Line逐渐没落，在城市发展中它也曾一度面临拆迁危险。世纪之交，在非营利性组织高线公园之友的倡导下，High Line开启了将其作为公共空间进行保护和再利用的城市更新。它保留了原有的铁轨和部分原始结构，以"绿化"复苏High Line主轴。设计结合历史和现代元素成功唤起了人们对纽约旧铁路的历史记忆，也展示了城市更新和可持续设计的可能性；大量本地植物的种植与现代景观设计，不仅美化了城市环境，还提供了生物多样性的栖息地，改善了生态环境；High Line的建成不仅在建筑拥挤、绿地紧缺的曼哈顿西区辟出了一条优美的空中景观道，为市民提供了一处独特的休憩和散步场所，增强了城市公共空间的活力，而且还带动了周边经济发展，使周围城区常居人口增加了约60%。High Line已成为国际上城市废旧基础设施更新改造的典范。

建筑形式是人们对于建筑最直观的印象，建筑的形式美是构成建筑艺术的核心内容。低碳建筑的形式美有其自身的形式逻辑和独特的美学理念。

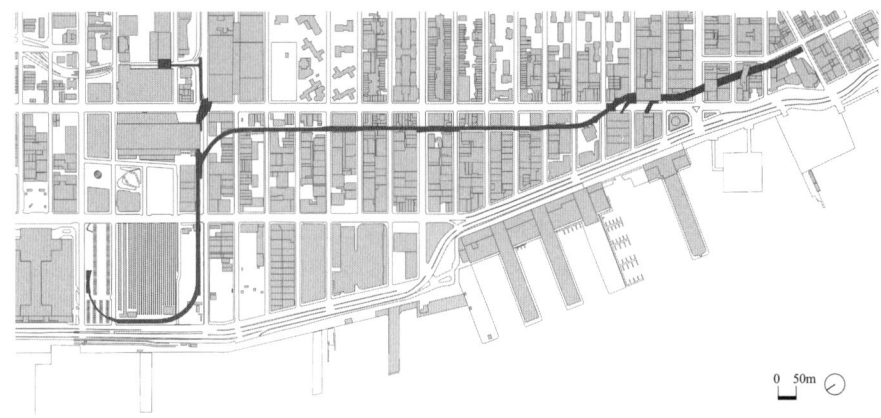

图7-7 纽约High Line
(来源：孟钰晨自绘)

7.3 低碳公共建筑的形式美

7.3.1 形式追随气候

伊利尔·沙里宁曾说："我们不可以任意用外来的形式，必须先以适应性的角度去选择外来的形式，然后才能通过创造的过程，把它们纳入形式的演变中。"低碳建筑设计区别于传统建筑形式的适应性，它是性能优先的设计。形式追随气候，形式追随能量都对建筑形式具有决定性的或最重要的影响。

在化石能源驱动的空调普及之前，建筑在长期抵御自然的过程中形成了独特的建筑构件，它们也成为"风土建筑"的标识。在极端炎热气候地区，用于建筑降温的风塔（Malqaf, Badgir）是典型的代表。这种有效的被动式通风构件，根据不同的地域环境形成了各异的造型。例如我国新疆维吾尔自治区的阿以旺民居（图7-8）；地处沙漠中心，有"风塔之城"称号的伊朗亚兹德（Yazd）市，风塔作为建筑元素形成了独特的城市景观。（图7-9）

现代建筑中，建筑师也利用传统风塔热压通风的原理进行现代性转译设计。建筑研究组织办公大楼（Building Research Establishment Office Building, 1996）（图7-10）是一个绿色建筑发展早期的节能示范办公楼。为满足严格的能耗目标，设计集成了太阳能屋面、遮阳与通风塔等节能技术策略。其中，通风塔成为别具一格的形式要素，体现出低碳建筑的形式逻辑。

卡塔尔大学（Qatar University）（图7-11）位于首都多哈。捕风塔是阿拉

图7-8 新疆阿以旺民居
（来源：赵天意自绘）

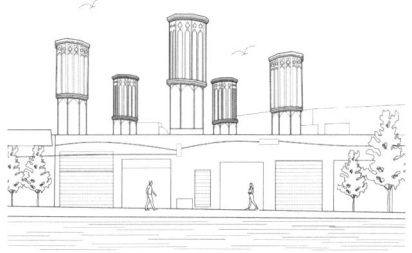

图7-9 亚兹德风塔
（来源：赵天意自绘）

图7-10 建筑研究组织办公大楼
（来源：赵天意自绘）

图7-11 卡塔尔大学（Qatar University）
（来源：李明珠自绘）

伯建筑应对夏季炎热干燥多风，冬季较为凉爽舒适的典型热带气候特征的传统建筑构件。卡塔尔大学的规划与设计中将传统风塔要素用于空间组织与被动式节能设计策略。风塔与模块化布局相结合，为避免彼此气流的阻挡而交错排列，由此形成了鳞次栉比的节奏韵律。

北京动物园水禽馆（图7-12）是一座与环境融为一体的超低能耗建筑。建筑基地选址避开现状树木，位于整个岛屿的北侧，减少建筑对场地的日照遮挡，从而最小化对岛内生态微气候的干扰。"如鸟斯革，如翚斯飞"常用来形容中国传统建筑屋顶的壮美，在这个设计中设计师配合鸟舍的设计意向成功地转译了中国传统建筑的坡屋面，使其在形意相和的基础上增加了科学性。两组覆斗状的拔高风塔与屋面形成整体，高低错落的形态掩映在生态景观多样化的水禽岛之中。风塔利用热压通风有效促进了室内空气的净化。

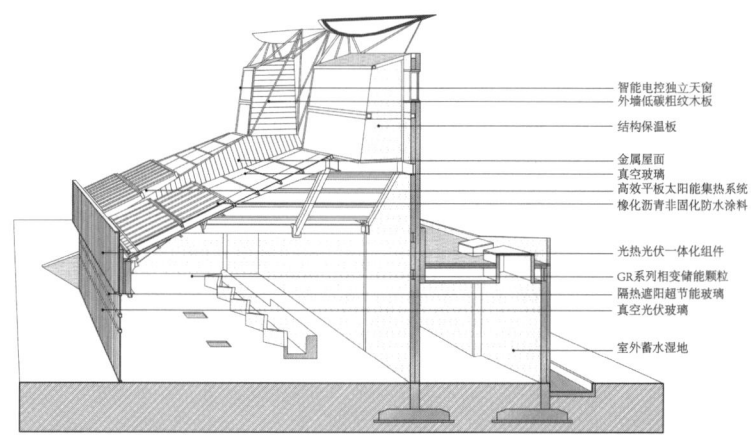

图7-12　北京动物园水禽馆
（来源：李明珠自绘）

7.3.2　形式追随能量

1）体形

建筑的使用能耗与建筑运行碳正相关，建筑节能对于低碳建筑具有决定性意义。体形系数是衡量建筑热工性能的重要指标，体形系数越小越利于节能，单位建筑空间所分担的散热面积越小，能耗越小。单一的几何形态、简洁的形式不仅意味着对能耗的回应，也容易获得强烈的视觉印象。

斯德哥尔摩艾维奇体育馆（Avicii Arena，1989）（图7-13）是一座直径为110m，内部高度85m，体积60万m^3的球形体育馆。完美的空间几何原理实现了最小表面积下的最大容积，获得了最小体形系数。相较于同等体积下的立方体或长方体而言更加节能，同时，大跨空间结构在结构强度与刚度方面优于六面体的平面结构，球形体育馆以更少的材料获得更大的空间效率。

图7-13 斯德哥尔摩艾维奇体育馆（Avicii Arena）
（来源：李明珠自绘）

图7-14 伦敦瑞士再保险公司
（来源：李明珠自绘）

高层建筑根据风来塑造形态。瑞士再保险公司（Swiss Re, 2004）（图7-14）位于伦敦圣玛丽阿克斯街30号，是一栋180m的高层建筑。其设计师诺曼·福斯特（Norman Foster）不仅是"高技派"建筑的代表人物，也关注建筑的节能问题。该建筑以"小黄瓜"的流线型外形成为伦敦城市天际线的标志。这种简洁而平滑的曲线外形起到了导风的作用，有效解决了高层建筑底层常见的楼宇风问题，进而提升了城市街道广场的舒适度。室内空间组织中，流线的体形与螺旋上升的采光井结合，新鲜空气从螺旋天井吸入建筑，形成室内自然通风，最大程度地减小了对于人工制冷和供暖的依赖。同时，也将自然采光的效能最大化，减少人工照明的使用，使得建筑纵深处也可获得充足的光线和视野。这些节能措施，使它比同类办公大楼节能约50%。

2）表皮

建筑物的表皮是建筑外观的视觉媒介，是建筑形式表达的语言。自空调使用以来，作为气候边界的建筑表皮便成为保存能量的关键。保温、隔热、遮阳、窗墙比与气密性是表皮控制建筑与外界能量交换的关键性因素。高性能表皮对实现低碳建筑意义重大，也对建筑美学产生重要的影响。

1952年落成的美国纽约的利华大厦（Lever House）是世界上第一座玻璃幕墙建筑。大面积的玻璃幕墙为建筑带来了通透、明亮、新颖及美观的时尚感而广泛被现代建筑所采用。但玻璃幕墙的高能耗问题也为低碳建筑设计带来了挑战。近年来，Low-E玻璃、中空玻璃和双层呼吸幕墙等技术不断对玻璃幕墙的热工性能做出了优化。技术与材料的发展为形式美的表达带来了更大的契机。

美国建筑公司SOM设计的JTI总部位于日内瓦（Geneva headquarters for

Japan Tobacco International，2015），建筑9层，高度近60m。与传统的双层表皮不同，该建筑立面采用了创新的封闭式腔体外墙（CCF）。CCF系统由3m宽、4.2m高的单元模块化三玻两腔落地窗组成。夏季两层低反射率涂层将辐射热从腔体向外反射；冬季得益于高度绝缘的内部涂层，减少热损失，从而达到保温效果。密封的模块配备了加压过滤装置，防止腔内冷凝和热积聚。每个单元模块沿对角线分为两个三角形平面，一个向下倾斜，为下面的区域提供适度的阴影；另一个向北旋转，以尽量减少太阳增益。这种自遮阳的处理减少了立面的太阳热增益量。该建筑的CCF幕墙系统在应对季节性变化的外部气候条件方面取得了良好的效果，满足了欧洲能源排放标准和瑞士Minergie[①]可持续性发展评级；它最大化地将日光渗透到工作区中，为空间的使用提供舒适性；单元模块化折叠玻璃提供了一个特殊视觉景观效果，阴影塑造的活泼动感获得了节奏韵律的美学表现。该系统成为SOM历史上所有的玻璃立面系统的代表作，如图7-15所示。

遮阳是最为经济有效地调节建筑与环境关系的建筑表皮构件，通常在考虑建筑物的位置、太阳的路径以及周围的建筑和景观的基础上，分别运用如悬垂、百叶窗和遮阳板等遮阳构件，减少太阳热增益，提高建筑物的能源效率。遮阳构件也是最为古老的过滤光线的构件，它与地域文化结合极富装饰性。例如阿拉伯传统窗格（Mashrabiya）（图7-16）和法式遮阳窗等。通过现代计算机技术的发展，通过模拟、算法、编程调节等技术手段使遮阳的设计更加科学，形成更富科技感的动态遮阳表皮。让．努维尔（Jean Nouvel）设计的阿拉伯世界研究中心（The Arab World Institute，1987）（图7-17）的南立面就是阿拉伯传统窗格mashrabiya的当代"高技"诠释。立面上有240个金

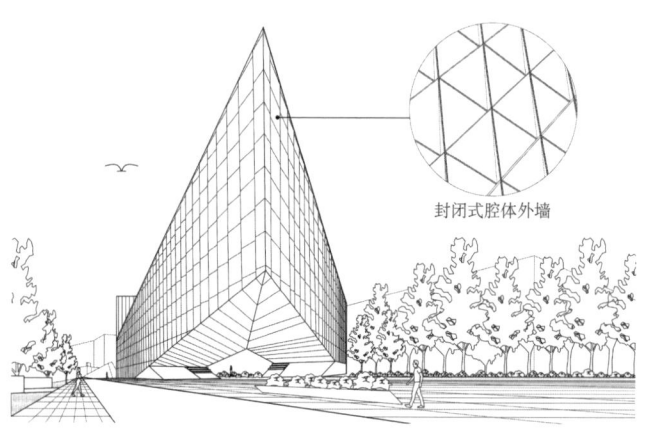

图7-15　JTI日内瓦总部外观
（来源：赵天意自绘）

图7-16　阿拉伯传统窗格Mashrabiya
（来源：李明珠自绘）

---

① Minergie是以实现低能耗资源消耗、高舒适度建筑为目标，针对建筑设计阶段及各种建筑类型而制定的可持续建筑标准。

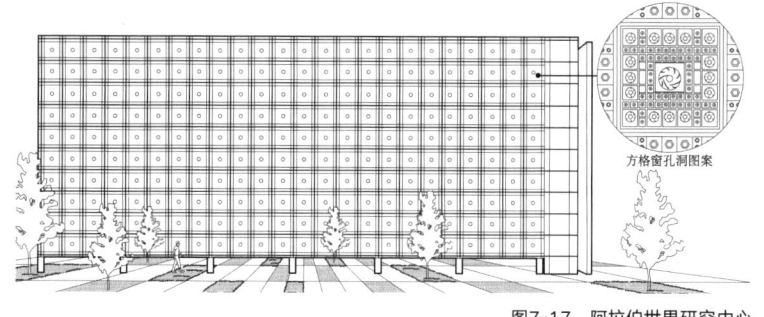
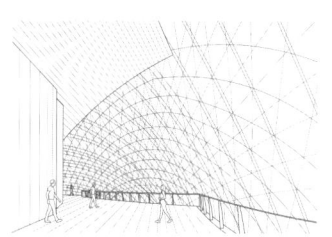

图7-17 阿拉伯世界研究中心
（来源：孟钰晨自绘）

图7-18 新加坡滨海艺术中心
（来源：赵天意自绘）

属照相感光窗格（Photo-Sensitive Panels），每个方格窗按图案方式安排了大大小小的孔，每个孔洞如同一个照相机的光圈，由光敏电机控制，孔径可随外界的光线强弱而变化。整个立面就像一个复杂的遮阳板，可自动打开和关闭，以控制太阳进入建筑物的光和热的数量，方格窗图案的装饰性丰富了立面效果。

新加坡滨海艺术中心（Esplanade，2002）（图7-18）的建筑师团队以昆虫的复眼为灵感，造就了其独特的外观。因其造型宛如两颗榴莲，故又名"榴莲艺术中心"。建筑表皮覆盖7000多片三角形铝制遮阳板，它们依据新加坡日照环境的模拟计算进行设置，起到了减少热量直接入侵，降低空调的能耗需求；滤掉强烈阳光，柔和内部光线，为表演和展览创造理想光照环境的目的。这些遮阳板不仅具有实用的遮阳功能，还赋予了建筑独特的视觉特征，晚上内部的灯光通过这些三角遮阳板透出，使整个建筑看起来如同灯笼一般，增添了夜间的艺术氛围和视觉冲击。

垂直绿化与建筑表皮的结合体现了生态美学的新理念。在寸土寸金的高密度城市空间，运用生态技术，将绿色的"森林"植入建筑表皮，起到改善城市微气候和固碳的作用。这种生态化、景观化的垂直花园（Vertical Garden）为城市的生活植入了更多的绿色，使市民的生活更加健康，也丰富了城市公共空间的景观。

位于意大利米兰的"垂直森林"建筑（图7-19）由著名建筑事务所"博埃里工作室"设计，设计师希望这对姐妹楼能够降低城市交通污染，也为当地居民遮挡地中海的炎炎烈日，并可以随季节的变化而自然改变建筑外观——春天绿意葱茏，秋天五彩斑斓。"垂直森林"帮助建立了微气候，可以过滤城市环境中的微小粒子。植物的多样性可以帮助建立微气候来加湿、减少CO_2和微粒，生成氧气并且对抗辐射和噪声污染。根据微循环的研究，植物的蓄水量经过计算，可以根据气候、立面照射情况和楼层分布自动进行调节。它的颜色随着季节的变化而变化，并且利用了不同的自然植物。这使得米兰具有了一个不断变化的城市景观。

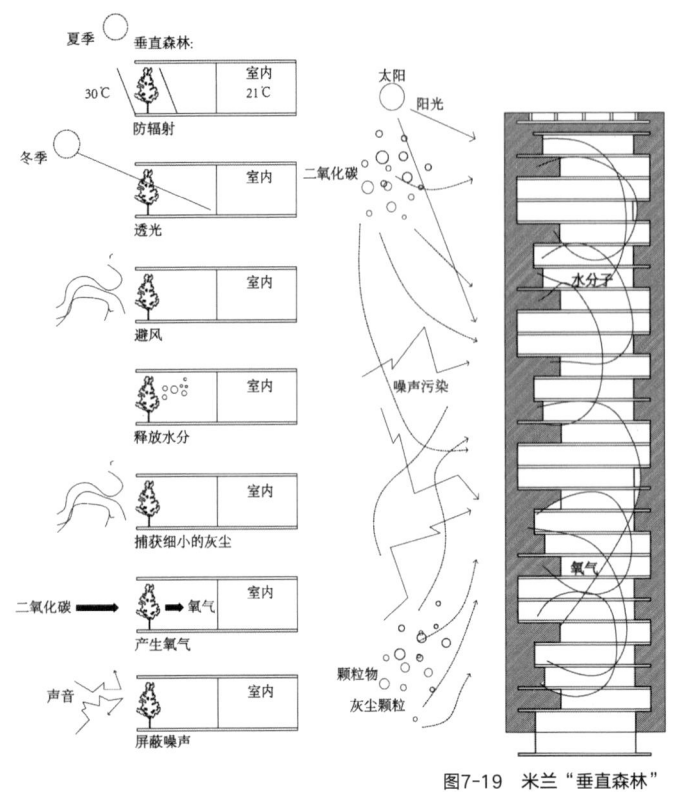

同济大学章明教授团队完成的"绿之丘"（2019）项目是我国城市发展由增量转向存量时代的城市更新项目。"绿之丘"原为上海杨浦滨江烟草公司机修仓库（简称"烟草仓库"）。"烟草仓库"1996年落成，100m×40m×30m（长×宽×高）形式简洁的几何体量，标准化的洞口开窗，体现了现代建筑"形式追随功能"的美学特征。上海杨浦滨江带由"生产岸线向生活岸线"的城市发展中，"烟草仓库"的更新改造体现了全新的设计美学价值。孤立的几何形体被解体，面向水岸与城市的正反两面做减量设计，减少50%的建筑体量，形成绿色山丘的观景平台；仓储功能的转型，原本封闭内向的界面面向城市公共生活开放，形成功能多元、空间开放、边界灵活的开放性构架；

图7-19 米兰"垂直森林"
（来源：赵天意自绘）

绿化成为建筑形式表达的基本语汇，垂直里面的爬藤植物、地被观赏草和灌木种植、乔木栽种，各种植物在不同的季候变化下塑造着建筑四季景观的变化，形成人、建筑和环境的合作统一，体现了日常生活与景观融合的美学观念（图7-20）。

为了降低建筑隐含碳，绿色建材的开发至关重要，它不仅引导建筑创作中的低碳设计，更是对绿色建筑产业发展的引导。既包括了对传统建材的性能优化也包括了新型建材的开发利用。

上海世博会英国馆，被称为"种子圣殿"（Seed Cathedral，2010）（图7-21），是由英国建筑师托马斯·赫塞维克（Thomas Heatherwick）设计的一座独特的临时展览馆。其设计和材料使用中融入了低碳节能的理念，英国馆的主体结构由60,000根透明的丙烯纤维杆组成，丙烯材料相对轻便且可回收，

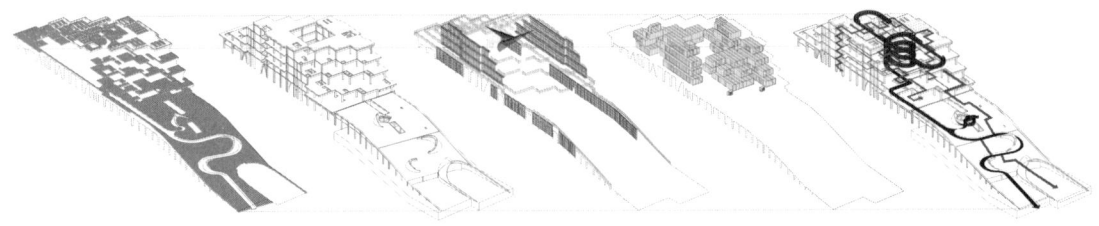

图7-20 杨浦绿之丘
（来源：引用《时代建筑》，鞠曦提供原图）

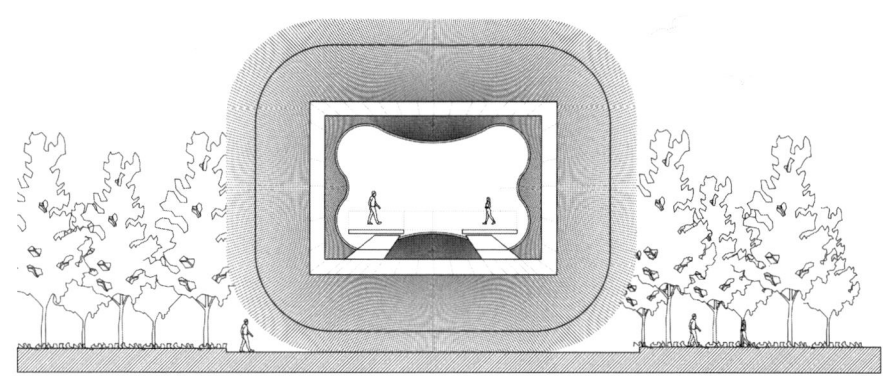

图7-21 上海世博会英国馆
（来源：赵天意自绘）

降低了运输和制作过程中的碳足迹。每根纤维杆的末端都嵌入了一种植物种子，这些杆子从馆内向外伸展，可以自然地引导阳光进入内部，白天内部无需使用电灯，减少了能源消耗。这个类似于巨大种子的建筑不仅在视觉和构思上表现出卓越的创新性，而且也为低碳美学带来了一个新的亮点。

7.4 低碳公共建筑的建构美

建构美，是将建筑的材料、构造与结构视为建筑本体，它们以自身的逻辑通过建造而呈现的美。这种美是去装饰性，去风格化的美，是忠实的表达材料的物质性，力流的合理性，构造的精准性的美。将建构美学运用于低碳建筑设计，符合结构轻量化与减少建材使用的低碳原则，因此也是低碳建筑美学的重要原则。

7.4.1 诗意建造

"诗意建造"源自肯尼斯·弗兰姆普顿（Kenneth Frampton）的《建构文化研究》(Studies in Tectonic, 1995)，是对建构理论的凝练表达，即建筑结构通过建造得以实现，并通过建构获得视觉表现，成为具有精神品质的艺术创作。例如哥特教堂的宏伟与其结构和建造密不可分，十字拱以细肋的形式从屋顶一直延伸到基础，清晰地显示出力流的传递，表达出形式与力的关系。它是建筑结构美的直接表达，是技术与艺术的完美结合（图7-22、图7-23）。中国传统木结构建筑独立于世界建筑之林，斗栱是其最著名的特征之一。斗栱位于立柱与横梁的交接处，具有减少立柱和横梁交接处剪力的结构作用，是承托屋顶的重要结构性构件。逐层出挑的栱承托着深远的屋顶，形成了柱身向屋面的过渡，在阴影的掩映下极具艺术性（图7-24）。

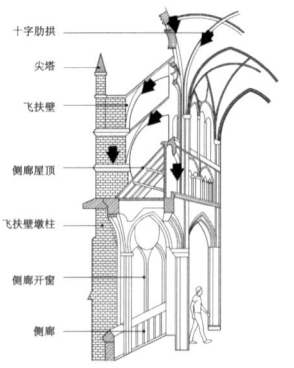

图7-22 早期哥特教堂剖面
（来源：赵天意自绘）

图7-23 十字拱从屋顶传力至基础
（来源：赵天意自绘）

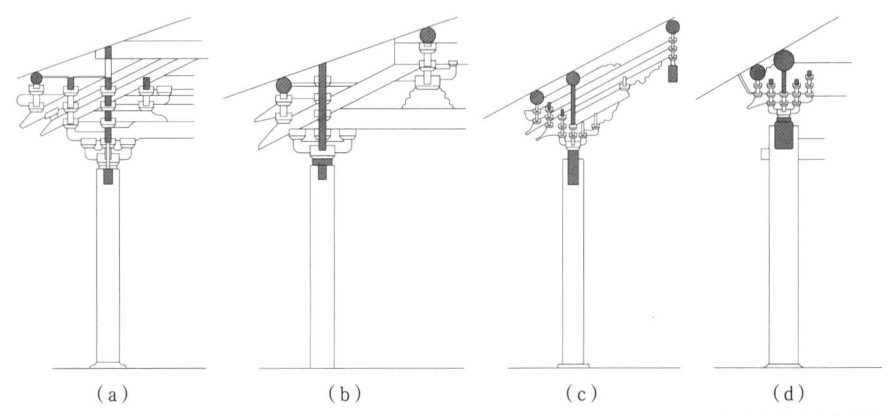

图7-24 中国古代建筑斗栱的演变
（a）唐；（b）宋；（c）明；（d）清
（来源：赵天意自绘）

建构美学对当下国内那些背离国家"双碳"目标，求高、求大、求洋、求怪及求奢华的"欲望建筑"和"虚荣建筑"具有深刻的批判力。将建筑视为建造艺术的建构美学对低碳建筑美学的建构具有重要的参考价值。

7.4.2 结构的形式美

结构是建筑物坚固和耐久的基础，也是满足建筑功能的基本保证。用最小的代价获得最大的效果——经济效率是结构技术策略的基本原则，这个原则与轻量化降低建筑隐含碳的原则相一致；另一方面去掉覆盖的多余装饰，表露出建筑结构的力度，可以获得自然力量流露的形式美。

20世纪最杰出的结构工程师和建筑师皮埃尔·路易吉·奈尔维（Pier Luigi Nervi）被誉为"混凝土诗人"。奈尔维认为一个结构物如果不遵从最简洁和最有效的结构形式，或者在构造细部上不考虑建筑所用材料的各自特点，就难以获得良好的艺术效果。

1957年为举办罗马奥运会而设计建造的小体育宫（Palazzetto Dello Sport，1957）（图7-25）是奈尔维最负盛名的建筑。它由36个Y形混凝土柱围合，将直径64m的巨大圆形拱顶支撑起来。该建筑采用预制装配的方法，采用钢丝网水泥模板技术将圆形的拱顶分割成厚约2.5m的1620块大小不同的菱形，其上覆盖仅4cm厚的混凝土。预制的方法使得施工时间大大减少，仅用7个月时间就完成了建设。纤细的肋拱构成宛如花瓣的图案，营造出轻快的效果。在这一作品中，结构逻辑与空间逻辑的高度统一，仿佛古罗马浴场及万神殿的宏大意象重现人间。

巴克敏斯特·富勒（Richard Buckminster Fuller）以"少费多用"为原则设计了1967年的蒙特利尔世博会美国馆，也被称为蒙特利尔生物圈（Montreal Biosphere）。七层高的展览大楼容纳在一个巨大的透明球体之中。球体直径达76m，内部无任何支撑，球体表面由重复的六边形框架构成，体现了以最少的材料获得最大空间与性能的特点，纯粹的几何美带来强烈的视觉震撼（图7-26）。

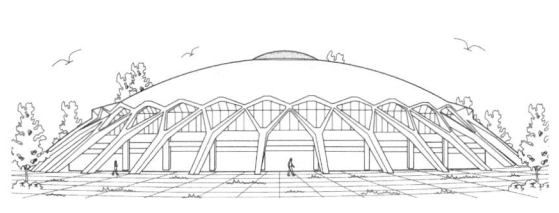

图7-25 罗马小体育宫Y形混凝土柱
（来源：李明珠自绘）

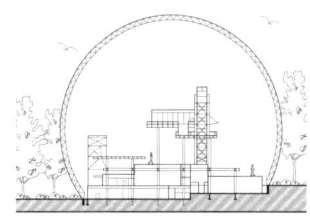

图7-26 蒙特利尔生物圈（Montreal Biosphere）
（来源：李明珠自绘）

7.4.3 材料的质朴美

传统的生土、木材、竹材及石材等建筑材料，它们分布广泛、易于获取，是典型的低碳建筑材料。同时就地取材可以大大减少建筑物化阶段运输碳排放。如何通过建筑设计表现这些天然材料的原真性及朴实无华的艺术表现力，是当今低碳建筑美学的重要任务。

乌干达的儿童外科医院（Children's Surgical Hospital，2020）（图7-27）

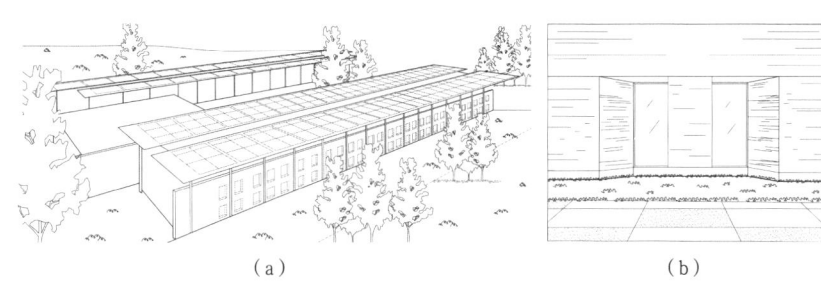

（a） （b）

图7-27 乌干达的儿童外科医院
（a）外观；（b）夯土墙
（来源：孟钰晨自绘）

由伦佐·皮亚诺建筑工作室设计完成，总建筑面积9695m²。建筑主体由生土夯成四列巨大的土墙面构成，颜色鲜艳与环境契合，结合轻质的钢结构与光伏屋顶，体现了传统与现代碰撞的美感。同时，天然厚重的夯土墙是十分优良的保温隔热材料，与钢结构结合能进一步降低建筑的能耗。

毛寺村小学（图7-28）位于中国甘肃庆阳，由当地村民工匠与建筑师共同完成。采用地域性的生土作为主要材料，该材料是良好蓄热体与绝热体，在节约造价的同时，可以提升建筑性能。生土墙坐落在毛石墙基上，与场地融为一体，营造了低碳环境，塑造了朴素的建筑美。

梅斯蓬皮杜艺术中心（Centre Pompidou-Metz, 2010）（图7-29）是一座位于法国梅斯的当代艺术博物馆，该建筑由日本建筑师坂茂设计。建筑形似草帽，屋顶结构采用木结构，由相交的多层弦杆组成，利用不同大小的六角形来连接四边的横梁。梅斯蓬皮杜艺术中心是现代材料与传统理念的结合，传达出木结构的编织美感。

竹这种原生态的建筑材料具有绿色低碳属性。哥伦比亚设计师西蒙·贝莱斯（Simón Vélez）称赞竹子是"植物界的钢铁"，他将竹制结构与现代原理结合起来设计的湖边小教堂。竹子作为主要的承重材料，充分利用材料的抗弯性能，向上的竹子相互交错编织成拱状，形成了一个高耸而具有纪念性的教堂空间。竹建筑与周边的山川湖泊相得益彰，与自然融于一体（图7-30）。

图7-28 毛寺村生态实验小学
（来源：李明珠自绘）

图7-29 梅斯蓬皮杜艺术中心
（来源：李明珠自绘）

图7-30 佩拉雷教堂
（来源：孟钰晨自绘）

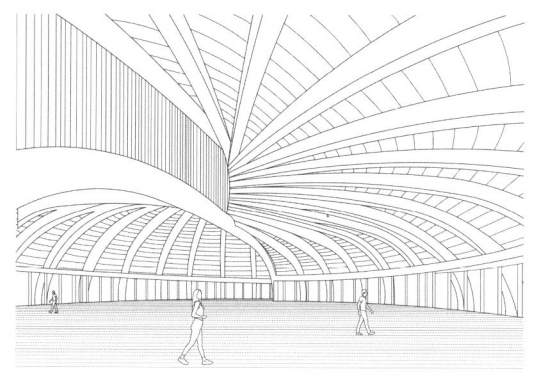

图7-31 长宁县竹文化馆
（来源：李明珠自绘）

长宁县竹文化馆（图7-31）是"6·17"地震灾后重建工程中的项目之一。该项目试图通过构建文化价值与自然潜力间的连接来重新激活空间。设计再现了当地宅、田、林及水相融合的"竹林盘"风貌，将建筑体量分散、消解在成簇的竹子中。建筑概念以古代文人归于自然的竹亭空间为原型，从对自然的感知出发，就地取材，以原竹绑扎的竹拱为结构单元，将竹材物性的真实表达作为其形态的逻辑。

7.5 低碳公共建筑的技术美

以往的建筑设计通常认为管线设备是建筑视觉的"噪声"而加以隐藏，然而建筑设备也具有表达技术美的潜力。以理查德·罗杰斯为代表的高技派建筑作品最为典型，如帕茨中心（图7-32）。近年来，随着能源由油气向新能源的转型，可再生能源的利用成为低碳建筑发展的必要技术选项。利用多种类型的光伏组件，夹层玻璃、中空玻璃、瓦式及柔性光伏与建筑进行一体化设计成为低碳建筑美学的新趋势。

恩德萨展馆（Endesa Pavilion，图7-33）以2010年西班牙加泰罗尼亚高级建筑学院（IAAC）马德里太阳能十项全能竞赛上完成的参赛作品"微观装配实验室住宅"为原型，2011年重建于巴塞罗那奥林匹克码头。该建筑极具实验性与开放性，建筑立面由木制太阳光跟踪式外墙系统组成，通过太阳光自然变化过程与数字化编程的有效融合，实现充分吸收太阳能量的目的。立面模块对太阳路径做出的反应，是与场地气候与地理等环境条件相吻合的结果，体现了建筑形式从"形式服从功能"到"形式服从能量"的转变。

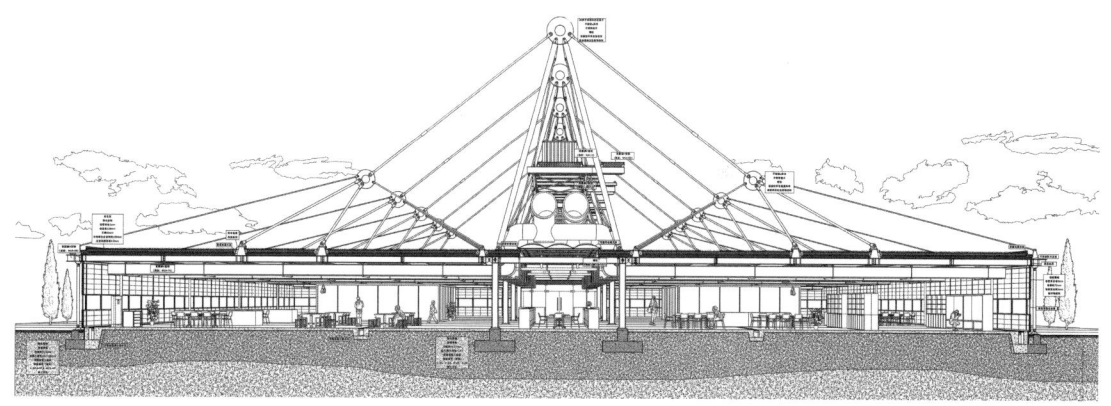

图7-32 帕茨中心
（来源：梁馨月、毋宇轩自绘）

巴塞尔足球俱乐部体育馆（St. Jakob-Park Basel Stadium）位于瑞士巴塞尔的圣雅各布公园，始建于2002年，设计师是赫尔佐格&德梅隆（Herzog & De Meuron）。近期赫尔佐格&德梅隆计划利用太阳能电池板对体育馆进行翻新改造，该工程预计2028年完工。新的格子梁从现有屋顶和新平台上的悬臂连接到现有结构形成光伏外壳，光伏外壳产生的能量主要供自用；光伏屋顶在结构上进行了优化，其组件可以拆卸和重复使用，最大限度地减少材料消耗；屋顶还具有收集雨水的功能，可以灌溉运动场；光伏外壳使整个建筑的外观得以统一。光伏电池的形状为微妙的菱形图案，红色和蓝色对应于巴塞尔足球俱乐部的颜色，由此形成巴塞尔的新地标。此外，这个充满活力的表皮可作为公共屏幕进行实况直播，充分展示了材料技术与数字技术相结合而迸发出的新形式语言（图7-34）。

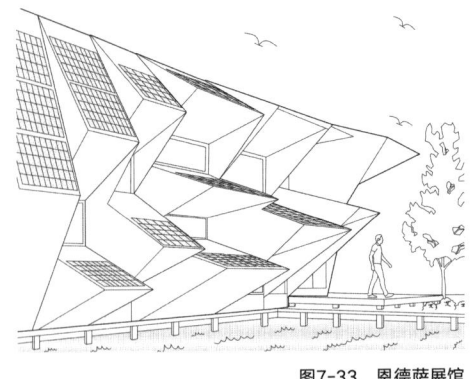

图7-33　恩德萨展馆
（来源：李明珠自绘）

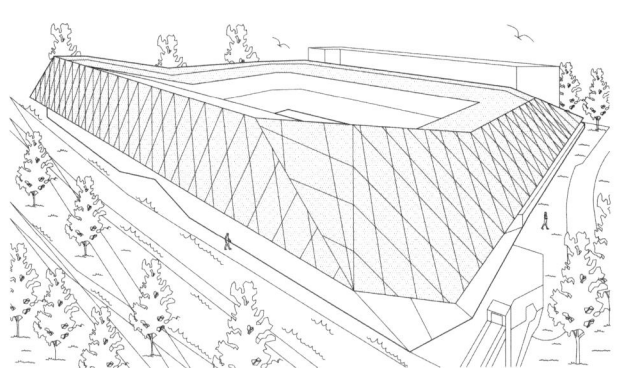

图7-34　巴塞尔足球俱乐部体育馆
（来源：李明珠自绘）

7.6 低碳公共建筑的文化美

低碳美学的构建不仅影响建筑审美，更是一种美德，是生态文明时代的责任与义务。审美是具有时代性与民族性的。作为上层建筑的建筑艺术也是根植于地域与民族的，是民族文化的重要组成部分。

7.6.1 中国传统文化中的低碳环境观念

中国传统建筑的发展一脉相承，独立于世界建筑之林，它根植于中国本土自然环境与历史，是中国传统文化的结晶。中国传统建筑的审美观深受儒家与道家思想的影响。"天人合一"的整体性思维渗透到制度、文化与社会生活的方方面面，既包括人与宇宙自然的和谐，也包括人伦社会和个体人格的有机和谐，天然带有"生态整体主义"的哲学色彩。可以说人与生态环境的和谐共处，自然与社会协调发展是中国传统建筑的环境观。建筑不是对环境的占有和破坏，建筑在选择环境的同时，环境也选择了建筑，正是地域环境的特征塑造了建筑的性格，选择了建筑的形式，而达到建筑与环境的和谐。寻求传统建筑绿色智慧进行传承与发展，对于当今低碳社会的构建具有现代价值。

7.6.2 诗意乐居的建筑审美

中国古代无论儒家还是道家都肯定自然的价值，热爱自然、亲近自然、崇尚自然之美，它们构成了诗意"乐居"的美学基础。

儒家将"美"与"善"联系起来，认为道德之善是艺术之美的基础，以"善"为"美"，讲"尽善尽美"[①]。孔子提出的"知者乐水，仁者乐山"[②]就是"比德"[③]自然的审美。将人的品德与"山、水"的自然属性相契合，将"山、水"等自然人格化。在"比德"山水的审美方式影响下，"梅、兰、竹、菊"等成为中国古代文人雅士的审美对象，融入日常生活之中。

道家更强调美对真的关系。认为未经人工修饰的天然和本真的朴素之美是美的本质。提出"既雕既琢，复归于朴"[④]的艺术美学原则，达到"虽由人作，宛自天开"[⑤]的理想境地。建筑艺术与其他艺术形式息息相关，在中国传统文人山水、田园诗画审美情趣的影响下，诗意"乐居"逐渐成为中国古代建筑的审美理想。中国古人通过小中见大的象征手法，以"一卷代山，一勺带水"[⑥]的方式营造出具有自然山水之美的象征性意境。

现代建筑大师贝聿铭先生设计的日本美秀美术馆（Miho Museum，1997）（图7-35）。设计以《桃花源记》为灵感进行设计构思，建筑藏于日本滋贺县信乐山苍翠的群山环抱之中。建筑近80%的主体埋于地下，但未采用工程难度大、建设周期长且对自然环境破坏大的山体开挖策略，而是采用了先盖房子后填土方的策略，通过绿化种植实现与原有山体的弥合，实现建筑与环境天然合一。设计中采用了一条山体隧道作为建筑与外界的联系通道，不仅减少了道路对自然山体的扰动，也体现出《桃花源记》所描写的穿越时空后豁然开朗和恍若隔世的桃源仙境，使得建筑更加具有东方文化的魅力。

---

① 《论语·八佾》
② 《诸子喻山水》
③ 《尚书·洪范》
④ 《庄子·外篇·山木》
⑤ 计成《园冶·园说》
⑥ 李渔《闲情偶寄·居室部》

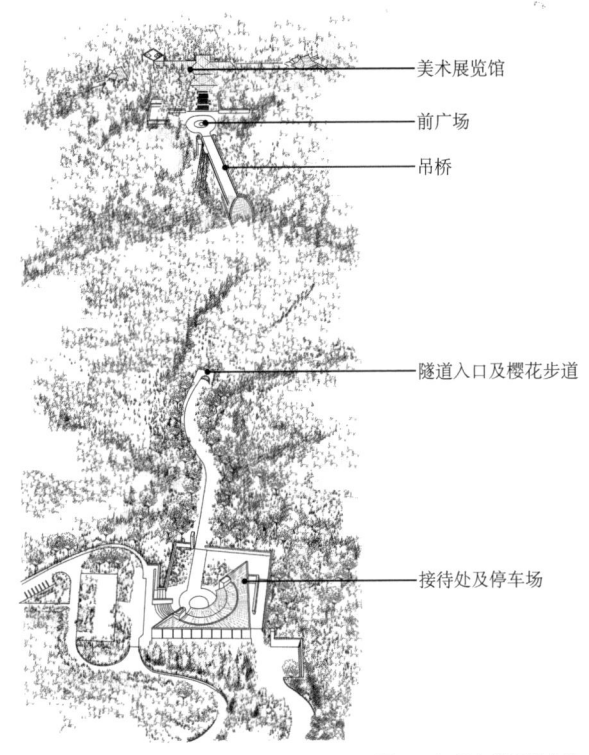

图7-35 日本美秀美术馆
（来源：李明珠自绘）

"苔痕上阶绿，草色入帘青""南阳诸葛庐，西蜀子云亭"[①]，这种融入自然的心态，自然简约的形态、朴实无华的神态也是中国建筑崇尚的朴素美。这种朴素的美也正是当今低碳社会所追求的节俭和淳朴的社会价值观。冯纪中先生创作的"何陋轩"，是中国现代建筑里程碑式的作品（图7-36）。"何陋轩"是一座临水而建的茶室，位于上海松江区方塔园东南一隅的小岛上，三面临水，四周竹林环抱。建筑以茅草为顶，青砖为地，毛竹为柱，掩映在丛生的翠竹之中。其建筑造型仿上海市郊农舍四坡顶弯屋脊形式，毛竹梁架、草屋顶、弧墙方砖与四周竹景融为一体，浑然天成。何陋轩的质朴、自然美不仅是中国传统文化中克己和节俭道德观念的体现，更是中国传统君子高尚的人格写照。"孔子云，何陋之有"[②]。

图7-36 方塔园何陋轩
（来源：李明珠自绘）

①② 刘禹锡《陋室铭》

7.7 本章小结

本章从建筑美学的基本问题展开讨论，揭示了建筑美学的时代背景和社会价值，提出当今时代的建筑美不应是单纯的视觉形式，更不应是"大、洋、怪"式的视觉噱头，低碳建筑应建立其美学新的内涵，在与自然和谐的基础上，以淳朴、自然和节俭的内涵传达建筑之美。本章从环境美、形式美、建构美与文化美四个方面，以理论梳理与案例展示相结合的方式，为当今低碳公共建筑的美学表达提供了新的视角。

附录 建筑全寿命期的减碳策略

参考文献

[1] 张文忠，赵娜冬，贾巍杨. 公共建筑设计原理[M]. 5版. 北京：中国建筑工业出版社，2020.

[2] 刘云月. 公共建筑设计原理[M]. 2版. 北京：中国建筑工业出版社，2021.

[3] 北田静男，周伊. 公共建筑设计原理[M]. 上海：上海人民美术出版社，2016.

[4] 彭一刚. 建筑空间组合论[M]. 3版. 北京：中国建筑工业出版社，2008.

[5] 宋晔皓. 结合自然整体设计——注重生态的建筑设计研究[M]. 北京：中国建筑工业出版社，2000.

[6] 庄惟敏. 建筑策划导论[M]. 北京：水利水电出版社，2001.

[7] 庄惟敏. 建筑策划与设计[M]. 北京：中国建筑工业出版社，2016.

[8] 庄惟敏. 建筑策划与后评估[M]. 北京：中国建筑工业出版社，2018.

[9] 李岳岩，陈静. 建筑全寿命期的碳足迹[M]. 北京：中国建筑工业出版社，2020.

[10] 清华大学建筑节能研究中心. 中国建筑节能年度发展研究报告2022（公共建筑专题）[M]. 北京：中国建筑工业出版社，2022.

[11] 中国城市科学研究会. 中国绿色低碳建筑技术发展报告[M]. 北京：中国建筑工业出版社，2022.

[12] 雷切尔·卡逊. 寂静的春天[M]. 吕瑞兰，等，译. 长春：吉林人民出版社，1997.

[13] T·A·马克斯，E·N·莫里斯. 建筑物·气候·能量[M]. 陈士骥，译. 北京：中国建筑工业出版社，1990.

[14] G·Z·布朗，马克·德凯. 太阳辐射·风·自然光[M]. 北京：中国建筑工业出版社，2008.01.

[15] 史密斯. 适应气候变化的建筑——可持续设计指南[M]. 邢晓春，等，译. 2版. 北京：中国建筑工业出版社，2009.

[16] 瓦里斯·博卡德斯，玛利亚·布洛克，罗纳德·维纳斯坦. 生态建筑学：可持续性建筑的知识体系[M]. 南京：东南大学出版社，2017.

[17] 计成. 园冶注释[M]. 陈植，注释. 北京：中国建筑工业出版社，1981.10.

[18] 韩冬青，顾震弘. 气候适应型绿色公共建筑集成设计方法[M]. 南京：东南大学出版社，2021.

[19] 张伶伶，孟浩著. 场地设计[M]. 北京：中国建筑工业出版社，1999.10.

[20] 刘加平，董靓，孙世钧. 绿色建筑概论[M]. 北京：中国建筑工业出版社，2010.10.

[21] 刘加平，谭良斌，何泉. 建筑创作中的节能设计[M]. 北京：中国建筑工业出版社，2009.03.

[22] 徐娅，张斌. 环境场地设计[M]. 北京：中国建筑工业出版社，2018.11.

[23] 王立雄. 建筑节能[M]. 北京：中国建筑工业出版社，2004.05.

[24] 卢济威，王海松. 山地建筑设计[M]. 北京：中国建筑工业出版社，2001.02.

[25] 周国模，施拥军，潘城. 竹林碳觅[M]. 北京：科学普及出版社，2020.09.

[26] 赵晓光，党春红. 民用建筑场地设计[M]. 3版. 北京：中国建筑工业出版社，2022.09.

[27] 闫寒著. 建筑学场地设计[M]. 北京：中国建筑工业出版社，2017.09.

[28] 邓广，何益斌，建筑结构[M]. 2版. 北京：中国建筑工业出版社，2017.

[29] 张彤，鲍莉. 绿色建筑设计教程[M]. 北京：中国建筑工业出版社，2017.

[30] 张凤，大型公共建筑绿色低碳研究[M]. 北京：中国建筑工业出版社，2018.

［31］刘科，等．大型公共空间建筑的低碳设计原理与方法[M]．北京：中国建筑工业出版社，2022．

［32］吴小虎等．建筑设备[M]．北京：中国建筑工业出版社，2009．

［33］李继业，刘经强，郝忠梅，等．绿色建筑设计[M]．北京：化学工业出版社，2015．

［34］俞天琦．绿色建筑设计原理[M]．北京：中国建筑工业出版社，2022．

［35］宗敏．绿色建筑设计原理[M]，北京：中国建筑工业出版社，2010．

［36］叶堃辉．低碳建造——从施工现场到产业业态[M]．北京：中国建筑工业出版社，2017．

［37］刘东卫．装配式建筑系统集成与设计建造方法[M]．北京：中国建筑工业出版社，2020．

［38］刘学应．建筑工业化导论[M]．北京：清华大学出版社，2021．

［39］建筑施工与运营碳排放研究课题组．建筑低碳化探索——施工、运营碳排放与低碳策略研究[M]．北京：中国建筑工业出版社，2016．

［40］周静敏．装配式工业化住宅设计原理[M]．北京：中国建筑工业出版社，2020．

［41］张宏．构件成型·定位·连接·与空间和形式生成[M]．南京：东南大学出版社，2016．

［42］顾勇新，胡映东．装配式建筑案例[M]．北京：中国建筑工业出版社，2021．

［43］叶浩文．一体化建造——新型建造方式的探索与实践[M]．北京：中国建筑工业出版社，2019．

［44］刘克剑，等．基于"BIM+"的公共建筑运维管理[M]．北京：机械工业出版社，2022．

［45］江苏省住房和城乡建设厅，江苏省住房和城乡建设厅科技发展中心．BIM技术在装配式建筑全寿命周期中的应用[M]．南京：东南大学出版社，2021．

［46］陈蓓，陆永涛，李玲．基于BIM技术的施工组织设计[M]．武汉：武汉理工大学出版社，2018．

［47］弗朗索瓦·勒维．小型可持续设计中的BIM应用[M]．北京：中国建筑工业出版社，2016．

［48］沈福煦，李彦伯．建筑美学[M]．3版．北京：中国建筑工业出版社，2021．

［49］李泽厚．美的历程[M]．桂林：广西师范大学出版社，2000．

［50］李泽厚．美学四讲[M]．天津：天津社会科学院出版社，2001．

［51］赵宪章．西方形式美学[M]．上海：上海人民出版社，1996．

［52］周若祁，赵安启．中国传统建筑的绿色技术与人文理念[M]．北京：中国建筑工业出版社，2017．

［53］郑时龄．建筑与艺术[M]．北京：中国建筑工业出版社，2020．

［54］理查德·帕多万．比例——科学·哲学·建筑[M]．北京：中国建筑工业出版社，2005．

［55］P.L.奈尔维，黄运昇，周卜颐．建筑的艺术与技术[M]．北京：中国建筑工业出版社，1981．

［56］曾繁仁．生态美学基本问题研究[M]．北京：人民出版社，2015．

［57］中华人民共和国住房和城乡建设部．民用建筑设计统一标准：GB 50352—2019[S]．北京：中国建筑工业出版社，2019.10．

［58］中华人民共和国建设部，国家质量监督检验检疫总局．地源热泵系统工程技术规范：GB 50366—2005（2009年版）[S]．北京：中国建筑工业出版社，2009．

［59］中华人民共和国住房和城乡建设部．建筑碳排放计算标准：GB/T 51366—2019[S]．北京：中国建筑工业出版社，2019．

［60］中华人民共和国住房和城乡建设部．公共建筑节能设计标准：GB 50189—2015[M]．北京：中国建筑工业出版社，2015．

［61］全国科学技术名词审定委员会．建筑学名词：2014[M]．北京：科学出版社，2014．

［62］中国建筑能耗与碳排放研究报告（2023年）[J]．建筑，2024，（02）：46-59．

［63］宋海林，胡绍学．关于生态建筑的几点认识和思考（一）[J]．建筑学报，1999，（03）：10-15．

［64］杨经文，郝洛西．生态设计方法[J]．时代建筑，1999，（03）：61-65．

［65］宋晔皓. 欧美生态建筑理论发展概述[J]. 世界建筑, 1998, (01)：56-60.

［66］宋晔皓, 栗德祥. 整体生态建筑观、生态系统结构框架和生物气候缓冲层[J]. 建筑学报, 1999, (03)：4-9+65.

［67］李道增. 国际建筑界有"生态建筑"的实践[J]. 世界建筑, 2001, (04)：19-22.

［68］常青 想象与真实：重读《营造法式》的几点思考[J] 建筑学报 2017 (01)：35-40.

［69］王骏阳. 地方与中国建筑的多样性[J]. 建筑学报, 2023, (08)：1-6.

［70］宋晔皓, 孙菁芬, 陈晓娟, 等. 可持续整合设计实践与思考——贵安新区清控人居科技示范楼[J]. 建筑技艺, 2017, (06)：62-69.

［71］宋晔皓, 陈晓娟, 解丹, 等. 整体思维下的可持续建筑——以北京旭辉近零能耗示范项目为例[J]. 建设科技, 2018, (19)：17-20.

［72］韩冬青, 王登云, 王畅, 等."双碳"背景下的绿色建筑[J]. 当代建筑, 2023, (07)：6-12.

［73］吴国栋, 韩冬青. 公共建筑空间设计中自然通风的风热协同效应及运用[J]. 建筑学报, 2020, (09)：67-72.

［74］韩冬青, 顾震弘, 吴国栋. 以空间形态为核心的公共建筑气候适应性设计方法研究[J]. 建筑学报, 2019, (04)：78-84.

［75］毛刚, 段敬阳. 结合气候的设计思路[J]. 世界建筑, 1998, (01)：6-9.

［76］刘念雄, 张竞予, 刘依明, 等. 建筑师视野的碳排放与建筑设计[J]. 建筑学报, 2021, (02)：50-55.

［77］李岳岩, 陈静, 李涛, 等. 面向西部地区的零能耗装配式建筑设计策略——以2022中国国际太阳能十项全能竞赛作品"栖居3.0"为例[J]. 建筑学报, 2022, (12)：46-51.

［78］吴恩融, 穆钧. 毛寺村生态实验小学, 毛寺村, 庆阳, 甘肃, 中国[J]. 世界建筑, 2008, (07)：34-43.

［79］穆钧, 周铁钢, 蒋蔚, 等. 现代夯土建造技术在乡建中的本土化研究与示范[J]. 建筑学报, 2016, (06)：87-91.

［80］穆钧, 蒋蔚. 马岔村民活动中心, 甘肃, 中国[J]. 世界建筑, 2021, (05)：94-95.

［81］穆钧. 生土营建传统的发掘、更新与传承[J]. 建筑学报, 2016, (04)：1-7.

［82］穆钧, 周铁钢, 万丽, 等. 授之以渔, 本土营造——四川凉山马鞍桥村震后重建研究[J]. 建筑学报, 2013, (12)：10-15.

［83］任军, 王重, 刘向阳. 超低能耗的绿色创意办公楼——天友绿色设计中心[J]. 建筑技艺, 2015, (12)：36-40.

［84］刘艺. 人工与自然的平衡——中建滨湖设计总部项目设计与思考[J]. 建筑学报, 2023, (05)：24-27.

［85］长宁县竹文化馆, 宜宾, 四川, 中国[J]. 世界建筑, 2024 (03)：50-53.

［86］张洁, 朱竞翔. 轻型复合建筑系统与木结构——访建筑师朱竞翔[J]. 建筑技艺, 2016 (08)：50-57.

［87］樊则森. 装配式建筑一体化设计理论与实践探索[J]. 建设科技, 2017 (19)：47-50.

［88］谢英俊. 协力造屋实现建筑的可持续发展——台湾八八水灾重建及西藏牧民安居房设计[J], 建筑学报, 2011 (04)：82-83+2.

［89］杨帆, 王子昂. 自然的建筑, 原生的形态——武重义及其作品解读[J]. 华中建筑, 2019, 37 (02)：1-5.

［90］杨晏. 为拆解而设计：绿色设计的重要议题[J]. 郑州轻工业学院学报, 2003, 37 (04)：66-68.

［91］孙文, 李俊杰, 周磊, 田恬. 装配式混凝土建筑降碳贡献及主要影响因素分析[J]. 中国建材科技, 2023, 32 (04)：34-37.

［92］朱竞翔, 孟宪川, 翟玉琨. 从探究法则到整合结构——对话朱竞翔及其轻量建造实验[J]. 建筑师, 2019 (06)：117-126.

[93] 陈科,朱竞翔,吴程辉. 轻量建筑系统的技术探索与价值拓展——朱竞翔团队访谈[J]. 新建筑, 2017 (02): 9-14.

[94] 袁烽,柴华,张啸. 基于建筑机器人的木结构建筑小批量定制化生产模式探索[J]. 建筑结构, 2018, 48 (10): 39-43+55.

[95] 贡小雷. 建筑拆解下的废旧材料生态利用[J]. 建筑学报, 2011 (03): 88-92.

[96] 潘文佳,张宏,庄玮等. 我国建筑垃圾资源化利用概述[J]. 建筑技术, 2021, 52 (07): 780-784.

[97] 丁衍然,谢剑. 废旧建筑材料再利用与建筑的拆解[J]. 建筑结构, 2016, 46 (09): 100-104.

[98] 郝赤彪,铁瑛. 建筑拆解与建筑资源再利用[J]. 工业建筑, 2012, 42 (12): 13-16+52.

[99] 余本东,樊苗苗,颜承初. 基于运维视角的低碳建筑实现路径及关键技术[J]. 南京工业大学学报 (自然科学版), 2023, 45 (05): 467-477.

[100] 张利,王冲,梅笑寒. 国家跳台滑雪中心:山地标识性冬奥场馆设计[J]. 建筑学报, 2021 (7): 142-154.

[101] 任祖华,陈谋朦. 建造·人·自然——雄安市民服务中心企业临时办公区的绿色设计策略[J]. 世界建筑, 2021 (07): 26-31+127.

[102] 崔愷,任祖华. 雄安市民服务中心企业临时办公区,河北,中国[J]. 世界建筑, 2019, (01): 105-109.

[103] 任祖华,梁丰,潘天佑. 回归建造雄安市民服务中心企业临时办公区的设计思考[J]. 时代建筑, 2020, (01): 148-155.

[104] 李岳岩,李泆. 村庄建设中的匠人营造——陕西洛南县南沟村美丽乡村建设实践[J]. 城市建筑, 2017 (10): 21-23.

[105] 赵喆骅,李晓芸. 被动优先的绿色建筑设计探析——以深圳建科院大楼及山东建筑大学教学实验综合楼为例[J]. 建筑节能, 2017, 45 (11): 21-28+45.

[106] 袁小宜,叶青,刘宗源,等. 实践平民化的绿色建筑——深圳建科大楼设计[J]. 建筑学报, 2010 (01): 14-19.

[107] 张炜. 夏热冬暖地区绿色示范建筑的实践运营分析——以深圳建科大楼为例[J]. 建筑技艺, 2013 (02): 86-93.

[108] 查尔斯·M·科里亚,李孝美,杨淑蓉. 建筑形式遵循气候[J]. 世界建筑, 1982 (01): 54-58.

[109] 肖葳,张彤. 建筑体形性能机理与适应性体形设计关键技术[J]. 建筑师, 2019 (6): 9.

[110] 李世萍,李岳岩,陈静,等. "净"碳排放视阈下的建材固碳量计算模型优化研究[J/OL]. 世界建筑, 1-13[2024-11-23]. https://doi.org/10.16414/j.wa.20241024.001.

[111] 贡小雷. 建筑拆解及材料再利用技术研究[D]. 天津:天津大学, 2010.

[112] 阴世超. 建筑全寿命期碳排放核算分析[D]. 哈尔滨:哈尔滨工业大学, 2012.

[113] 欧晓星. 低碳建筑设计评估与优化研究[D]. 南京:东南大学, 2016.

[114] 刘科. 夏热冬冷地区高大空间公共建筑低碳设计研究[D]. 南京:东南大学, 2021.

[115] Mallory-Hill, S., W. E. E. Preiser, and C. Watson. Enhancing Building Performance[M]. UK: wiley- Blackwell, 2012.

[116] Balazs Sara, Ernesto Antonini, Mario Tarantin. Application of Life Cycle Assessment Methodology for Selcetive Demolition and Reuse-Recycling of Building Materials and Products[M]. Turin: Politecnicodi Torino, 2000.

[117] Martin Treberpung, Neues Bauen. Mit Der Sonne: Anstze Zu Einer Klimagerechten Archtektur[M]. New York: Springer, 1999.

[118] Martin Treberspurg. Neues Bauen mit der Sonne: Anstze zu einer klimagerechten

[119] Victor Olgyay. Design With Climate-Bioclimatic Approach To Architectural Regional [M]. Princeton: Princeton University Press, 1973. 38-50.

[120] Victor Olgyay, Aladar Olgyay. Solar Control& Shading Devices[J]. Princeton University Press, 1976. 28-34.

[121] YANG K H, SEO E A, TAE S H. Carbonation and CO_2, uptake of concrete[J]. Environ mental impact assessment review, 2014, 46(4): 43-52.

[122] Galina Churkina, Alan Organschi, Christopher P. O. Reyer, Andrew Ruff, Kira Vinke, Zhu Liu, Barbara K. Reck, T. E. Graedel, Hans Joachim Schellnhuber. Buildings as a global carbon sink[J]. Nature Sustainability, 2020.

[123] Baruch Givoni, Passive And Low Energy Cooling Of Buildings[J]. Van Nostrand Reinhold, 1994, 23-26.

[124] Eoin O. Cofaigh, The Climatic Dwelling[M]. London: Jemes & Jemes Ltd., 1996.

[125] Gunda Dworschak. Neue Energiesparhäuser Im Detail[M]. Stuttgart WEKA Baufachverlage Gmbh, 1997.

[126] K. W. Kim. A Study On The Improvement Of The Sustainability Of Apartment Buildings Through Balcony Remodeling[C]. //Proceedings 4th International Symposium On Architectural Interchange In Asia, 2002.9. 187-190.

[127] McHarg. Design with Nature, Garden City[M]. NewYork: National History Press, 1971.

[128] Barry, R. G. A framework of climatological research with particular reference to scale concepts[M]. Berlin: Prestel, 1998.

[129] S. V. Szokolay. Environmental Science Handbook: For Architecture and Buildings[M]. Lancaster: Construction Press, 1980.

[130] Guy B. The Optimization of Building Deconstruction for Department of Defense Facilities: Ft. Mcclellan Deconstruction Project[J]. Journal of Green Building, 2005(11).

[131] Brenda, Robert Vale. Green Architecture: Design for Sustainable Futeure[M]. London: Thames and Hudson, 1991: 19.

[132] 中华人民共和国住房和城乡建设部. 零碳建筑技术标准（征求意见稿）[S]. 北京：中国建筑工业出版社，2023.

[133] 中华人民共和国住房和城乡建设部. 建筑节能与可再生能源利用通用规范：GB 55015—2021 [S]. 北京：中国建筑工业出版社，2022.

[134] 中华人民共和国住房和城乡建设部. 近零能耗建筑技术标准：GB/T 51350—2019[S]. 北京：中国建筑工业出版社，2019.